Ronald D. Gerste

WIE DAS WETTER GESCHICHTE MACHT

Katastrophen und Klimawandel
von der Antike bis heute

Klett-Cotta

Bildnachweis:
akg-images: S. 30, 53, 117, 128, 160, 165, 182, 189, 227, 239, 245, 278;
Veintimilla/akg-images: S. 58; Jost Schilgen/akg-images: S. 60;
Album/Universal Pictures/akg-images: S. 199; Urs Schweitzer/akg-images: S. 206;
Tony Vaccaro/akg-images: S. 245; Lothar Heidtm/picture-alliance/akg-images:
S. 264; Universal Images Group/Universal History Archive/akg-images:
S. 271.

Klett-Cotta
www.klett-cotta.de
© 2015 by J. G. Cotta'sche Buchhandlung
Nachfolger GmbH, gegr. 1659, Stuttgart
Alle Rechte vorbehalten
Printed in Germany
Umschlag: Rothfos & Gabler, Hamburg
Gesetzt von Dörlemann Satz, Lemförde
Gedruckt und gebunden von
Friedrich Pustet GmbH & Co. KG, Regensburg
ISBN 978-3-608-94922-3

Bibliografische Information der Deutschen Nationalbibliothek
Die Deutsche Nationalbibliothek verzeichnet diese Publikation in der
Deutschen Nationalbibliografie; detaillierte bibliografische Daten sind im
Internet über <http://dnb.d-nb.de> abrufbar.

Inhalt

Prolog

Thorkel Farserk muss ein gleichermaßen athletischer wie gastfreundlicher Mann gewesen sein. Als ihn die Kunde ereilte, dass sein Cousin Eirik zu Besuch käme, wollte ihm Thorkel ein angemessenes Festmahl bereiten. Ein Schaf musste es sein. Mehrere dieser Tiere wurden auf einer Insel in Sichtweite von Thorkels Farm gehalten. Da kein Boot zur Verfügung stand, stieg Thorkel ins Wasser und schwamm kurzerhand zu dem kleinen Eiland – mit, so steht zu vermuten, allenfalls dem Notwendigsten bekleidet. Auf der anderen Seite angekommen, griff sich Thorkel ein Schaf und schwamm mit ihm auf dem Rücken wieder zurück. Dem Schmaus mit Verwandten stand nichts mehr im Wege.

Was Thorkels Nahrungsbeschaffung so bemerkenswert macht, ist weniger die Tatsache, dass das Schaf als alt beschrieben wird und somit auch nach Stunden auf dem Rost von zäher Konsistenz und leicht ranzigem Nachgeschmack gewesen sein muss. Wirklich aufhorchen lässt der Schauplatz von Thorkels kulinarisch motiviertem Fitnessnachweis. Der Farmer musste eine knapp zwei Kilometer lange Strecke zwischen dem Ufer am Hvalseyjarfjord und dem Inselchen Hvalsey sowie retour zurücklegen. Dieser Landstrich liegt in Grönland.

Beschrieben wird Thorkel Farserks Leistung im Land-
námábok, einer Sammlung isländischer Geschichten der
Landnahme und Besiedlung Islands und Grönlands durch
Angehörige einer Kultur, die wir als »Wikinger« kennen.[1]
Thorkel und die Seinen siedelten sich dort wahrscheinlich
um die Jahre 990 bis 1000 an. Aus der Beschreibung seiner
Exkursion und der dabei zurückgelegten Distanz haben moderne Forscher errechnet, dass das Wasser mindestens 10°
Celsius warm gewesen sein musste, hätte doch Thorkel (und
vermutlich auch das Schaf) diese Tortur sonst kaum überlebt. Dass er über eine ausgeprägte, ihn vor Kälte schützende
Unterhautfettschicht verfügte, kann angesichts des durchschnittlichen Ernährungsstandes der Menschen im späten
10. Jahrhundert weitgehend ausgeschlossen werden – vor
allem wenn es sich um körperlich hart arbeitende Zeitgenossen wie Thorkel handelte, die (wie etwa neunzig Prozent der
Europäer jener Epoche) der Erde einen Ertrag abringen und
meist von Sonnenauf- bis Sonnenuntergang körperlich hart
arbeiten mussten. Heute indes ist das Wasser, in das Thorkel
einst stieg, im Schnitt um die 3° bis 6° Celsius warm – oder
besser gesagt kalt.[2]
 Vieles war anders auf dieser größten Insel des Planeten
vor rund eintausend Jahren. Wenn die Siedler auf Grönland
einen der ihren zur letzten Ruhe betteten, senkten sie seine
körperliche Hülle wie in den Ländern ihrer Vorfahren, in
Norwegen und Schweden, in die Erde. Heute jedoch ist der
Boden auf Grönland meist dauerhaft gefroren, so dass es
unmöglich ist, Erdbestattungen durchzuführen. Das Grönland der Gegenwart ist ungeachtet aller dahinschmelzenden
Packeismassen ein unwirtlicherer, kälterer Ort als im vor-
letzten Millennium, der Epoche um das Jahr 1000 und der
folgenden ein, zwei Jahrhunderte.
 Die Besiedlung Grönlands – und, in weit stärkerem und

dauerhaftem Maße, von Island – vor rund eintausend Jahren ist ein gutes Beispiel dafür, wie besondere Eigenschaften des Klimas menschliche Kulturen beeinflussen können. Weite Teile Nord- und Mitteleuropas erfreuten sich vom 10. bis zum 13., vielleicht auch bis ins frühe 14. Jahrhundert hinein eines überdurchschnittlich milden, geradezu warmen Klimas. »Erfreuen« ist das passende Wort, denn die Auswirkungen der heute als mittelalterliche Warmzeit bezeichneten Klimaepoche waren für die Mehrheit der Europäer und ihrer Gesellschaften positiv. Missernten und mit ihnen Hungersnöte wurden seltener, die Bevölkerung wuchs kräftig an. Da das irdische Dasein für viele Menschen nicht ausschließlich ein reiner Kampf ums Überleben war, wurden Energien für andere Unternehmungen freigesetzt, für Bauprojekte zum Beispiel – das Hochmittelalter brach zu neuen architektonischen Ufern auf und hinterließ uns vor allem in Kirchen und Kathedralen, aber auch in profanen Bauwerken, in Brücken, Aquädukten und Burgen Hinterlassenschaften, die noch heute manch eine Stadt oder eine Kulturlandschaft prägen. Man rodete die Wälder – aus heutiger, vom ökologischen Denken dominierter Sicht kein rundum begrüßenswertes Unterfangen – um Raum für landwirtschaftliche Nutzflächen und neue Siedlungen zu schaffen. Und Orte zur Besiedlung suchte man auch dort, wo bislang keine Menschen – oder keine Angehörigen der eigenen Ethnie – lebten: in unterbesiedelten Regionen an der Peripherie des Heiligen Römischen Reiches Deutscher Nation wie jenen Landstrichen, aus denen Jahrhunderte später ein Staatswesen namens Preußen hervorgehen sollte. Oder man brach in bislang dem Europäer nicht oder kaum bekannte Teile der Welt wie Island oder Grönland auf, um dort Ableger der eigenen Kultur, in diesem Fall der nordeuropäischen Kultur der Wikinger anzulegen und zum Gedeihen zu bringen. Es

waren die Wikinger, denen sogar der Sprung auf einen gänzlich fremden Kontinent gelang. Nordeuropäer siedelten für
einige Jahre – durch das milde Klima der »Alten Welt« in
der Landnahme wie auch bei ihrer Überfahrt begünstigt –
in Nordamerika. Die Schifffahrtsrouten zwischen Norwegen
und Island sowie Grönland blieben damals oft das ganze
Jahr eisfrei, was das weitere Vordringen und den Nachschub
erleichterte. »Klimahistoriker sind der Meinung,« so der
Historiker Wolfgang Behringer, »dass auch Stürme in dieser Zeit selten waren, so dass die sagenhafte Seetüchtigkeit
der Wikinger – vor der Erfindung des Kompasses und ohne
Komfort an Bord – nicht zuletzt durch die Gunst des Klimas
ermöglicht war.«[3]

Sie nannten den fernen Kontinent Vinland, Land des Wei-
nes. Ob der Begriff nur für den nachweisbaren Siedlungs-
raum um L'Anse aux Meadows im kanadischen Neufundland oder bis hinunter nach Massachusetts galt, wo man die
äußerste Speerspitze wikingischer Exploration vermutet –
dort wachsen heute nirgendwo Reben –, bleibt offen. Der
Nordostzipfel Amerikas ist ebensowenig ein Weinland wie
die große, semi-autonome Insel unter dänischer Oberhoheit,
die bis auf regionale und jahreszeitliche Ausnahmen im
frühen 21. Jahrhundert ein »grünes Land« war. Selbst wenn
man in Rechnung stellt, dass die Wikinger bei der Namens-
gebung ihrer Entdeckungen ein gewisses PR-Talent hatten –
niemand würde sich samt seiner Familie an fernen Gesta-
den mit einer Bezeichnung wie »Shitland« niederlassen
wollen – so trafen sie zweifellos damals auf klimatische und
infrastrukturelle Bedingungen, die signifikant anders und
menschenfreundlicher waren als die Küstenstreifen, die sich
dem heutigen Grönlandtouristen von den geheizten Kabi-
nen des Kreuzfahrtschiffes aus darbieten.

Klima indes kann sich wandeln – kaum einem Zeitalter

ist dies bewusster als dem gegenwärtigen. Die Mittelalterliche Wärmeperiode hielt nicht ewig an, sondern nur gut drei bis knapp vier Jahrhunderte. Als Grönland immer kälter und unwirtlicher wurde, zogen die letzten der nordischen Siedler ab – in Nordamerika vollzog sich diese Entwicklung viel schneller, da man sich mit den Einheimischen, die man *skraenklingar* nannte, nicht vertrug. Da dieser Kontinent aus europäischer Perspektive in Vergessenheit geriet, waren jenen Bewohnern, die wir heute Indianer oder *Native Americans* nenne, fast fünf weitere Jahrhunderte ohne fremde Eroberer beschieden. Auf Grönland hinterließen die Wikinger einige Bauwerke wie die steinerne Kirche von Hvalsey, die in einer Spätphase, um 1300, erbaut wurde und der nicht mehr allzu viele Andachten beschieden waren. Und sie hinterließen Gräber.

Dem im Durchschnitt warmen Hochmittelalter schlossen sich Epochen an, in denen die wesentlichen Merkmale des europäischen Klimas mit weit dramatischeren historischen Phasen assoziiert sind, wie den für viele Zeitgenossen als schier endlos erlebten Regenfällen ab etwa 1315. Und schließlich führte die sogenannten Kleine Eiszeit im 17. Jahrhundert, die uns zwar das Genre der Wintermalerei schenkte, in die Krise des 17. Jahrhunderts, einem Zeitalter religiöser und sozialer Erschütterungen, mit Pestzügen und Hexenverbrennungen, vor allem aber in die Katastrophe des Dreißigjährigen Krieges.

Der Rückblick auf die Auffälligkeiten des historischen Klimas und seinen erkennbaren Wandel wird durch den heutigen Diskurs nicht gerade erleichtert. Für die große Mehrheit der Klimatologen, Geophysiker und andere Wissenschaftler steht aufgrund des Datenmaterials fest, dass die Welt heute eine globale Erwärmung erlebt, die ausgeprägter ist als alle anderen belegten Schwankungen. Dass vierzehn der fünfzehn wärmsten dokumentierten Sommer in das noch junge 21. Jahrhundert fallen, scheint eine deutliche Sprache zu sprechen. Die allermeisten Experten sehen für diesen Klimawandel eine anthropogene Ursache oder zumindest einen anthropogenen, in Ergänzung zu möglichen natürlichen Schwankungen wirkenden Faktor: die von einer sich dramatisch vermehrenden Menschheit in die Atmosphäre abgelassenen Emissionen, die die Atmosphäre unseres Planeten nach dieser Auffassung rasant und mit unabsehbaren Folgen aufheizen.

Dieser Mehrheitsmeinung hat es nicht gut getan, dass einige wissenschaftliche Publikationen sich als schlampig konzipiert oder übertrieben herausstellten, ebenso wenig wie der »Alarmismus« mancher Verkünder einer vom Menschen verursachten globalen Erwärmung. Aber eine Schlagzeilen heischende Weltuntergangsstimmung zu verbreiten, erscheint manchen Klimaforschern als der sicherste Weg, Forschungsmittel zu akquirieren. Solche inhaltlichen wie psychologischen Schwachstellen werden von jenen dankbar aufgegriffen, die als Klima(wandel)skeptiker oder Klimawandelleugner gelten. Die Debatte hat inzwischen längst einen häufig religiös erscheinenden Eifer angenommen, mit einer weitgehend unversöhnlich erscheinenden Polarisierung der Standpunkte. In den Medien erscheint kaum ein Artikel, ein Essay oder eine Sendung zum Thema Klimawandel und Klimaschutz, ohne dass in Leserbriefen oder Kommentaren im Netz gegen den Weltuntergangsalarmismus zu Felde gezogen wird. Erinnern Sie sich an die eiskalten Nächte des gerade überstandenen Winters, heißt es dort typischerweise – das fühlte sich doch wahrlich nicht wie Klimaerwärmung an? Auch die Klimageschichte wird längst von beiden Seiten in Beschlag genommen. Die mittelalterliche Warmperiode wird von Kritikern der herrschenden Lehre des anthropogenen, vom Menschen verursachten oder mitverursachten, Klimawandels als probates Beispiel dafür genommen, dass es immer schon ein Auf und Ab der Durchschnittstemperaturen und der Wetterbedingungen gab und geben wird. Und dass wir getrost die Schlote rauchen lassen und mit unseren Autos tagein, tagaus im Stau stehen dürfen, ohne dass dies Folgen für den Planeten hätte. Schaut, so lautet das Argument, erwärmtes Klima gab es schon damals, und niemand ließ anno 1015 Treibhausgase ab! Im scheinbar folgerichtigen nächsten Schritt wird darauf hingewiesen, wie gut es jenen Teilen der Menschheit im Hochmittelalter ging, die sich – wie die meisten unserer europäischen Vorfahren – dieser wärmeren Jahresdurchschnittstemperaturen mit milderen Winter erfreuten. Und wie schlimm es vielerorts in der Kleinen Eiszeit wurde, als Babys an den Brüsten ihrer Mütter erfroren und der Tod in den Wintermonaten reiche Ernte einfuhr. Es wirkt dann beinahe hilflos, wenn aus den Reihen derjenigen, die vom anthropogenen Klimawandel überzeugt sind, die Wärmeperiode des Hochmittelalters mit Grafiken und Datenmaterial ein wenig klein geredet wird: Es sei bei weitem nicht so warm gewesen wie heute, der Klimawandel der Gegenwart sei mit nichts zu vergleichen.

Unabhängig davon, welchem Standpunkt man anhängt, sind zwar weite Teile der Gesellschaften in den Industrienationen davon überzeugt, dass der Klimawandel vom Menschen verursacht wird und Gegenmaßnahmen ergriffen werden sollten, doch findet sich gleichzeitig einflussreicher Widerstand. In der führenden Industrienation auf diesem Globus, den USA, steht praktisch die halbe politische Klasse der Lehre von der durch den Menschen induzierten globalen Erwärmung ablehnend gegenüber. Im amerikanischen Kongress findet sich kein Abgeordneter oder Senator mit einem großen R (für Republikaner) in Klammern hinter seinem Namen, der sich zum Modell des anthropogenen Klimawandels bekennen würde. Die Verbindungen dieser Partei (und auch zahlreicher Demokraten) mit der *Fossil-Fuel*-Industrie, vor allem zu den Ölproduzenten sind – ganz besonders zu Wahlkampfzeiten – tief und innig. Eine so machtvolle und einflussreiche Industrie hat kein Interesse daran, dass weniger fossiler Brennstoff gefördert und konsumiert wird oder daran, dass Verbraucher vom Auto auf einen Hochgeschwindigkeitszug umsteigen (dessen Baupläne in praktisch allen von republikanischen Gouverneuren regierten Bundesstaaten gestoppt wurden). In anderen Ländern agieren die Lobbyisten und ihre Spendenempfänger in den Parlamenten ein wenig zurückhaltender. Doch das Klima, sein Wandel und die Folgen solchen Wandels werden auf absehbare Zeit ein politisches Thema bleiben.

In diesem Buch geht es aber vor allem darum, wie das Klima das Gedeihen oder Vergehen menschlicher Gesellschaften beeinflusst hat. Doch neben dieser Makroebene des Klimas wird auch die Mikroebene, *das Wetter*, in den Blickwinkel geraten. Während das Wetter etwas Kurzfristiges, Episodenhaftes ist, das über einen Tag oder ein paar Wochen ein historischer Faktor sein kann, ist Klima eine kumulative Erfahrung, die Gesamtheit der meteorologischen Bedingungen an einem Ort oder in einer Region über einen längeren Zeitraum – im Falle des Mittelalterlichen eine Warmzeit über drei bis vier Jahrhunderte.

Während wir die historischen Konsequenzen des Klimas quasi in Zeitlupe mitverfolgen können, wie das Erblühen der grönländischen Siedlungen und die bitteren Winter der von Krisen geschüttelten Frühen Neuzeit, ist der »impact« des Wetters auf die Geschichte etwas manchmal geradezu dramatisch Augenblickliches – wie jene gerade 24-stündige

Ruhe in den Sommerstürmen des Jahres 1944, welche die Landung der Alliierten in der Normandie ermöglichte. Natürlich liegt ein Titel wie »Das Wetter (oder das Klima) schreibt Geschichte« nah. Doch bleiben wir realistisch: Es ist ein Faktor, einer von meist vielen. Es war unbestreitbar einer der kältesten Winter der russischen Geschichte, der den Vormarsch der Armeen Hitlers im Dezember 1941 stoppte. Aber andere Faktoren spielten ebenfalls eine Rolle: der unerwartet heftige Widerstand der Roten Armee, die Weite des Landes mit ihren Konsequenzen für die Versorgung der Wehrmacht (wie 129 Jahre zuvor der Grande Armée Napoleons), der von Hitler selbst befohlene abrupte Wechsel der Hauptstoßrichtung der Invasion. Der Russlandfeldzug wäre vielleicht auch so zum Wendepunkt der Eroberungspläne der Nazis geworden. Aber unzweifelhaft veränderte das spezifische Wetter während einiger entscheidenden Wochen den Gang der Geschichte in die Richtung, die wir im Nachhinein als selbstverständlich, fast logisch erachten. Doch die Geschichte kennt keine vorgegebene Unausweichlichkeit. Im Zeitalter der Glaubenskriege wäre die wichtigste Bastion des Protestantismus mit Leichtigkeit an die militärisch stärkste katholische Macht gefallen, wenn die Nordsee für nur wenige Wochen deutlich ruhiger gewesen wäre. Die Konsequenzen für die weitere Entwicklung Europas wären unübersehbar gewesen: ein Siegeszug der Inquisition und der Intoleranz, das frühe Ende einer kulturellen Blüte, die Dominanz der spanischen Sprache bis auf den heutigen Tag – und dies in ganz Amerika, auch in den Estados Unidos. Die Welt sähe gänzlich anders aus. Die Stürme im Sommer 1588, die der Armada mehr Schaden zufügten als die Royal Navy um Sir Francis Drake, kippten die Balance, wiesen den historischen Abläufen an einer Weggabelung eine andere Richtung als jene, auf die bereits Kurs genommen war.

Setzen wir die Segel und besuchen einige dieser Wegmarken. Sie sind leicht eurozentrisch geraten, worin natürlich keine Missachtung gegenüber ferneren Kulturen zum Ausdruck kommen soll, sondern dem eigenen Erleben und jenem wohl der meisten Leser Rechnung getragen wird. Aber auch Ostasien, Nord- und Mittelamerika werden uns begegnen. Wetter und Klima, das Kurzzeitige und das größere Abschnitte Überspannende, waren oft mehr als nur das sprichwörtliche Zünglein an der Waage, sondern ganz signifikante Entscheidungsfaktoren. Für frühere Epochen indes lassen sich bequem Trennlinien nachweisen, mit warmen und regenreichen Sommern in England und fürchterlicher Dürre in Mittelamerika oder in Indien. Heute indes handeln wir (oder handeln nicht) in dem Wissen, dass auf einem relativ kleinen Planeten sich das Wetter hier von jenem dort unterscheiden mag, dass es aber mehr und mehr als *ein* Klima wahrgenommen wird, mit dem wir und unsere Kinder leben müssen. Und dass wir zwar nicht wie Thorkel Farserk ins Wasser steigen müssen, wohl aber alle in einem – nach Mehrheitsmeinung: zerbrechlichen – Boot sitzen.

Optimum und Imperium: Von der Blüte Roms ins »dunkle Zeitalter«

Im Jahr 98 unserer Zeitrechnung schrieb der römische Historiker Tacitus über eine der fernsten Provinzen des Imperium Romanum: »Caelum crebris imbribus ac nebulis foedum; asperitas frigorum abest« – etwas frei übersetzt: »Der Himmel ist durch häufigen Regen und Nebel verschleiert, aber es wird nicht bitterkalt.« Er sprach über die Insel Britannicum, wo die römischen Besitzungen das heutige England und Wales umfassten.

Heute erfreut sich Rom, zu Tacitus Zeiten die Hauptstadt eines Weltreiches, im Schnitt an etwa 2500 Stunden Sonnenschein pro Jahr, während London mit 1500 auskommen muss. In manchen Monaten ist der Unterschied noch deutlicher: Im Januar sind es durchschnittlich 130 Sonnenscheinstunden in Rom und nur 45 in London. Damals, vor fast zweitausend Jahren, war es sehr ähnlich. Tacitus mag die Dauer des Regens in Kombination mit niedrigen Temperaturen befremdet haben, doch selbst eine der klimatisch eher weniger einladenden Provinzen des Imperium Romanum wurde nach seiner Beobachtung nicht von harten Wintern heimgesucht. Regen, wenngleich nicht so häufig wie in Britannien, war Tacitus aus Rom und dem Mittelmeerraum gewohnt – der Niederschlag war in aller Regel jedoch mit

warmen, angenehmen Temperaturen verbunden. Die Blütezeit des Römischen Reiches in den ersten beiden nachchristlichen Jahrhunderten war durch ein überwiegend stabiles
Klima geprägt, dessen Temperaturen den heutigen – also
eines Zeitalters globaler Erwärmung – entsprachen. Gleichzeitig waren Niederschläge zumindest so regelmäßig, dass
nennenswerte Dürreperioden in Italien und auch in anderen mediterranen Regionen ausblieben, was vor allem für
die römischen Provinzen *Africa* (dem heutigen Tunesien
und dem Küstenstreifen Libyen) und *Aegyptus* galt, von denen vor allem Letztere für die Ernährung der übervölkerten
Metropole Rom eine entscheidende Rolle spielte.

Tacitus war ein penibler Beobachter, der sich Gedanken über die Zusammenhänge von Klima und Ökonomie
machte. Seine Beschreibung Britanniens lässt auf klimatische Bedingungen auf der Insel schließen, die noch höhere
Jahresdurchschnittstemperaturen aufwiesen als in unserer
Zeit: »Der Boden kann, abgesehen vom Olivenbaum, der
Weinrebe und den übrigen Pflanzen, die gewöhnlich nur
in heißeren Gegenden wachsen, Feldfrüchte tragen und ist
reich an Vieh: langsam werden sie reif, schnell kommen sie
hervor; der Grund für beides ist derselbe: die hohe Feuchtigkeit von Boden und Himmel.« (Tacitus. Agricola XII)
Olivenbäume in Sussex? Weinreben entlang der Themse?
Wenn es im Süden Englands und Wales heute wieder zag-
haften Weinbau gibt, wird dies auf die aktuelle Klimaerwärmung zurückgeführt. (Die britische Weinwirtschaft
gehört wahrscheinlich zu jenen wenigen Institutionen,
die – wenngleich nicht allzu *outspoken* – im Klimawandel
etwas Erfreuliches mit der Aussicht auf wirtschaftliche
Expansion der eigenen Branche sehen.) Die Gesamtzahl
der meist sehr kleinen Winzereien und Weingärten dürfte
bei etwa 400 liegen. Olivenbäume findet man im heutigen

United Kingdom allenfalls in dem wohl temperierten und feucht-schwül gehaltenen Gewächshaus eines Botanischen Gartens. Britannien muss Tacitus als ein klimatisches Paradies erschienen sein, vergleicht man seine Beschreibung der Insel mit der einer anderen Region, einem Gebiet, dessen Bewohner sich wiederholt der Eroberung durch Rom widersetzt hatten: dem Territorium, das heute Deutschland ausmacht. In seinem Werk *Germania* versammelte Tacitus wenig einladende Attribute zum dortigen Klima: raue Wälder, furchtbare Sümpfe, stürmisches Wetter und ein Boden, auf dem keine Obstbäume und nur kleinwüchsige Rinder gedeihen.

Das Jahr 98, in dem Tacitus wahrscheinlich seine Charakterisierung Britanniens als Teil der Biografie seines Schwiegervaters, des Senators und Feldherrn Gnaeius Julius Agricola, verfasste, fiel in eine historisch bedeutsame Zeit: dem Regierungsantritt von Trajan. Dieser Herrscher, mit vollem Namen Marcus Ulpius Traianus, gilt als einer der »guten Kaiser« (98–117), neben Hadrian (117–138), Antoninus Pius (138–161) und Marc Aurel (161–180). Selbst unter ihnen ragt Trajan heraus; eine Historiografie nennt ihn gar den besten *princeps* seit Einführung des Kaisertums, des Prinzipats, durch Augustus (27 v. Chr.–14 n. Chr.). Trajan war der erste Imperator, der aus der Provinz stammte, auch wenn der Nachfahre römischer Siedler in Südspanien überwiegend in Rom aufwuchs, wo sein Vater Karriere in der Politik machte. Vor allem aber: Mit Trajan und seiner Regierungszeit ist die größte Ausdehnung des römischen Reiches verbunden. Es erstreckte sich von der Atlantikküste bis zum Euphrat, die gesamte nordafrikanische Küstenregion gehörte ebenso zum Imperium Romanum wie weite Teile des heute als Naher Osten bezeichneten Gebietes; das weiteste Vordringen gen Orient führte römische Legionäre für kurze Zeit bis an den

Persischen Golf. Von den modernen europäischen Nationalstaaten waren unter anderem Spanien, Frankreich, Portugal, die Schweiz, Österreich, Rumänien und Griechenland in ihren heutigen Grenzen gänzlich unter Roms Kontrolle. Markant, vor allem mit Blick auf die weitere Entwicklung, sind die Grenzen, an die das Imperium im geografischen wie symbolischen Sinne stieß. Im Osten widersetzten sich die Parther im Gebiet des heutigen Iran der Eroberung – Partherkriege waren für viele Kaiser fester Bestandteil der Außenpolitik. Undenkbar war zur Trajanschen Blütezeit indes, dass später ein Kaiser, Gordian III., im Kampf gegen die Parther im Jahr 244 den Tod finden und ein anderer sogar noch schmählicher in deren Gefangenschaft sterben würde, wie Valerian nach 260. Auch an Germanien scheiterten die Eroberungs- und Kultivierungsbemühungen der Römer. So versuchten sie, das eigene Territorium gegen die oft rastlosen Völkerschaften östlich des Rheins und der Elbe mit einer Verteidigungsanlage, dem Limes, zu schützen. Eine ähnliche Strategie verfolgten sie auch im regnerischen und mäßig kalten Britannien: Trajans Nachfolger Hadrian ließ einen steinernen Wall zur Abgrenzung gegen die feindlichen Völkerschaften im heutigen Schottland anlegen, der seinen Namen trägt und dessen Überreste heute eines der beeindruckendsten archäologischen Dokumente des Imperium Romanum darstellen.

Zum Siegeszug des Römischen Reichs und zur Konsolidierung seiner Herrschaft auf nicht weniger als drei Kontinenten trugen zahlreiche Faktoren bei. Die hochentwickelte Schrift- und Dokumentationskultur Roms ermöglichte Verwaltungsstrukturen, die bei der Expansion, die in der aufsteigenden Republik begonnen hatte, unerlässlich waren. Unzweifelhaft waren Roms Fähigkeiten, seine militärische Macht zu organisieren und auszubauen, mitentscheidend

zunächst für die Niederringung des Rivalen Karthago in den
drei Punischen Kriegen im dritten und zweiten vorchristlichen Jahrhundert. Die Berufsarmee, die gut gedrillten und
(meist) kompetent geführten Legionen, zeigten sich den
meisten weit weniger strukturierten Streitkräften der Epoche als überlegen. Den Legionären winkten für ihren Dienst
und ihre Opfer Lohn: die Belohnung mit Land, meist in den
Provinzen, die damit latinisiert wurden, oft auch das römische Bürgerrecht. Gerade das Rechtssystem machte Rom
attraktiv, auch für die zunächst mit Gewalt unterworfenen
Völkerschaften. Im Römischen Reich gab es eine Rechtssi-
cherheit, die zwar weit entfernt vom heutigen Verständnis
des Begriffs ist, aber hoch über den archaischen Verhältnissen anderer Enthnien stand. In der zunehmenden Öffnung
gegenüber anderen kulturellen Einflüssen kann ein weiterer
Aspekt gesehen werden, dem Rom seinen Aufstieg verdankt.
Vor allem der Einfluss des noch zu Zeiten der Republik eroberten Griechenlands hinterließ bei der römischen Elite
Spuren und war ein Segen für das römische Bildungssystem.
Auch der Austausch mit anderen, teilweise deutlich älteren
Kulturen wie jener Ägyptens wirkte befruchtend.

Undenkbar wäre der Aufstieg Roms indes ohne politische
und wirtschaftliche Stabilität gewesen. Beides hing, vor allem in einer schließlich die Millionengrenze an Einwohnern
erreichenden Metropole wie Rom, von der Versorgungslage
ab: Der *plebs* brauchte *panem et circenses*, musste mit Entertainment und einem gefüllten Magen und Unterhaltung bei
Laune gehalten werden. Dies gelang über viele Dekaden, weil
Schiffe aus Ägypten, der »Brotkammer des Reiches«, Rom
mit Korn versorgten. Die Fruchtbarkeit des Niltals und die
außerordentlich günstigen klimatischen Verhältnisse in anderen Teilen des Reiches sowie der Bau von Strassen und die
Anlage von Städten waren für das Gedeihen der Landwirt-

schaft ganz wesentliche Voraussetzungen. Das Rom und mit ihm das Europa der rund drei Jahrhunderte vom Ende der Republik bis zum Ende der »guten« Kaiserzeit erfreuten sich eines Klimas von geringer Variabilität, wenigen Extremen und mittleren Temperaturen wie Niederschlägen, die zur Blüte des Imperium Romanum mit beitrugen. Man nennt diese Zeit daher auch das *Roman Climatic Optimum*, das Klimaoptimum der Römerzeit. Wie bei anderen Klimaepochen ist eine scharfe Eingrenzung schwierig; die unter der Kapitelüberschrift genannte Zeitspanne ist eine sehr großzügige Zuordnung. Und wie bei jeder anderen Charakterisierung von Klima und Wetter gilt natürlich auch für *Roman Climatic Optimum*, dass es sich um eine generelle Tendenz, eine auf Mittelwerten basierende Einschätzung handelt. Die Tatsache, dass es im heutigen Deutschland in jener Epoche ähnlich warm wie heute und in Britannien vielleicht noch wärmer war, heißt nicht, dass keine strengen Winter möglich waren. Weder Wetter noch Klima sind etwas Beständiges und damit streng kategorisierbar. In unserer von political correctness geprägten Epoche muss auch beim Blick zurück auf vergangene Zeiten und Kulturen der sprachlichen Sensibilität Rechnung getragen werden. Der Terminus des *Roman Climatic Optimum* ist natürlich eurozentrisch, oder genauer: romzentriert. In ihm schwingt eine – aus vielerlei Gründen angebrachte – Bewunderung für Rom mit. Ein jeder Leser dieses Buches profitiert von dem kulturellen Erbe Roms: die Lettern auf diesen Seiten sind römische, keine arabischen Schriftzeichen, keine griechischen oder kyrillischen Buchstaben. Die Blüte Roms, sein Optimum nicht nur in klimatischer, sondern auch in machtpolitischer Hinsicht zu betrachten, darf natürlich nicht den Blick darauf verstellen, dass viele Menschen, die in diesem Imperium lebten und leben mussten, vor allem die Sklaven in den Villen der betuchten römischen Bürger, in den Bergwerken und in den Arenen der Gladiatoren, dem in der Populärkultur vielleicht bekannteste Tätigkeitsfeld Unfreier, das eigene Dasein und die Gesellschaftsform der über ihr Schicksal Herrschenden wohl weit weniger optimal empfanden.

Es ist kein Zufall, wenn bei der Betrachtung der Klimageschichte der letzten 12 000 Jahre und besonders der letzten zwei- bis dreitausend Jahre eine Tendenz deutlich wird: Warmperioden stehen eher für kulturelle und gesellschaftliche Blüte, für Weiterentwicklung und Fortschritt; Kälteperioden hingegen sind eher von Instabilität und Krisenerscheinungen geprägt. Fast die gesamte historische Entwicklung der Menschheit mit der Entwicklung der Schrift und die Entstehung erster Kultur- und Organisationsformen spielte sich in einer Warmperiode ab, dem Holozän. Dieser bis heute andauernde Abschnitt der Erdgeschichte geht mit einer Klimaerwärmung einher, die allerdings keine konstante Entwicklung ist: Auch im Holozän kam es wiederholt zu Temperaturrückgängen wie etwa in der Periode von etwa 4100 v. Chr. bis 2500 v. Chr., in der sich unter anderem weite Teile der Sahara von einer Savannenlandschaft in eine Wüste verwandelten. Der Beginn des Holozäns wird von Wissenschaftlern auf 11 700 Jahre vor dem Jahr 2000 definiert; die Analyse von Sedimenten des Maarfelder Maares in der Eifel kommt zu einem vergleichbaren Ergebnis und datiert den Beginn des Holozäns auf etwa 9640 v. Chr.

Die Erzählung des Schweizer Schriftstellers Max Frisch, *Der Mensch erscheint im Holozän*, ist freilich als Parabel zu verstehen. Die Menschheit hatte einige Jahrzehntausende der Genese unter weit widrigeren klimatischen Bedingungen hinter sich und zumindest in der Spätphase der letzten Kaltzeit (populär auch »Eiszeit« genannt), die vor mehr als

100 000 Jahren begann und vor rund 12 000 Jahren endete, neben dem täglichen Kampf ums Überleben hier und dort Ausdrucksformen eines frühen Kunstempfindens entwickelt. Die berühmten Felsenmalereien in spanischen und französischen Höhlen stammen aus dieser Kaltzeit, die heute im Naturhistorischen Museum in Wien zu bewundernde Venus von Willendorf ist eine beeindruckende Skulptur, die etwa 25 000 v. Chr. entstanden ist.

Weit weniger bewundernswert als diese Neigung zu künstlerischem Gestalten ist möglicherweise eine andere Folge menschlichen Wirkens, dessen unsere Vorfahren verdächtig sind. Gegen Ende des Pleistozäns und beim Übergang zum Holozän kam es zum Aussterben der sogenannten Megafauna. Zahlreiche Tierarten, die während der Kaltzeit auf allen Kontinenten heimisch waren, verschwanden. Plötzlich – und »plötzlich« bedeutet: im Laufe einiger Jahrhunderte – starben in verschiedenen Regionen der Erde Tiere mit mehr als 1000 Kilogramm Körpergewicht wie der Säbelzahntiger, das Wollnashorn und das Mammut aus. Nur Afrika und Teile Asiens blieben davon verschont – ohne diese Ausnahmen wüssten wir heute nicht, was ein Elefant oder ein Flusspferd ist. Nur vom Wollmammut überlebte eine Herde bis weit in die historische Zeit hinein, bis etwa 1700 vor Christus, auf einer heute zu Russland gehörenden Insel im Nordmeer, der Wrangelinsel (heute ein Unesco-Weltkulturerbe). Das Aussterben der Riesen auch dort fällt zusammen mit den ersten Spuren menschlicher Besiedlung auf dem Eiland – was wohl kaum ein Zufall sein dürfte. So ist denn auch eine der Hypothesen zur Erklärung des Verschwindens der Megafauna an der Wende zum Holozän die Überjagung durch den Menschen, also schlichtweg: die Ausrottung. Angesichts einer Weltbevölkerung von rund 5 Millionen,[1] also etwas weniger als die heutigen Einwohnerzahlen von Berlin und Hamburg zusammengenommen, wirkt dies wie ein monströses Massaker, das unsere Vorfahren anrichteten (neben den genannten Großspezies sollen auch fast 80 % aller kleineren Tierarten verschwunden sein). Die Waffen und auch die Jagdtaktiken eis- und steinzeitlicher Jäger waren durchaus in der Lage, Tiere von der Größe eines Mammuts zu erlegen. Die These der Überjagung, des »Overkill«, ist erwartungsgemäß heftig umstritten. Neben der unbeantworteten Frage, ob das Töten wirklich die natürliche Reproduktion all dieser Spezies hat verhindern können, bleibt ungeklärt, warum gerade in Afrika – aus dem die Menschheit bekanntlich stammt und das viel länger als jeder andere Kontinent von Hominiden bewohnt ist – viele Großtierarten überlebt haben. Die andere wesentliche Hypothese macht für das Massenaussterben Klimaveränderungen verantwortlich. Höhere Temperaturen könnten demnach für Spezies mit dichter Behaarung ungünstig gewesen sein: Der Rückzug der Tundra bedeutete den Verlust von Lebensraum. Allerdings waren nicht alle der ausgestorbenen Arten dicht behaart oder lebten in einer an Nordsibirien erinnernden Umwelt. Zwar geht der ausgeprägte Klimawandel des Übergangs vom Pleistozän zum Holozän vielerorts mit dem massenhaften Aussterben einher. In Australien aber, wo vor ca. 45 000 Jahren unter anderem das Riesenkänguruh, der Beutellöwe und das Megalania, eine große Waranart, verschwanden, ereignete sich kein Klimawandel – wohl aber war dies der Beginn der Besiedlung des Kontinents durch den Menschen. Dies und auch die Tatsache, dass im Laufe der dokumentierten Geschichte die erstmalige Besiedlung von Inseln wie Neuseeland, Madagaskar und eben der Wrangelinsel mit einem Artensterben einherging, hinterlässt einen bitteren Nachgeschmack.

Die ansteigenden Temperaturen im Holozän führten zu

einem Anstieg der Meeresspiegel, vor allem zwischen 8000 und 5000 v. Chr., und gaben Europa sein heutiges geografisches Gesicht. Bis dahin war die größte britische Insel (England, Wales, Schottland) mit dem Kontinent als Teil eines *Northsealand* oder Doggerland verbunden. Die Straße von Dover hat sich um etwa 7600 v. Chr. herausgebildet und zur historisch so signifikanten Abtrennung Britanniens vom Rest Europas geführt. Ein stabiles und generell mildes bis warmes Klima begleitete die frühen Hochkulturen während der Bronzezeit (in Mitteleuropa ab etwa 2200 v. Chr.) und der Eisenzeit, die in Mitteleuropa mit dem neunten Jahrhundert vor unserer Zeitrechnung wesentlich später einsetzte als im Nahen Osten. Es entstanden die klassischen antiken Zivilisationen: in Indien und China, im Zweistromland und in Ägypten. Zwischen der zunehmenden Austrocknung der Sahara im fünften vorchristlichen Jahrtausend aufgrund regionaler Klimaveränderungen und der Entstehung einer ertragreichen und zu deutlichem Bevölkerungswachstum führenden Agrarwirtschaft entlang des Nils dürfte ein Zusammenhang bestanden haben. Hier wie auch anderenorts ermöglichte der von günstigem Klima geförderte landwirtschaftliche Ertrag die Anlage einer neuen, umfassenden Siedlungsform: der Stadt. Uruk im Zweistromland hat in einigen Publikationen den Titel der ältesten Stadt der Welt und wurde wahrscheinlich um ca. 4500 v. Chr. angelegt. Andere Städte, die ähnlich lange bestehen, sind unter anderem Aleppo, Damaskus und Jericho – dessen Mauerreste sogar auf die Zeit um 6800 v. Chr. zurückgehen sollen.

Der Aufstieg Roms verläuft parallel zu den Klimatendenzen der Epoche. Die Republik unterwarf zunächst schwächere, weniger gut organisierte – und auch: weniger aggressive – Völker entlang der Küsten des Mittelmeerraumes. Das klassische Griechenland, das seine Blütezeit hinter sich hatte, fiel Rom (146 v. Chr.) ebenso anheim wie die bereits in ihrer Bedeutung hervorgehobenen Provinzen in Nordafrika. »Vielleicht ist es aber signifikant«, schreibt Wolfgang Behringer in seinem maßgeblichen Werk zur Kulturgeschichte des Klimas, »dass Rom zunächst nach Süden expandierte und erst mit der Erwärmung nach Norden.«[2] Das Optimum der Römer förderte nicht nur deren Expansions- und Unterwerfungsdrang, sondern auch das Bevölkerungswachstum quer durch Eurasia. Zwischen 400 vor und 200 nach Christus soll nach modernen Berechnungen die Zahl der Menschen in Europa, Nordafrika, China und Indien – ein Großraum, in dem etwa vier Fünftel der Weltbevölkerung lebten – um etwa 70 bis 80 % zugenommen haben, die Bevölkerung in anderen Teilen der Erde hingegen nur um etwa 40 %.[3] Mit dem Eintritt des Optimums der Römerzeit war nicht nur die Eroberung klimatisch weniger attraktiver Landstriche wie Galliens, dem Germanien westlich des Rheins und Britanniens möglich, sondern vor allem auch die Ernährung der dort stationierten Legionen und römischen Siedler durch eine produktive, kaum von Wetterextremen beeinträchtigte Landwirtschaft gewährleistet. Die Versorgung der Legionen war eine Grundvoraussetzung für stabile Machtverhältnisse. Armeen marschieren gemäß dem berühmten Satz Napoleons nicht nur auf ihrem Magen, sondern werden durch diesen – wenn er denn leer ist – auch zur Meuterei animiert. Das Wirtschaftssystem, das die Römer mitbrachten, fasste aufgrund der günstigen klimatischen Bedingungen nun auch in Regionen Fuß, in denen die Nahrungsversorgung bislang auf einer anderen und oft störanfälligen Grundlage basierte: »Die warmen, trockenen Temperaturen des klassischen Optimums mögen dem römischen Reich buchstäblich den Weg nach Westeuropa geöffnet haben, denn es begünstigte eher die mediterrane Getreide- und Wein-Ökonomie als die an

die Kälte adaptierte und auf Rinderzucht basierende kelti-
sche Eisenzeitwirtschaft. Umgekehrt brachte der Klimaumschwung, der ungefähr ab 300 n. Chr. einsetzte, kaltes und
feuchtes Wetter südlich durch Europa und unterminierte die
Agro-Ökonomie des Imperiums.«[4]

Der Ausbruch des Vesuvs im August 79 n. Chr.

Wie so oft in der Klimageschichte gilt auch hier, dass auch
ein Optimum – wie jede andere Klimaphase – nicht durch-
gängig »optimal«, also nur durch warme und die Felder
zum Erblühen bringende Witterungsverhältnisse geprägt
ist, sondern Schwankungen innerhalb einer generellen Tendenz auftreten. Die Auswertungen der Gletscherbewegun-
gen und der Jahresringe von Holz aus alpinen Regionen deuten zum Beispiel auf eine leichte Abkühlung zwischen 85 und
35 v. Chr. hin, gefolgt von neuerlicher Erwärmung. Einen
weiteren Temperaturknick hat es offenbar zwischen 75 und

90 n. Chr. gegeben, was zu Spekulationen geführt hat, wonach es der Ausbruch des Vesuvs im August 79 gewesen war, der zu einer vorübergehenden und relativen Abkühlung beigetragen hat. Vulkanausbrüche haben immer wieder für eine gewisse Zeitspanne das Wetter nachhaltig verändert, und dies wahrlich nicht zum Besseren. In Schriftdokumenten sind die alljährlichen Nilschwemmen dokumentiert, die für den Getreideanbau in der römischen Provinz Ägypten und damit für die Versorgung der Einwohner Roms mit Brot entscheidend waren. Für fast 200 Jahre der römischen Zeit Ägyptens liegen Daten vor, aus denen errechnet wurde, dass in der Zeit zwischen 30 vor und 155 nach Christus die für eine ausreichende Bewässerung der Felder optimale Flut wesentlich öfter eintrat als im dritten nachchristlichen Jahrhundert – als sich das Klimaoptimum der Römer ebenso wie ihr Imperium schon im Niedergang befanden.

Die politische Stabilität des Imperium Romanum basierte unter anderem auf dem Ertrag der von Getreideanbau dominierten Landwirtschaft und war damit auch abhängig von einem günstigen Klima, von stabilen Grenzen und einer funktionierenden, loyalen Armee und Verwaltung. In einer monarchischen Staatsform, in der die Macht, wenn nicht ausschließlich so doch in hohem Maße in einer Person, dem Princeps, konzentriert war, spielte letztlich auch eine Rolle, ob dieser ein verantwortungsbewusster, fähiger Herrscher oder eine Fehlbesetzung war. Als das zweite nachchristliche Jahrhundert sich seinem Ende entgegenneigte, kam vieles zusammen. Die »guten Kaiser« wurden von einer Reihe von Herrschern abgelöst, unter denen mit Commodus (180–192), Caracalla (211–217) und Elagabal (218–222) und anderen auffallend viele psychisch alterierte Persönlichkeiten auftauchen. Andere Herrscher waren nur kurz im Amt – die Ermordung wurde bald zur typischen Form des

Herrschaftsendes. Die Grenzen wurden zunehmend unsicher, es kam zu Migrationen in bislang kaum bekanntem Ausmaß: Goten, Franken, Alemannen und Vandalen drangen auf das Reichsgebiet vor, im vierten und fünften Jahrhundert kam es dann zum Ansturm der Hunnen. Die Gründe für die Völkerwanderung sind vielfältig: Doch einer von ihnen ist das sich deutlich verschlechternde Klima – dem Optimum der Römer folgte das Pessimum der Völkerwanderungszeit. Es war der Beginn eines als *dark ages* bezeichneten Zeitalters: ohne klare, dem schrumpfenden und schließlich untergehenden Imperium vergleichbare administrative Strukturen, mit einem Mangel an Schrifttum und anderen kulturellen Zeugnissen, mit einer dramatisch schrumpfenden Bevölkerung, mit dem Verschwinden landwirtschaftlich genutzter Flächen und voller ökonomischer, politischer und sozialer Unsicherheit, wenn nicht gar Entwurzelung. Es war in der Tat eine kalte, finstere Zeit. Eine Ausnahme, geradezu eine Insel der Bewahrung von Schrifttum und Wissen war das damals gerade christianisierte Irland, das im fünften und sechsten Jahrhundert geradezu ein Goldenes Zeitalter erlebte, das in Winston Churchills Worten »glänzte und brannte inmitten der Dunkelheit«.[5]

Eine deutliche Abkühlung hatte um etwa 250 n. Chr. eingesetzt; für das Jahr 536 wurde ein negativer Temperaturrekord verzeichnet, der eine sehr konkrete, wenngleich nicht eindeutig zu lokalisierende Ursache und verheerende demografische Folgen hatte, wie noch zu zeigen sein wird. Die Zahl der Niederschläge ließ nach und die Zeit der ertragreichen Felder und Weingärten war – vorerst – vorbei. Die Niederschlagsmenge stieg in der ersten Hälfte des vierten Jahrhunderts vorübergehend wieder an, zeitgleich mit der kurzzeitigen Stabilisierung des Römischen Reiches unter Konstantin I. (306–337). Ab 395 war das einst so mächtige

Imperium endgültig geteilt, in ein seinem Untergang ent-
gegentaumelnden Weströmischen Reich und in ein Ost-
römisches Reich, das sich als langlebiger erweisen sollte. Im
Westen indes kam es aufgrund der chaotischen Verhältnisse,
von Kriegen und Seuchen, zu einem Bevölkerungsrückgang
und zur Aufgabe von Agrarflächen – was vor einer Generation noch kultiviert wurde, holte sich die Natur jetzt zurück.
Ganze Siedlungen wurden verlassen und gerieten in Vergessenheit.

Erst um etwa 800 kam es in West- und Mitteleuropa wieder zu klimatischen Verhältnissen, die – zumindest annähernd – jenen aus der großen Zeit Roms entsprachen. Zufall
oder nicht: Eben in diesen Jahren erblühte ein neues Kaiser-
reich, das fränkische des Charlemagne, Karls des Großen,
die Urform von Frankreich und Deutschland, in vielerlei
Hinsicht vielleicht gar des modernen geeinten Europas
der verschiedenen Sprachen und Kulturen. (Der Karlspreis
von Charlemagnes Lieblingsresidenz Aachen würdigt Verdienste um die europäische Einigung.) Abermals kam es zu
einer gesellschaftlichen Blüte zeitgleich – und auch kausal
verknüpft? – mit einer Periode warmen, überwiegend stabilen Klimas.

Dem Oströmischen Reich, später Byzanz genannt, war
es klimatisch wie politisch besser ergangen als dem westlichen Teil des Imperiums. Dank feuchter Sommer und guter Ernten prosperierte es gerade im fünften Jahrhundert,
als der letzte weströmische Kaiser namens Romulus Augustus, ein überforderter 16-jähriger, von den längst nicht mehr
römischen, sondern meist aus Zugewanderten bestehenden
Streitkräften aus dem Amt gejagt wurde. Ostrom (das bis
zur Eroberung durch die Türken 1453 bestehen sollte) hingegen integrierte jene Scharen, die im Rahmen der Völkerwanderung auf sein Territorium kamen, besser, prosperierte

und eroberte gar einige früher weströmische Provinzen. Es war ein sehr distinktes Wetterereignis, das im sechsten Jahrhundert dieses Reich heimsuchte und die Voraussetzungen schuf für eine der größten Katastrophen der europäischen Geschichte. Doch noch vor Roms Aufstieg hatte das Wetter an einigen wenigen, aber epochal entscheidenden Tagen eine Rolle – vielleicht auch nur eine bedeutsame Nebenrolle – gespielt und damit zum Überleben und letztlich zum Sieg jener Regierungs- und Gesellschaftsform beigetragen, welche heute erfreulicherweise in fast ganz Europa herrscht. Eine Regierungsform, von der Winston Churchill sagte, dass sie die schlechteste sei – abgesehen von allen anderen, die man ausprobiert habe.

September 480 v. Chr.

Die Aura der Demokratie

Der Gottkönig führte eine Streitmacht an, wie sie die Welt noch nicht gesehen hatte. Zehn Jahre nachdem sein Vater Darius I. in der Schlacht bei Marathon gescheitert war, wollte Xerxes I. nichts dem Zufall überlassen. Das Heer, das sich über die beiden Brücken bewegte, die der Herrscher über den Hellespont hatte errichten lassen, war gewaltig, auch wenn der wichtigste Chronist der Ereignisse, Herodot, wie viele antike Schriftsteller zur Übertreibung neigte. Herodot, der ein Menschenalter später die Ereignisse zusammentrug, deutet – Hilfskräfte mitgezählt – ein Millionenheer an. Die heute Forschung rechnet eher mit 50 000, vielleicht gar mehr als 200 000 Mann – immer noch ein gigantischer Zug von Menschen und Material, der durch Makedonien und Thessalien marschierte, um endlich die widerspenstigen Griechen zu disziplinieren und auch Hellas jenem Riesenreich hinzuzufügen, das Xerxes Vorfahren erobert hatten. Das Perserreich war das bei weitem größte Herrschaftsgebilde, das Eurasien bis dahin erlebt hatte. Es erstreckte sich vom heutigen Pakistan und Afghanistan im Osten über seinen eigentlichen Kern im modernen Iran, durch das Zweistromland und die Türkei bis nach Bulgarien. Und auch in Ägypten musste der Groß- und Gottkönig verehrt werden.

Zahlreiche griechische Stadtstaaten hatten sich auf die Seite der Perser geschlagen, aber der Widerstand war noch nicht gebrochen. Bei den Thermopylen kam es zum legendären Kampf und Opfergang des spartanischen Königs Leonidas und seiner dreihundert Spartiaten. Dann war der Weg frei nach Süden und gegen den Anführer der noch freien Griechen: Athen. Dort hatte sich eine neue Gesellschafts- und Regierungsform herausgebildet, die einen denkbaren Kontrast zur Alleinherrschaft des Xerxes darstellte – und in diesem Spätsommer des Jahres 480 vor Christus wohl zum ersten Mal in der Geschichte gegen eine Tyrannei um ihr Überleben kämpfen musste. Es war ein Ringen zweier Systeme, das sich vor allem in der Moderne stetig wiederholen sollte, zwischen souveränen Staaten und innerhalb von Gesellschaften: am Himmel über England 1940, an den Stränden der Normandie vier Jahre darauf, auf entlegenen Inseln im Südatlantik 1982, auf dem Platz des Himmlischen Friedens 1989 und auf vergleichbaren Schauplätzen der Gegenwart. Freilich war das Athen jener Epoche keine allumfassende Demokratie. Das Recht der Beratung und Abstimmung, zum Beispiel bei der Wahl des Rates der Fünfhundert, stand Frauen, Zugezogenen und Sklaven nicht zu. Aber es war ein Anfang, eine Wurzel.

Noch furchteinflößender als das Heer war die Seestreitmacht, die Xerxes zusammengezogen hatte. Athen war eine Seemacht und konnte nur zur See in die Knie gezwungen werden. Die Flotte der Perser und ihrer Verbündeten bzw. Vasallen soll nach modernen Schätzungen 1237 Triremen, die von drei Reihen von Ruderern angetriebenen Schiffe, umfasst haben. Athen und seine Alliierten brachten es auf etwa 330 dieser Kriegsschiffe (davon rund 200 athenische), deren Wirkung auf dem Rammsporn und der Kampfkraft der Bogenschützen und anderer Kämpfer an Bord ruhte. Athens führender Staatsmann und Stratege, Themistokles, hatte dafür gesorgt, dass der Stadtstaat über eine schlagkräftige Flotte verfügte; der berühmte Spruch des Orakels von Delphi, wonach Athens einzige Chance darin liege, sich hinter hölzernen Mauern zu verschanzen, unterstützte den Willen zur Aufrüstung. Die Motivation war auf athenisch-griechischer Seite zweifellos höher. Ein moderner amerikanischer Historiker konstatiert: »Nur eine Demokratie kann die Mannschaftsstärken von zweihundert Triremen – vierzigtausend Mann – zusammenbekommen und dann noch mit dem Willen ausstatten, sie gut zu führen.« Das ist sicher nicht ganz zutreffend, denn auf den Ruderbänken auch der Athener dürften wohl vornehmlich Sklaven gesessen haben – doch war der Drang nach Unabhängigkeit und Freiheit zweifellos für viele Besatzungen eine wichtige Triebfeder. Herodot sah es mit Blick auf die historische Entwicklung, die Athen bis zu diesem Zeitpunkt durchlaufen hatte, ähnlich: »Solange die Athener unter einer Tyrannei lebten, waren sie im Krieg nicht besser als ihre Nachbarn. Aber nachdem sie die Tyrannen los geworden waren, wurden sie die bei weitem Besten … nach der Befreiung kämpfte ein jeder für seine eigene Sache.«[1]

Doch auch ein noch so starker Freiheitsdrang stößt bei einer Unterlegenheit an Schiffen im Verhältnis von fast Eins zu Vier an seine Grenzen. Aber Themistokles und die Seinen standen mit dem Wettergott (die Rolle dürften am ehesten Zeus, der für Regen, Blitz und Donner zuständig war, oder Boreas, der Gott des Nordwindes, übernommen haben) im Bunde. Als sich die persische Flotte der Küste entlang gen Süden bewegte und bei Kap Sepias vor Anker ging, zog ein – so Herodot – »Monstersturm« auf und zertrümmerte zahlreiche der nicht immer sehr stabil gebauten Schiffe. Bis zu 400 Kriegsschiffe sollen zerstört oder so beschädigt worden sein, dass sie für den weiteren Kriegsverlauf keine Rolle mehr spielten. Bald darauf, als sich die persische Flotte bei Artemisium in einer ersten Seeschlacht mit den Athenern befand, zog erneut ein schwerer Sturm auf und beschädigte weitere ihrer Schiffe. Zahlenmäßig war die Flotte des Xerxes mit den verbliebenen rund 650 Schiffen immer noch deutlich überlegen, aber das Kräfteverhältnis hatte sich zweifellos zu Gunsten der Athener abgemildert.

Die persische Armee, der sich zu Lande niemand in den Weg zu stellen vermochte, eroberte Athen und setzte die Akropolis in Brand – die Rauchschwaden waren weithin über die attische Ebene und vom Meer aus, auf dem es zur Entscheidung kommen würde, zu sehen. Die heutigen, auf dem Athen überragenden Berg stehenden, weltberühmten Gebäude wie das Parthenon, die Propyläen und der Niketempel wurden erst nach diesem Krieg, dem »Zweiten Perserkrieg«, erbaut; dass sie heute Ruinen sind, rührt von einer Pulverexplosion im Jahr 1687 her. Die Athener Bevölkerung, die um das Schicksal von Städten wusste, die sich den Persern widersetzten und dann erobert wurden – in der Regel wurden die Männer hingerichtet, Frauen drohte Vergewaltigung und Kindern die Versklavung – hatte sich auf die Insel Salamis in Sicherheit gebracht. Oder sie diente auf den Triremen, die in der Bucht von Salamis lagen.

Die persische Flotte sammelte sich im Hafen von Phaleron; am 24. September 480 v. Chr. (das genaue Datum ist wahrscheinlich, wenn auch nicht gesichert) hielt Xerxes einen letzten Kriegsrat ab. Die Entscheidung stand bevor. Dass es dann schneller als von Xerxes erwartet zum Showdown kam, verdankten die Griechen einer List des Themistokles. Der Athener schickte in den Abendstunden einen loyalen Sklaven als vermeintlichen Überläufer ins feindliche Lager und ließ Xerxes' Befehlshaber wissen, die griechische Flotte plane die Flucht. So lief wahrscheinlich um Mitter-

nacht die persische Flotte aus, um die Ausfahrt aus der
Bucht von Salamis zu versperren. Es war ein überhasteter
Beginn, mit nicht ausreichend ausgeruhten und vorbereiteten Mannschaften. Und angesichts der Tatsache, dass eine
Trireme kaum je still im Wasser oder vor Anker lag, sondern
stetig bewegt werden musste, um die Formation zu halten,
bedeutete der Aufbruch auch: die persischen Ruderer würden bereits sechs oder acht Stunden lang harte körperliche
Arbeit verrichtet haben, während die Athener und ihre Verbündeten mit frischen Männern an den Riemen am Morgen des 25. September ihre Liegeplätze verließen und sich
den Persern entgegenstellten. Noch ein zweiter Coup war
Themistokles mit der Mission des Boten gelungen: Einige
der Kapitäne von Schiffen verbündeter griechischer Staaten wollten es nicht auf einen Kampf mit den nach wie vor
überlegenen Persern ankommen lassen – sie erwogen den
Rückzug, dachten an Flucht. Dies war nun durch die Ver-
sperrung der Ausfahrt aus der Bucht nicht mehr möglich:
Alle griechischen Schiffe würden sich der Auseinandersetzung stellen müssen.

Wie alle Seefahrt erfahrenen Athener kannten Themistokles und seine Befehlshaber ein meteorologisches Phänomen ihrer Heimat, die morgendliche Seebrise, die Aura. Sie
trat für gewöhnlich zwischen acht und zehn Uhr auf und
wehte in aller Regel aus südlicher Richtung auf das Festland
zu. In der sehr engen Straße von Salamis konnte die Brise
durch den Kanalisierungseffekt an Stärke noch zunehmen.
Die Aura bewirkte, dass die meist höher gebauten persischen Schiffe stärker ins Schwanken gerieten (und bei Kontakt mit dem Feind leichter kentern konnten). Und zumindest in der Anfangsphase der Schlacht würden die Griechen
den Rückenwind haben, die Perser hingegen mussten gegen
ihn ankämpfen und sich noch mehr verausgaben. Mehr als

5 Jahrhunderte später beschrieb der Historiker Plutarch diese Morgenstunden: »Themistokles hatte nicht nur den Ort, sondern auch die Zeit zum Kämpfen mit dem größten Erfolg ausgesucht, denn er war darauf bedacht seine Triremen nicht gegen die Schiffe der Barbaren zu schicken, bevor jene Stunde des Tages gekommen war, da eine frische Brise von der See kam und ein höherer Wellengang in der Meerenge war. Die Brise fügte den griechischen Schiffen keinen Schaden zu, da sie flach im Wasser lagen und kleiner waren; für die Schiffe der Barbaren hingegen mit ihren Aufbauten am Heck, den erhöhten Decks und der trägen Manövrierbarkeit war es fatal, denn es schlug sie hin und her, so dass sie ihre Breitseiten den Hellenen darbieten mussten. Diese gingen scharf zum Angriff über und hatten dabei stets ein Auge auf Themistokles, weil sie überzeugt waren, dass er am besten wusste, was zu tun sei.«[2]

Von seinem Thronsessel auf einer Anhöhe, die zum Berg Egaleo hinaufführte, hatte Xerxes einen wunderbaren Überblick und konnte in den nächsten Stunden mitverfolgen, wie eines seiner Schiffe nach dem anderen gerammt und versenkt oder geentert und eingenommen wurde. Der Poet Timotheos sollte mit seiner Prophezeiung von »die Boote zerstörenden Brisen« recht behalten. Die Aura, die verminderten eigenen Kraftreserven, die bessere Taktik und auch der Einsatz von erfahreneren Seeleuten, zuletzt wohl auch der Freiheitsdrang der Griechen – dies alles trug dazu bei, dass diese größte Seeschlacht der Antike mit einem überlegenen Sieg der Athener und ihrer Verbündeten endete. Für die Entwicklung der westlichen Zivilisation kann sie kaum unterschätzt werden. Der Gottkönig übrigens teilte das Schicksal vieler anderer Tyrannen. Xerxes I. herrschte mit dem Schwert und starb im Jahr 465 v. Chr. durch das Schwert, das der Befehlshaber seiner Leibwache schwang.

Der fahle Schatten der Sonne und die Pest des Justinian

Es ist nicht anzunehmen, dass niemand die Katastrophe wahrgenommen hat. Das Donnern dürfte noch über hundert Kilometer zu hören gewesen sein, die bedrohliche, in immer höhere Schichten der Atmosphäre aufsteigende Rauchwolke konnte man noch im Umkreis von Tagesreisen sehen. Danach hat es Tage der Finsternis gegeben, mit schwarzen, langsam zur Erde fallenden Flocken und mit einem Gestank in der Luft, der die Lust zum Atmen genommen hat. Doch es gibt keine Aufzeichnungen, keine bildlichen Darstellungen, keine Zeugen, deren Worte aus der engeren Heimatregion, irgendwo in den Tropen, zu uns gedrungen wären. Weit weg vom Geschehen indes haben Zeitgenossen Wundersames, Furchtsames beobachtet und in Worte zu fassen versucht. Im südchinesischen Nanjing, der Hauptstadt des Kaiserreichs, notierte ein Chronist: »Gelber Staub regnete wie Schnee herab«.

Diese Aufzeichnung entstand irgendwann im November oder Dezember im Jahr 535 unserer Zeitrechnung. Einige Wochen oder Monate zuvor hat es eine gewaltige Vulkaneruption gegeben – doch wo diese stattgefunden hat, ist bis heute ein Geheimnis. In Eisbohrkernen sowohl aus Grönland als auch aus der Antarktis sind die für ein solches Er-

eignis typischen Schwefelverbindungen in den dieser Zeitspanne zuzuordnenden Segmenten nachgewiesen worden,
so dass alles auf einen äquatornahen Ausbruch hindeutet.
Doch dort gibt es unzählige Vulkane – allein im heutigen
Indonesien sind es 27, die im Laufe der letzten 10 000 Jahre
mindestens einmal ausgebrochen sind. In Papua-Neuguinea
gibt es 31, im Gebiet der Samoa-Inseln 5 und auf der anderen
Seite des Planeten, in Südamerika in jenem Land, das vom
Äquator seinen Namen bekommen hat, in Ecuador, weitere
14 zeitweise aktive Vulkane. Ein Favorit für das Geschehen
im Jahr 535 ist nach den Forschungen des auf Archäologie
spezialisierten Journalisten und Sachbuchautors David Keys
der Krakatau, dessen (erneute?) Eruption am 27. August
1883 die viktorianischen Zeitgenossen erschaudern ließ –
auch weil es eine der ersten Naturkatastrophen war, die mit
einer nachweislichen Klimaabkühlung einhergingen: Auf
der Nordhalbkugel der Erde sank die Durchschnittstempe-
ratur 1883 um 0,5 bis 0,8 Grad.

Ob Krakatau oder Tavurvur nahe Rabaul in Papua-Neu-
guinea oder ein anderer Vulkan (oder ein Asteroiden- bzw.
Kometeneinschlag, die als hypothetische Ursachen der
Wetteranomalie von 535/536 ebenfalls in der Diskussion
sind) jenen massiven Ausbruch erlebte – die Folgen des Er-
eignisses, wo immer es stattgefunden hat, waren weltweit
spürbar. Vulkanausbrüche haben wiederholt beträchtliche
Auswirkungen auf das Klima gehabt. Vor allem Asche und
Schwefelverbindungen können bis in die Stratosphäre (am
Äquator bis in ca. 18 Kilometer Höhe) und gelegentlich so-
gar noch höher geschleudert werden. Die dort gebildeten
Aerosole können um den ganzen Erdball wandern, Sonnenlicht absorbieren und das Klima beeinflussen, in aller
Regel als Abkühlung. Das vielleicht einschneidendste die-
ser Ereignisse war die Eruption des Toba, eines sogenann-

ten Supervulkans (ebenfalls im heutigen Indonesien) vor rund 74000 Jahren. Ausbrüche dieser Größenordnung können einen »vulkanischen Winter« nach sich ziehen. Der Toba, dessen Asche wahrscheinlich bis in 80 Kilometer Höhe geschleudert wurde, führte zu einem ausgeprägten vulkanischen Winter mit geschätzten Temperaturstürzen bis zu fünf Grad Kelvin (der im wissenschaftlichen Schrifttum üblichen Skalierung). Zum besseren Verständnis der Relation: Bei der heutigen globalen Erwärmung geht es den meisten Schätzungen zufolge um eine Temperaturzunahme um etwa 0,85 Grad in einem Zeitraum von 100 Jahren und um aktuell etwa 0,17 Grad pro Jahrzehnt. Nach der Toba-Katastrophentheorie führte der vulkanische Winter beinahe zum Aussterben des Homo sapiens; von unseren Vorfahren sollen nur einige Zehntausend überlebt haben. Doch wie man weiß, hat auch dies den Menschen nicht aufgehalten.

Die Folgen des Vulkanausbruchs von 535 waren nicht so verheerend wie jene des vorzeitlich Ausbruchs des Toba – zunächst. Doch die Veränderung des Klimas entging auch den Zeitgenossen nicht: Der Bischof und Kirchenhistoriker Johannes von Ephesos, berichtet: »Die Sonne war dunkel, und diese Dunkelheit dauerte achtzehn Monate; jeden Tag schien sie für etwa vier Stunden; und dennoch war dieses Licht nur ein fahler Schatten. Und ein jeder erklärte, die Sonne werde nie wieder ihre Leuchtkraft wieder gewinnen.« Zacharias von Mytilene sah es ähnlich: »Die Sonne war am Tag verdunkelt und der Mond bei Nacht.« Zacharias, dem man wegen seiner Gelehrsamkeit den Beinamen *Scholasticus* gab, erlebte eine Jahreszeit, wie sie für den Orient höchst ungewöhnlich war: Der Winter war »so schlimm, mit einer großen und unerhörten Menge an Schnee, dass die Vögel eingingen.« Die Folgen trug vor allem die Landwirtschaft.

Johannes von Ephesos beklagte, dass »die Früchte nicht reif-
ten und der Wein nach sauren Trauben schmeckte«.[1]

Die Beobachtungen dieser Zeugen werden von Proxidaten bestätigt. Die Analyse von Baumringen weist auf ein
deutlich reduziertes Wachstum hin und dies fast überall auf
der Welt, in Schottland und in Schweden, in Chile und in
Kalifornien und sogar in Tasmanien. Die dendrochronolo-
gische Untersuchung einer finnischen Universität hat einen
abrupten Temperatursturz für das Jahr 536 nachgewiesen,
dem zwei weitere Reduzierungen der mittleren Temperatur-
werte folgten – und im Jahr 542 gar den niedrigsten Wert im
Laufe von eineinhalb Jahrtausenden erreichten.[2]

Eine Klimaanomalie mit wenig Sonnenexposition, lang
anhaltenden Schnee- und Regenfällen oder dem Gegenteil, mit Dürreperioden, die gelegentlich durch verheerende
Niederschläge mit Hagel unterbrochen wurden (wie in
einigen Provinzen Chinas, wo es im Jahr 536 zu Hungersnöten kam), war für agrarisch geprägte Gesellschaften wie jene
der Spätantike ungeheuer bedrohlich: Sie mussten mit Missernten und damit fast unvermeidbar Lebensmittelknappheit
und existenzieller Not rechnen. Die ganz überwiegende
Mehrzahl der Menschen im 6. Jahrhundert musste – wie
in allen Jahrhunderten zuvor und vielen danach – um ihr
Brot, ihren Reis, hart ringen; viele waren aus heutiger ernäh-
rungswissenschaftlicher Sicht minder- und mangelernährt.
Selbst wenn man satt wurde, war die Nahrung alles andere
als ausgewogen. Nach einer klimabedingten Missernte –
oder besser gesagt: mehreren, denn die schmalen Baumringe der dendrochronologischen Proben aus jener Zeit
deuten auf eine mehrere Jahre anhaltende Situation – sank
der allgemeine Gesundheitszustand weiter. Und das heißt
vor allem, dass die körpereigene Abwehr, das Immunsystem,
geschwächt war. Vielleicht waren die Menschen im östlichen

Mittelmeer, im Oströmischen Reich, bei allen Mängeln ein wenig besser ernährt, da sie mehr Oliven und Gemüse aßen, was wir heute mir der im Schnitt gegenüber Schweinshaxe und Hamburger gesünderen mediterranen Küche assoziieren. Auch Olivenbäume indes tragen bei Temperaturrückgang und geringem Sonnenschein nicht die erhoffte Menge und Qualität an Früchten. Die wirklich verheerende Katastrophe, die der Klimaanomalie mit wahrscheinlich vulkanischem Ursprung folgte, schlug denn auch im Mittelmeerraum zu. Dem Klimawandel folgte Justinians Pest.

Diese Pest hatte im Gegensatz zur noch schlimmeren Epidemie der Jahre 1347–1350, die ebenfalls einer Schlechtwetterphase folgte (von der später noch die Rede sein wird), ihren Ursprung nicht in der mongolischen Steppe, sondern höchstwahrscheinlich im tropischen Ostafrika. Aus Hafenstädten, die allesamt untergegangen sind, wie Opone, Toniki (im heutigen Somalia) und Rhapta (im heutigen Tansania), wurde eine Kostbarkeit für die Höfe und Paläste von Orient und Okzident geliefert: Elfenbein. Es war ein einträglicher Handel, der ganz plötzlich ein Ende fand. Aus der Epoche von 400 bis 540 sind etwa 120 bekannte Kunstwerke aus Elfenbein erhalten, aus der Zeit von 540 bis 700 – nur sechs. Mit den Schiffen der Händler wurde neben dem »Weißen Gold« auch das Dreigestirn der Pest in den Norden transportiert: der treue Begleiter menschlicher Siedlungen und Wanderungen – das dem Zoologen als *Rattus rattus* bekannte Nagetier, der Floh *Xenopsylla cheopsis* und der Erreger der Bakteriengattung *Yersinia pestis*.

Als erste fiel 542 nach Chronistenberichten die Stadt Pelusium am Nil der Pest anheim, in den Epochen vor Bau des Suezkanals ein wichtiger Umschlagplatz für Waren – und in diesem Fall auch Krankheitserreger – aus Afrika vor der Weiterbeförderung über das Mittelmeer. Das Triumvirat aus Ratten, Flöhen und Yersinien erreichte binnen einiger Tage mit der Geschwindigkeit eines beladenen Segelschiffes Rom und Marseille, die Küste Spaniens, vor allem aber das Zentrum der europäischen Zivilisation, Konstantinopel. Auf dem Landweg ging es etwas langsamer voran. Dennoch suchte die Pest im gleichen Jahr 542 noch Jerusalem und Antiochia, jene Hochburg des frühen Christentums (heute die türkische Stadt Antakya), heim. In jener Region wirkte der Historiker Prokopius von Caesarea, von dem eine detaillierte Beschreibung der Heimsuchung stammt: »Während dieser Zeit kam es zu einer Pestilenz, durch die fast die gesamte menschliche Rasse ausgelöscht worden wäre. Für alle anderen Geißeln, die der Himmel schickt, mögen kluge Menschen eine Erklärung finden. Aber für diese Kalamität ist es unmöglich eine andere Erklärung in Worte oder in Gedanken zu fassen, als sie direkt auf Gott zurückzuführen. Bei den meisten kam es so, dass sie von der Krankheit ergriffen wurden, ohne zu wissen, was auf sie zukommen würde, entweder durch eine Vision oder einen Traum.« Die Betroffenen litten zunächst an akut auftretendem Fieber, auch wenn »der Körper keine Veränderung gegenüber seiner vorherigen Farbe zeigte, noch war er heiß, wie zu erwarten, sondern das Fieber war von solch einer schwachen Art, dass es weder dem Kranken selbst noch einem Arzt, der ihn untersucht hätte, irgendeinen Verdacht einer Gefahr geboten hätte. Es war daher ganz natürlich, dass nicht einer von denen, die sich die Krankheit zugezogen hatten, erwartete, daran zu sterben. Aber in manchen Fällen am selben Tag, in anderen am nächsten Tag, und beim Rest nicht viele Tage später, entwickelten sich beulenartige Schwellungen, und dies geschah nicht nur am Unterleib, sondern auch in den Achselhöhlen, in einigen Fällen auch hinter den Ohren und an unterschiedlichen Punkten der Schenkel. Der Tod kam in einigen Fällen sofort, in anderen nach mehreren Tagen; und bei einigen traten am Körper schwarze Pusteln etwa so groß wie Linsen auf, und diese überlebten nicht auch nur einen Tag, sondern starben sofort. Bei vielen folgte auch ein Erbrechen von Blut ohne sichtbare Ursache und brachte alsbald den Tod.«[3]

Prokops Bemerkung, wonach die Menschheit fast ausgerottet worden wäre, ist eine Übertreibung – aber keine grobe. Die Pest des Justinian war einer der großen Seuchenzüge der Geschichte, die Zahl der Toten wird auf 25 Millionen geschätzt. Sie blieb Europa erhalten: Immer wieder flammten in den nächsten beiden Jahrhunderten erneute Infektionsherde auf, so wurden die britischen Inseln von 664 bis 666 von der Seuche heimgesucht. Wie bei den Pestzügen des Spätmittelalters und der Frühen Neuzeit forderte sie vor allem in Städten, wo die Menschen eng zusammenleben, hohe Opferzahlen – doch nirgendwo in einem Maße wie in Konstantinopel. Dort sollen nach modernen Berechnungen 244 000 Menschen aus einer Gesamtbevölkerung von etwa einer halben Million umgekommen sein. Einer der Erkrankten war der Herrscher Kaiser Justinian I., der mehrfach dem Tode geweiht schien (seine Frau Theodora, eine der herausragenden Frauengestalten der Geschichte, übernahm in dieser Zeit die Regierungsgeschäfte). Er überlebte und regierte noch weitere 23 Jahre. Tragischerweise bleibt der Name des bedeutenden Herrschers für immer mit einer grausamen Krankheit verbunden.

Zeugnisse der Klimageschichte

Das Klima der Vergangenheit mag nicht gerade das sprichwörtliche offene Buch sein – doch moderne wissenschaftliche Analyseverfahren haben zusammen mit der Auswertung zahlreicher historischer Quellen ein umfassendes Bild
der Klimaschwankungen seit Ende der jüngsten Eiszeit (und
darüber hinaus) geliefert sowie eine Vielzahl von Wetterepi-
soden und -katastrophen nachgewiesen und dokumentiert.

Unter den natürlichen Archiven, die Informationen über
die Klimaentwicklung geben, sind die über viele tausend
Jahre zurückreichenden Ablagerungen im Eis von hoher
Aussagekraft. Eisbohrkerne können aus Gletschern oder aus
jenem Eis entnommen werden, das frühere Generationen
als »ewiges Eis« zu bezeichnen pflegten (bevor die Erwärmung der Gegenwart dies in Frage zu stellen begann), also
in der Arktis, in Grönland und der Antarktis. Das älteste
Bohrstück aus dem Grönlandeis reicht rund 120000 Jahre
zurück; im Rahmen des europäischen Forschungsprojek-
tes Epica (European Project for Ice Coring in Antarctica)
wurde aus mehr als 3200 Meter Tiefe in der Antarktis ein
Bohrkern geborgen, der mit einem geschätzten Alter von
rund 900000 Jahren das älteste je geförderte Stück Eis darstellt. Der Gehalt von Kohlendioxid und Methan lässt Rück-

schlüsse auf die einst herrschenden Temperaturen zu; der Nachweis und die Quantifizierung von Schwefelverbindungen weist auf Vulkanausbrüche hin, die ihrerseits wiederum das Klima deutlich beeinflussen wie im berühmten »Jahr ohne Sommer« 1816.

Mit der Radiokarbonmethode lassen sich organische Hinterlassenschaften, zum Beispiel in Sedimenten, über die vergangenen rund 20 000 Jahre recht genau datieren. Dies gilt auch für Pollen, die man in Ablagerungen findet und die eine Aussage über den Zustand der Vegetation und über die Temperaturen in einem bestimmten Zeitabschnitt erlauben. Eine solch relativ präzise Datierung macht sich die Wissenschaft bei der Untersuchung eines anderen natürlichen Archivs zunutze: Sedimente in Gewässern – in Flüssen und Seen ebenso wie in den Ozeanen – erlauben Rückschlüsse auf Niederschlagsmengen und die Zusammensetzung der Ablagerungen; man spricht auch von Warven (Jahresschichten). Die Warvenchronologie geht auf den schwedischen Geologen Gerhard Jakob de Geer zurück, der mit Analysen von in Südschweden gewonnenem Material einen rund 10 000 Jahre zurückgehenden Kalender erstellte. In der Eifel, genauer gesagt im Meerfelder Maar und im Holzmaar, haben Bohrkerne Sedimente ans Tageslicht gebracht, die mehr als 23 000 Jahre alt sind.

In tropischen Gewässern ist das Wachstum von Korallen ein Indiz für Schwankungen in den Umwelt- und Wetterbedingungen. Auch diese Zeugen der Klimavergangenheit werden mit Bohrinstrumenten gewonnen und im Labor auf die von ihnen aufgezeichnete Chronologie untersucht. In Höhlen lassen Tropfsteine aufgrund des in ihnen nachweisbaren Verhältnisses zweier Sauerstoffisotope (O_{16} und O_{18}), dem Gehalt verschiedener Spurenelemente und der Dicke ihrer Wachstumslage eine zumindest auf Jahrzehnte genaue

Aussage über die Umweltbedingungen ihrer Entwicklung von der Höhlendecke hinab (Stalaktiten) oder dieser entgegen (Stalagmiten) zu.

Ein ähnliches »Gedächtnis« für die Witterungsbedingungen eines bestimmten Jahres oder einer Abfolge von Jahren hat ein Naturprodukt, das den Menschen von Anbeginn begleitet und von ihm in vielfältiger Weise genutzt wurde und wird, als Baumaterial, als Werkstoff und als Wärmequelle. Bäume. Die Dendrochronologie wertet die Jahresringe von Bäumen aus, um aus der Dicke der jeweiligen Ringe Rückschlüsse auf die Klima- und Ernährungsbedingungen zu ziehen. Die Methode funktioniert glücklicherweise nicht nur bei lebenden Bäumen, sonst würden nur einige wenige sehr alte Baumriesen als natürliches Archiv dienen. Die Analyse lässt sich auch auf Holz anwenden, das unsere Vorfahren einst für ihre Häuser benutzten; ein Durchbruch in der Datierung konnte mit der Methode beispielsweise in der Wikingersiedlung Haithabu im heutigen Schleswig-Holstein erzielt werden. Im Prinzip ist Holz mit dieser Methode unabhängig von seiner Verwendung datierbar – auch alte Musikinstrumente, Möbel und Kunstobjekte sind der Untersuchung zugänglich. Einer der ersten Wissenschaftler – als solchen kann man den Multi-Genius zweifellos bezeichnen –, der in Baumjahresringen eine Quelle der Klimageschichte vermutete, war übrigens Leonardo da Vinci. »Im einfachsten Fall«, so informiert das Institut für Archäologie, Denkmalkunde und Kunstgeschichte der Universität Bamberg, »erhält man eine solche Chronologie aus einem einzigen sehr alten Baum, was jedoch nur in den seltensten Fällen möglich ist. In der Regel werden die Chronologien durch das sog. Überlappungsverfahren (cross-matching) verschiedener einzelner Jahrringserien in die Vergangenheit verlängert. Auch reicht eine einzelne Jahrringserie nicht aus,

um die Jahrringbreiten eines Zeitintervalls zuverlässig ab-
zubilden, denn die Jahrringbreite kann durch individuelle,
nicht durch das Klima geprägte Einflüsse variiert werden.
Diese individuellen Einflüsse sollen durch die Mittelung von
Dutzenden oder Hunderten zeitgleich gebildeter Jahrringserien verschiedener Bäume eliminiert werden.«[1] Mit dieser
Methode erstellte Chronologien bauen auf Hunderten oder
manchmal auch Tausenden von Jahresringserien auf. Ein
erfolgreiches Beispiel dieser Forschungsbemühungen ist der
Hohenheimer Jahrringkalender, erstellt vom Botanischen
Institut der nahe Stuttgart gelegenen Universität Hohen-
heim; der Kalender umfasst lückenlos den Zeitraum von der
Gegenwart bis zum Jahr 10 461 v. Chr.

So weit reichen historische Quellen, also von Menschen
hinterlassene Informationen über Wetter und Klima, natürlich bei weitem nicht zurück. Zwar erwähnen auch antike Autoren vereinzelt Details zum Wetter, vor allem bei
Katastrophen oder unwirtlichen Umständen, wie bei Tacitus Charakterisierung des grau verhangenen und für einen
Römer wenig einladenden Britannien. Im Mittelalter indes
begannen an dieser Naturthematik interessierte Zeitgenossen ihre Beobachtungen häufiger niederzuschreiben. »Die
vermutlich ältesten überlieferten fränkischen Witterungs-
aufzeichnungen«, so schreibt Rüdiger Glaser in seiner Klimageschichte Mitteleuropas, »stammen beispielsweise von
Magister Enno aus Würzburg. Seine in Latein verfassten
Aufzeichnungen lauten beispielsweise für das Jahr 1331 *Überschwemmung, welches die Häuser in Berchem fortspülte*, oder
für das Jahr 1335 *großer Wind in Würzburg* und 1343 *große
Wärme*. Schwere Unwetter, vor allem Gewitter und Stürme,
zählen ebenfalls zu den besonders häufig aufgeführten Er-
eignissen. Neben äußerst kurz gehaltenen Eintragungen versuchte man in anderen Fällen die Schwere oder Stärke des

Ereignisses in einer bildhaften Sprache zu vermitteln. Oft werden unrealistische Vergleiche bemüht wie *war der Winter so kalt, dass die Vögel tot vom Himmel fielen*, oder man verwendete immer gleiche Stereotype wie *seit Menschengedenken nicht mehr.*«[2]

Eine systematische Dokumentation gab es mancherorts ab dem 15. Jahrhundert in Form von Wetterjournalen, in denen oft stichwortartig und kalendarisch angeordnet Beobachtungen eingetragen wurden. Ein früher Pionier dieses Genres war der Prior des Augustiner-Chorherren-Stifts Rebdorf im bayrischen Eichstätt, Kilian Leib. Leib führte sein Wettertagebuch von 1513 bis 1531; neben Wetterbeobachtungen – für Messungen fehlte noch das Instrumentarium – notierte er zeitgleiche Details aus der klösterlichen Landwirtschaft wie Aussaat, Blüte und Ernte. Historiker haben neben diesen direkten Quellen zahlreiche andere Zeugnisse ausgewertet, die Rückschlüsse auf die Klimabedingungen erlauben, wie die Teuerungen von Getreide und die Weinqualität – letztere war in vielen Jahren der Kleinen Eiszeit aufgrund der niedrigen Durchschnittstemperaturen und des früh einsetzenden Frostes oft miserabel.

Im Zeitalter der Aufklärung wurde die Korrespondenz zwischen Naturphilosophen (wie man damals Naturwissenschaftler nannte) zur Norm, der Austausch erfolgte über Landesgrenzen und häufig auch über natürliche Hindernisse wie den Ärmelkanal hinweg. Die Gelehrten standen in reger Korrespondenz mit Gleichgesinnten, ob in London oder Oxford, in Padua oder Uppsala. Ab etwa 1600 wurde nicht nur beobachtet, sondern auch gemessen. Galileo Galilei soll ab 1597 mit einem frühen Thermometer experimentiert haben; ein erstes Flüssigkeitsthermometer kam wahrscheinlich um 1632 in Gebrauch. Freilich waren die frühen Geräte noch nicht genormt, die Skalierung des einen Forschers war dem seines Korrespondenzpartners oft wenig nützlich. Das Barometer wurde 1643 von Evangelista Torricelli erfunden. Um etwa die gleiche Zeit entstanden Netzwerke des Informationsaustauschs und bald auch erste Messstationen, zum Beispiel 1659 in London. Inzwischen hatte auch der Staat ein Interesse an der Erforschung des Phänomens Wetter – das im Frieden über gut gefüllte Scheunen oder Missernten (und damit Unzufriedenheit der Untertanen) entscheiden und im Krieg, vor allem für maritime Mächte, den Ausschlag zum Guten wie zum Schlechten geben konnte.

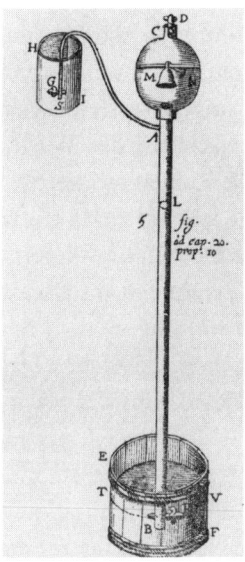

Ein frühes Barometer

Das abrupte Ende der Maya-Hochkultur

Der amerikanische Diplomat und Schriftsteller John Lloyd Stephens durchstreifte 1840 die Urwälder von Mittelamerika und war von dem, was er dort vorfand, überwältigt: »In Ägypten stehen die ungewässerten Skelette der gigantischen Tempel in all der Nacktheit der Wüste, aber hier kleiden immense Wälder die Ruinen ein, verbergen sie den Blicken und verleihen dem Interesse, das sie wecken, eine Wildheit.« Was aber war mit den Bewohnern dieser Region und den Erbauern der Pyramiden im Dschungel der Halbinsel Yucatan geschehen: »… sind sie dem Schwert, dem Hunger oder der Pestilenz anheim gefallen?«[1] Stephens, der als einer der Entdecker der Hochkultur der Maya gilt – korrekter: als Wiederentdecker für die Neuzeit, nachdem die spanischen Eroberer drei Jahrhunderte zuvor auf ihrer Suche nach Gold wenig Sinn für die indigene Zivilisation hatten – lag mit seiner Vermutung über die Ursachen für das Ende dieser hoch entwickelten Zivilisation durchaus nicht falsch. Doch soziale Unruhen, kriegerische Auseinandersetzungen mit anderen Völkern und Seuchen mögen zwar eine Rolle gespielt haben, der wohl wichtigste Grund für den Untergang der Maya war ein anderer. In den letzten Jahren ist mit modernen wissenschaftlichen Methoden nachgewiesen worden, dass den

Maya aufgrund ungünstiger Klimaentwicklung, zweifellos in Zusammenwirken mit Überbevölkerung und Raubbau an der Natur, die Lebensgrundlage entzogen wurde.

Die Kultur der Maya erblühte über mehr als tausend Jahre auf einem Gebiet, das heute im Wesentlichen zum Territorium der modernen Staaten Guatemala und Mexiko gehört. Sie schufen Kunstwerke, eine hoch entwickelte Schrift, detailliert errechnete Kalender und erwarben ein immenses Wissen in Astronomie. In ihrer Blütezeit bauten sie im Tiefland prosperierende Stadtstaaten, zu deren markantesten Bauwerken Pyramiden gehörten. Palenque, Tikal, Chichén Itzá (gegründet um 650 n. Chr.) und andere gelten heute zu Recht als Kulturerbe der gesamten Menschheit. Es sind Orte, die nicht wenigen Besuchern einen Schauer den Rücken runter jagen. Vom Tieflanddschungel umgeben, fällt es nicht schwer sich vorzustellen, welch quirliges Leben einst den Großen Platz von Tikal erfüllt haben mag, dessen Tempelansammlungen man nicht von ungefähr mit den Namen eines vergleichbaren europäischen Kultplatzes versehen hat: Nordakropolis und Südakropolis. Oder man vermeint den Jubel der Zuschauer am Ballspielplatz von Uxmal zu hören – bis plötzlich jene befremdliche Stille eintrat, die heute über den Ruinenlandschaften liegt.

Die Maya – und darin mag man ein warnendes Beispiel für moderne, ausschließlich an Wachstum, Wachstum und immer weiterem Wachstum interessierte Gesellschaften sehen – wurden Opfer ihres eigenen Erfolges. Ihre Bauern standen unter gewaltigem Druck: Sie mussten einem Boden, der unter normalen Umständen im Wechsel tropischer Regenfällen, dann aber wieder monatelanger Dürre ausgesetzt war, immer mehr Ertrag abringen, denn die Bevölkerung wuchs und die Städte erfreuten sich konstanten Zuzugs. Man schätzt, dass in der Ära der Hochklassik bis zu zehn

Millionen Menschen im Siedlungsgebiet der Maya lebten, das ungefähr der Größe des amerikanischen Bundesstaates Colorado (also rund 270 000 Quadratkilometer) entsprach. Es war abzusehen, dass die Methoden einer vorindustriellen Landwirtschaft irgendwann an ihre Grenzen stoßen würden. Immer mehr Fläche wurde gerodet, was zu einer voranschreitenden Erosion führte – in der Hoffnung, damit auch in Zukunft das Ernährungsproblem einer wachsenden Bevölkerung lösen zu können, während ihre Priester um Regen flehten.

Dürre war von Beginn an ein Problem bei der Besiedlung des Tieflandes und der Gründung der stetig wachsenden Städte. Die Mayas versuchten diesen bedrohlichen klimatischen Bedingungen mit Vorratsspeicherung und Bewässerungsanlagen zu begegnen. Für einige »normale« Trockenjahre wie im Jahr 250 n. Chr. und erneut im Jahr 760 gelang dies auch. Dem Klimaumschwung im neunten Jahrhundert hatte indes auch der Erfindungsgeist dieses Volkes nichts mehr entgegenzusetzen. Das Ausmaß der Katastrophe ließ sich an Proxidaten nachweisen. In einem Salzsee in Mexiko, dem Chichancanab, haben David Hoddel und Mitarbeiter von der University of Florida Sedimentproben entnommen. Aus der Zusammensetzung der Bohrkerne, vor allem aus dem Nachweis des Anteils des im Vergleich zum vorherrschenden Isotop 16 »schwereren« Sauerstoffisotops 18 in den Gehäusen von Schnecken und Flusskrebsen, konnte man auf Trockenheitsperioden schließen: Die Zeit von 800 bis 1000 unserer Zeitrechnung war nach Berechnungen der amerikanischen Wissenschaftler die trockenste der letzten 8000 Jahre.[2] Auch die Analyse der Stalagmiten aus einer Tropfsteinhöhle in Belize ließ auf einen einschneidenden Klimawandel schließen.[3] Und der Titangehalt in Bohrkernen aus küstennahen Sondierungen des Meeresgrunds brachte

Aufschluss über die Sedimente, die von Flüssen ins Meer transportiert wurden – und damit über Wasserreichtum oder -knappheit in den Herkunftsgebieten.[4]

Die Waldrodungen durch die Mayas haben nach heutiger Einschätzung den regionalen Klimawandel im Mittelamerika des zehnten Jahrhunderts entscheidend mitgeprägt. Die von Bäumen und Dschungel befreiten Flächen waren nicht mehr grün, sondern hell. Sie reflektierten mehr Sonnenlicht, was zu einem Verlust an Bodenwärme führte. Dementsprechend verdunstete weniger Wasser, was wiederum zu weniger ergiebigen Niederschlägen führte. Der Klimawandel, der Dürre und Hungersnot nach sich zog, verstärkte wahrscheinlich die bereits vor der Krise bestehenden sozialen Verwerfungen in der Maya-Gesellschaft. Die Katastrophe, wie immer die einzelnen auslösenden Faktoren auch gewichtet waren, versetzte einer der großen antiken Kulturen der Menschheit einen vernichtenden Schlag. Durch Massensterben und Wegzug kam es zu einem so drastischen Bevölkerungsrückgang, dass zum Zeitpunkt der Eroberung Mexikos durch Cortez und seine Truppen um 1520 auf dem früheren Maya-Gebiet nur noch rund 30 000 Menschen lebten. Es gibt archäologische Hinweise darauf, dass einige Nachfahren der Hochkultur – als solche gelten die Mayas heute ungeachtet der von ihnen reichlich praktizierten Menschenopfer – auf die unterste Stufe menschlichen Daseins absanken: Funde von menschlichen Knochen in Tikal weisen Biss- und Hitzespuren auf – was auf Kannibalismus hindeutet. Der Paläoklimatologe Gerald Haug von der ETH Zürich, dessen Untersuchungen von See- und Meeressedimenten wesentlich zum Nachweis des Klimawandels der Maya-Zeit beigetragen haben, sieht im Untergang dieses Volkes ein Menetekel, das weder auf Mesoamerika noch auf das neunte und zehnte Jahrhundert beschränkt zu sein scheint: »Die Klimadaten weisen auf die Empfindlichkeit von hochentwickelten Kulturen hin, die ihre Umwelt bis an den Rand des Tragbaren ausschöpften.«[5]

Zeugnis einer untergegangenen Kultur:
die Ruinen von Palenque in Mexiko

Die Mittelalterliche Warmperiode

Es ist fast wie eine kleine Zeitreise – soweit man sich dies in einer deutschen Großstadt im 21. Jahrhundert vorstellen kann. Durch das Gewölbe des Brückenturmes schreitend betritt man das Bauwerk – wegen seiner Berühmtheit ist es selten ganz frei von Besuchern, aber ein Sommermorgen, möglichst noch ein Sonntag um sieben Uhr früh, garantiert fast jene Einsamkeit, die der Vorstellungskraft den Sprung über acht Jahrhunderte ermöglicht. Leicht bergan geht es, über ein grobes Pflaster, über das glücklicherweise inzwischen keine Autos und Busse mehr fahren dürfen. An der höchsten Stelle wartet eine Relieffigur aus der Mitte des 15. Jahrhunderts, die somit drei Jahrhunderte jünger ist als das Bauwerk: das Bruckenmandl. Unter den steinernen Bögen fließt der Fluss träge dahin. Bei Niedrigstand der Donau, die zu beiden Seiten die Jahninsel umströmt, sieht es fast so aus wie damals. Nicht ganz, denn wie in jenem Jahr 1135 ist es offenbar nie wieder gewesen.

Die Steinerne Brücke ist ein Wahrzeichen der Stadt Regensburg. Selbst in dieser Stadt, die in ihrem historischen Altstadtkern die rekordverdächtige Zahl von mehr als 900 denkmalgeschützten Bauten aufweist, ist sie noch etwas Besonderes. Sie ist ein grandioses Beispiel hochmittelalterlicher

Baukunst und die älteste existierende Brücke in Deutschland. In gewisser Weise bewahrt sie sich selbst und dem Fluss hier ein vorindustrielles Umfeld. Da die Steinbögen für größere Binnenschiffe zu niedrig sind, bleibt dem Besucher der Anblick von Tank- oder Lastschiffen (die den Europakanal nutzen müssen), die das vor dem von Kirchtürmen und spitzgiebeligen Kaufmannshäusern geprägte Stadtpanorama stören könnten, erspart.

Relikt einer goldenen Zeit:
die steinerne Brücke in Regensburg

Die Steinerne Brücke wurde auf Veranlassung Regensburger Kaufleute in der für damalige Verhältnisse beeindruckenden Bauzeit von rund zehn Jahren und nach Plänen eines Baumeisters, dessen Name im Nebel der Geschichte verloren gegangen ist, fertiggestellt (möglicherweise waren es auch mehrere). Umso besser wissen wir um den Baubeginn – und um seine Umstände. Anno 1135 wurden die ersten Fundamente gesetzt, und Bauherren wie Arbeitern schien, nur einen Steinwurf vom Dom entfernt, die Gnade des Herrn über diesem menschlichen Unterfangen zu leuchten. Die Donau führte nämlich so wenig Wasser, dass man sie durchwaten konnte, was den Baubeginn denkbar erleichterte und die Stadtväter und den Landesherrn Heinrich den Stolzen von Bayern dazu motivierte, mit dem Projekt zu beginnen. Dass ein großer Strom wenig Wasser führte, war den Zeitgenossen nichts Unbekanntes: Schon fünf Jahre zuvor konnten mehrere Tagesreisen nordwestlich des Herzogtums Bayern die Anwohner des Rheinlandes ihren Fluss ohne Gefahr auch für Nichtschwimmer überqueren. Als die Steinerne Brücke 1146 fertiggestellt war, wurde es vor Ort mit Gottesdiensten und Volksfesten – Frömmigkeit und Lebensfreude stellten in jener Epoche keinen Gegensatz dar – gefeiert. Schon damals fanden die einfachen Leute wohl bereits Gefallen am Regensburger Bier, und in den Kaufmannshäusern und auch am Bischofssitz waren die Kelche mit Wein gefüllt. Dem Connaisseur bot sich eine reiche Auswahl: Gute Weine kamen zu dieser Zeit nämlich nicht nur aus Frankreich und Italien, sondern auch aus Mecklenburg, England und sogar Südnorwegen. Alle diese Regionen waren so von der Sonne verwöhnt, dass die Reben wuchsen und gediehen.

Gebaut und (ein-)geweiht wurden indes nicht nur Brücken. In dieser Epoche wuchs ein neuer Typ des Sakralbaus buchstäblich gen Himmel. Die Gotteshäuser der Christenheit nahmen eine neue Dimension an, und in ihren mächtigen Innengewölben wurde die Dunkelheit, die bislang in fast jeder Kirche herrschte und den zurückliegenden Jahrhunderten den wenig schmeichelnden Beinahmen des finsteren (Früh-)Mittelalters gegeben hatte, endgültig verbannt. »Riesige Fenster«, so schreibt Wolfgang Behringer in seiner Kulturgeschichte des Klimas, »erlaubten es dem Sonnenlicht der mittelalterlichen Warmperiode in jene monumentalen

Kathedralen einzufallen, die in dieser Zeit gebaut wurden.«[1]

Wie so oft, spielte das Klima eine – in diesem Fall günstige – Rolle bei Veränderungen mit weitreichenden Folgen. In der Bautätigkeit war es die Verbesserung vorhandener und die Einführung neuer Werkzeuge wie der hydraulischen Säge, dem Flaschenzug, der Hebezange und leistungsfähigeren (Holz-)Kränen. Man sah diese Kräne nun vielerorts, in Freiburg und in Köln, vor allem aber in Frankreich wie in St. Denis und in Beauvais. Der Abt Suger von St. Denis gilt als einer der ersten, der auf den Gedanke kam, eine himmelstürmende Bauweise von Kirchen, mit riesigen Kirchenschiffen und Türmen, die schon von Weitem die Silhouette eines Ortes prägen, symbolisiere eine größere Nähe zu Gott. Die außen am Dach angesetzten Bögen der gotischen Kathedralen sorgten für mehr Stabilität und für die Entlastung des zentralen Kirchenschiffes. So konnten in dessen Wände Öffnungen von bislang unbekannter Größe gelassen werden, in denen bunte Bleiglasfenster das einfallende Licht zu einem Spektakel gestalteten, welches die Gläubigen in Ehrfurcht und Bewunderung versetzte. Wer in einer flachen Hütte wohnte, in der allenfalls ein schwaches Talglicht die langen Winternächte zu erhellen vermochte, war bei der Andacht in einer der neuen Kathedralen einem leuchtenden, farbenprächtigen Sinnenspektakel ausgesetzt, das ihn mit tiefer Dankbarkeit gegenüber dem Herrn und seiner Gnade erfüllen sollte.

Es war Hubert H. Lamb, Professor für Umweltwissenschaften an der East Anglia University, der vor mittlerweile einem halben Jahrhundert den Begriff der *medieval warm period* (MWP), der mittelalterlichen Warmzeit oder Wärmeperiode, prägte. Auch der Terminus »Mittelalterliche Anomalie« ist für die Epoche in Gebrauch. Viele der analytischen Methoden der modernen Klimaforschung standen Lamb noch nicht zur Verfügung. Inzwischen gibt es eine Vielzahl neuerer wissenschaftlicher Studien, die das Ausmaß der mittleren Temperaturabweichungen gegenüber den Epochen zuvor und danach etwas relativiert haben.

Die mittelalterliche Warmzeit wird auf die Jahre zwischen 1000 und 1300 datiert, aber natürlich gab es keinen abrupten Übergang und kein exakt definierbares Ende. Im Norden Europas hat die Wärmeperiode etwas früher begonnen, etwa um 950. Auch bedeutet diese Charakterisierung einer für menschliche Verhältnisse so langen Periode keineswegs, dass den Zeitgenossen der Sinn für die Jahreszeiten abhanden gekommen und ihnen extreme Wetterereignisse mit tiefen Temperaturen erspart geblieben wären. Natürlich badeten die Ottonen- und Stauferkaiser nicht jedes Jahr monatelang bei mediterranem Sonnenschein, genossen ihre Untertanen nach der Arbeit auf den Äckern oder in den Werkstätten keine andauernd wundervollen warmen Frühlings- und Sommerabende, gefolgt von milden Wintern, in denen das Brennholz stets ausreichte. Auch in dieser Zeit gab es den einen oder anderen verregneten Sommer, erfroren in unbarmherzig kalten Wintermonaten Mittel- und Heimatlose im Schatten der gen Himmel stürmenden neuen Kirchtürme. Doch im Mittel – dies war Lambs durch zahlreiche Belege und Zeitzeugnisse gestützte Erkenntnis – waren die Temperaturen in Europa, vor allem in Mittel-, Nord- und Westeuropa eben höher als in anderen Perioden der dokumentierten Geschichte. Für eine solche Charakterisierung bedarf es keiner massiven Temperaturausschläge nach oben. Eine mittlere Erwärmung um 0,5° oder 1° Celsius ist eine signifikante Änderung, mit spürbaren Auswirkungen auf das Leben von Individuen, Gesellschafts- und Wirtschaftssystemen und Staaten (die sich vielerorts in der mittelalterlichen Warmzeit etablierten und konsolidierten). Beim gegenwärtigen und die Menschheit wohl auch in absehbarer Zukunft beschäftigenden Aspekt der globalen Erwärmung geht es (nach heutigem Kenntnisstand) um einen Anstieg der mittleren Temperatur pro Zeiteinheit (wie zum Beispiel eine Dekade) in einer Größenordnung von ebenfalls ein oder zwei Grad Celsius – eine Erwärmung, die nach Ansicht der überwältigenden Mehrheit der Klimaforscher einschneidende, teilweise katastrophale Konsequenzen haben dürfte. Und doch gibt es einen wichtigen Unterschied zwischen der mittelalterlichen Warmzeit und dem modernen Klimawandel: Er war nicht global. Die für die Weiterentwicklung europäischer Gesellschaften so günstige klimatische Veränderung betraf zum Beispiel nicht Ostasien – und auch nicht Mesoamerika, wo eine der großen indigenen Hochkulturen, die der Mayas, gerade ihren Niedergang erlebte, während über Europa – nicht nur im übertragenen Sinn – die Sonne des Hochmittelalters leuchtete.

Die Spuren der mittelalterlichen Warmperiode hat man vielerorts in Europa nachweisen können; so wäre heute der Weinbau in bestimmten Regionen, wie ein Riesling an den Hängen des Oslo-Fjords, undenkbar. Andere sonnenverwöhnte Pflanzen, die auf ungewohntem Terrain gediehen, waren Feigen- und Olivenbäume, die im Süden Deutschlands heimisch waren. Die Gletscher in den Alpen schmolzen im Hochmittelalter in einem annähernd dem 20. Jahrhundert vergleichbaren Maße ab. In zuvor von Gletschern bedeckten Höhenlagen konnten Reste von Baumbestand nachgewiesen werden, was auf ein Vordringen der Fauna in Regionen hindeutet, in denen nach Ende der Wärmeperiode kein Gedeihen mehr möglich war. Im Schweizer Kanton Wallis sind Spuren eines hölzernen Aquäduktes gefunden worden, mit denen die Bergbauern ihre Felder bewässerten. Das Bauwerk verfiel ab etwa 1385, denn es war nutzlos geworden, weil sich die Gletscher wieder weiter ausdehnten. Die Untersuchung der Gletscher hat auch zu der Erkenntnis geführt, dass die Mittelalterliche Warmzeit keine homogene Periode mit überdurchschnittlich hohen Temperaturen war. Regional und über bestimmte Zeitabschnitte gab es auch kältere Phasen. Der Aletschgletscher beispielsweise zog sich zwischen 900 und 1000 deutlich zurück, drang indes zwischen 1050 und 1150 erneut um fast zwei Kilometer vor.[2]

In weiten Teilen Europas gehörten harte Winter während der Mittelalterlichen Warmzeit der Vergangenheit an – und der Zukunft, die mit der Kleinen Eiszeit nicht nur ökonomische, sondern auch massive politische Krisen bringen sollte. Es war für die Menschen ein geradezu überlebenswichtiger Vorteil, dass katastrophale Kälteperioden ausblieben und der erste Frost erst deutlich später einsetzte. Die weit überwiegende Mehrheit der europäischen Bevölkerung von geschätzten 90 Prozent lebte von der Landwirtschaft. Dem Boden musste alles für das tägliche Überleben abgerungen werden. Eine Missernte war für die Schwächsten der Gesellschaft das Todesurteil – Kinder, Kranke und Alte, wobei angesichts der bescheidenen mittleren Lebenserwartung ein vierzigjähriger Bauer bereits als »alt« gelten musste. Traten mehrere Missernten in Folge ein, war das Überleben ganzer Gemeinschaften, Dörfer, Populationen gefährdet.

Die rund drei Jahrhunderte der Mittelalterlichen Warmzeit begünstigten das Überleben nicht nur in einem Maße, wie es früheren Generationen nicht beschieden war – es kam zu einem bislang unbekannten Bevölkerungswachstum. Die Kombination aus günstigem Klima und verbesserten landwirtschaftlichen Methoden führte dazu, dass die (meisten) Menschen ausreichend Nahrung hatten und Hungersnöte ausblieben. Auch eine zweite Heimsuchung blieb den Menschen des europäischen Hochmittelalters weitge-

hend erspart: Sie blieben von den ganz großen Seuchen wie
den Pestepidemien des sechsten und des vierzehnten Jahrhunderts verschont. Die Syphilis, die ab dem späten 15. Jahrhundert auftrat, gab es offenbar noch nicht. Ihr Ursprung
ist umstritten; viele Medizinhistoriker sind der Auffassung,
dass sie um 1500 von den Entdeckern der Neuen Welt im-
portiert wurde. Auch wenn es weiterhin Infektionskrankheiten gab, stellten sie für das Bevölkerungswachstum kein
Hindernis dar. Und dies obwohl die höheren Temperaturen
der Epoche infektiologisch zumindest die Übertragung und
Verbreitung einer bestimmten Krankheit begünstigten: In
den Feuchtgebieten Mitteleuropas gediehen Mücken der
Spezies Anopheles prächtig. Diese sind die Überträger von
Plasmodien, die Malaria auslösen. Das von ihr hervorgeru-
fene, typischerweise in Schüben auftretende Fieber war in
Europa Teil des Alltags – den Zeitgenossen selbst war es
noch nicht möglich, es von anderen fiebrigen Erkrankungen
in seiner Entstehung zu unterscheiden. Menschen, die in der
Nähe von Mooren arbeiteten oder nahe stehender Gewässer
lebten, erkrankten auch im heute malariafreien Deutschland an dem Leiden, das – im Gegensatz zur Pest oder zur
Cholera, die im 19. Jahrhundert viele Opfer forderte – oft
nicht beim ersten Krankheitsschub tödlich verläuft, sondern
jahrelang immer wiederkehrenden Fieberschübe nach sich
zieht. Die Malaria war nicht nur in Deutschland und den
Niederlanden, sondern auch auf den britischen Inseln und
in Skandinavien heimisch. Italien, wo sie endemisch war
und schon in der Antike als Geisel galt, war noch deutlich
stärker betroffen als Deutschland und die mit Feuchtgebieten
reichlich gesegneten Niederlanden. Sie forderte vor allem
unter Neuankömmlingen ihre Opfer und verschonte auch
nicht die höchstgestellten Personen der Christenheit: In den
Jahren 1046 bis 1057 starben vier aus Deutschland stam-

mende Päpste wahrscheinlich an dem später Wechselfieber genannten Leiden.

Doch auch die Malaria konnte die Bevölkerungsentwicklung der Epoche von etwa 950 oder 1000 bis ca. 1315 nicht aufhalten. Zwar blieb es selbst den Familien des Hochmittelalters nicht erspart, zahlreiche ihrer kleinen Kinder zu verlieren. Eine hohe Kindersterblichkeit war bis ins 19. Jahrhundert hinein, bis zu den großen Fortschritten in Medizin und Hygiene, geradezu schicksalhaft für Arm und Reich. Doch es überlebten mehr Kinder, wuchsen heran und gründeten eigene Familien, die durch Rodung neues Ackerland erschlossen, um die Ihren zu ernähren. Das vom Klima begünstigte Bevölkerungswachstum veränderte die Landschaft durch diese (demografisch erzwungene) Erschließung neuer Ackerflächen nachhaltig. Es verschwand so viel Wald wie nie zuvor – heute ist der Anteil der Waldflächen in einem Deutschland mit seinen mehr als 80 Millionen Menschen offenbar größer als um 1300. Eine andere Möglichkeit, bei steigender Menschenzahl die eigene Existenz zu sichern, war die soziale Mobilität – die Migration in bislang unerschlossene Regionen: in Deutschland nach Osten, in Skandinavien nach Island und Grönland. Oder man folgte dem erst später für den Aufstieg der urbanen Zentren erfundenen Slogan »Stadtluft macht frei« und wurde zum Bürger einer mit festem Mauerwerk umzogenen Siedlung.

Denn zu den Profiteuren der Mittelalterlichen Wärmeperiode gehörten nicht nur Individuen, Landwirte mit Vorratsspeichern, die eine Versorgung über den Winter sicherten, sondern auch eine Form menschlicher Habitation, die im 21. Jahrhundert weltweit die Norm (mit stetig steigendem Anteil) ist, um 950 hingegen vor allem in Mittel- und Nordeuropa nur einem kleinen Bruchteil der Bevölkerung Heimat war: die Stadt. Bis zum Hochmittelalter waren es meist

Klöster und andere kirchliche Einrichtungen gewesen, die Handwerker und andere Berufsstände anzogen, die – wie man heute sagen würde – Dienstleister motivierten, sich im Umfeld niederzulassen. Kleine Orte entstanden, wie Maulbronn mit seinem Zisterzienserkloster als Kern, vereinzelt auch für damalige Verhältnisse beachtliche Städte wie Magdeburg, das nicht nur Standort eines für die Bekehrung der Slawen zuständigen Erzbistums und Heimstatt eines imposanten Domes, sondern immer wieder auch Sitz der ottonischen Kaiser war (Otto der Große und seine aus England stammende Frau Editha fanden im Dom ihre letzte Ruhestätte). Andere Städte hatten aus der Römerzeit in reduzierter Form überlebt, wie etwa Trier, Mainz und Neuss oder als respektable Stadt Köln. Nun aber wurden von diesen historischen und klerikalen Ausgangspunkten unabhängige Städte gegründet. Oft geschah dies im Umkreis des Herrschaftssitzes eines weltlichen Herrn, der typischerweise in einer Burg residierte, was zahlreichen Neugründungen die Endsilbe »-burg« verpasste. Die meisten heute existierenden deutschen Städte wurden in der Zeit zwischen dem 11. und dem 13. Jahrhundert gegründet, auch wenn sie oft auf älteren Keimzellen – Dörfer, Liegenschaften, Handelsniederlassungen an Verkehrswegen und Flussmündungen u.ä. – basierten. Zu den modernen Metropolen Deutschlands, die ihre Entstehung letztlich auch der Mittelalterlichen Warmzeit verdanken, gehören auch Düsseldorf (1135 erstmals erwähnt, Stadtrechte ab 1288), Hannover (als *vicus hanovere* 1150 erwähnt; *vicus* steht für »Marktflecken« und deutet auf den ursprünglichen Zweck der Siedlung hin, der einer modernen Messestadt gut zu Gesicht steht), Dresden (1206 erwähnt) und natürlich – Berlin. Die deutsche Hauptstadt beruft sich bei Stadtjubiläen meist auf die erste Erwähnung des auf einer Spreeinsel gelegenen Cölln im Jahr 1237. Wie der Sommer in

diesem Jahr ausfiel, kann man in der an Detailfülle kaum zu
überbietenden *Klimageschichte Mitteleuropas* des Freiburger
Geographieprofessors Rüdiger Glaser nachlesen: »1237 war
es bis Anfang August kalt und regnerisch. Dann fiel große
Hitze ein. Der Heuernte kam dies zugute, das Gras wuchs
in Hülle und Fülle, während die anderen Feldfrüchte unter
der schlechten Witterung litten. Auch der Wein geriet in
diesem Jahr wegen der schlechten Witterung nicht.«[3] Auch
in anderen europäischen Ländern entstanden neue Städte
und wuchsen die bereits existierenden. London, im Mittelalter wie in der Moderne eines der großen urbanen Zentren,
durchbrach um 1170 erstmals die 30 000-Einwohner-Grenze.
Insgesamt dürfte sich die europäische Bevölkerung in der
Warmperiode verdreifacht haben – eine Wachstumsrate, die
es erst im sich industrialisierenden 19. Jahrhundert wieder
geben würde. Für das Deutsche Reich und Skandinavien vermutet man einen Anstieg der Bevölkerung von etwa 4 Millionen um das Jahr 1000 auf rund 11,6 Millionen bis zur Mitte
des 14. Jahrhunderts aus, bevor der Schwarze Tod den Kontinent heimsuchte.

Klimaforscher gehen davon aus, dass Teile Europas über
das Hochmittelalter wärmere durchschnittliche Witterungsbedingungen aufwiesen als in jeder anderen Epoche vor
dem 20. Jahrhundert. Mitunter dürften die Temperaturen
jenen der Moderne entsprochen, wenn nicht gar sie über-
troffen haben. Wie bei so vielen Aspekten der Forschung
zum historischen und zum gegenwärtigen Klima gibt es
kein einheitliches, von Kontroversen freies Meinungsbild.
Eine vorsichtige Gesamteinordnung der Mittelalterlichen
Warmzeit geht von der Annahme aus, dass die Jahre von
950 bis 1100 wahrscheinlich die wärmsten in weiten Teilen
Europas vor dem 20. Jahrhundert waren und dass die Temperaturen im Schnitt um 0,1 bis 0,2 Grad Celsius unter den

Durchschnittstemperaturen der Jahre 1961 bis 1990 lagen. Wie bei jeder groben, einen ganzen Kontinent umfassenden Schätzung bleibt viel Raum für regionale Extreme. Für außergewöhnlich heiße Sommer wie jenem des Jahres 1022, als ein Nürnberger Bürger notierte, »... dass viel Leut umb Nürnberg auff den Strassen vor grosser Hitz verschmachtet und ersticket, deßgleichen sind auch alla Früchte auff den Feldern, Gärten und Wiesen auch Ackern verdorret und verbrenet, auch sein viel Brunen Flüsse Weyher und Bäche vertrocknet und versieget, wie dann umb Nürnberg alle Bäche und Weyher biß auff fünff vertrocknet und zwey Brunen vor grosser Hiz versieget, dardurch grosser mangel am Wasser entstanden ist.«[4] In der modernen Klimadebatte ist die Mittelalterliche Warmzeit in den Blickpunkt geraten und dem Status einer interessanten, aber weit entfernten historischen Epoche entrissen worden. Den Skeptikern des anthropogenen, also des von Menschen verursachten oder zumindest mitverursachten, Klimawandels gilt die Epoche als Beleg, dass es immer schon Klimaschwankungen natürlicher Art gegeben hat. Folglich seien solche Veränderungen gar nicht so dramatisch, denn dergleichen habe es auch schon im Hochmittelalter gegeben. Einem Argument – oder nennen wir es besser: einem Hinweis – dieser *global warming*-Skeptiker kann man indes kaum widersprechen: Die Epochen mit warmen, milden Temperaturen waren für die Entwicklung der Menschheit und ihrer Kulturen wesentlich förderlicher als Kälteperioden. Indes lässt sich die Mittelalterliche Wärmeperiode kaum als Trostpflaster für eine globale Erwärmung benutzen, die unter anderem mit immer häufigeren extremen Wetterereignissen einhergeht und durch den ansteigenden Meeresspiegel die Existenz von Inselstaaten und Küstenregionen bedroht – wenn die Mehrheit der Klimaforscher in diesen Punkten mit ihren

Prognosen recht behalten sollte. In einer neueren, von der Königlichen Schwedischen Akademie der Wissenschaften veröffentlichten Analyse wird aufgezeigt, wie schlecht sich die fast eintausend Jahre zurückliegende Blütezeit des Mittelalters (nicht zuletzt aufgrund der nicht eindeutigen Datenlage) als Argument für die eine oder die andere Richtung verwenden lässt: »Wegen der Unsicherheiten in der proxy-instrumentellen Temperaturkalibrierungen ist es immer noch schwierig aus voller Überzeugung zu sagen, dass die Erwärmung im späten 20. Jahrhundert signifikant größer ist als die Spitzentemperaturwerte der Mittelalterlichen Wärmeperiode. Aber es gibt noch weniger Grund, das Gegenteil zu behaupten – es ist nicht möglich zu einer wirklich robusten Aussage zu kommen, wonach die Mittelalterliche Warmzeit wärmer war als die letzten beiden Jahrzehnte.«[5]

Wenig strittig ist, dass zwei Regionen an der Peripherie Europas durch die Mittelalterliche Warmzeit ein ökologisches wie demografisches Profil bekamen, das sich nachhaltig von allem unterschied, was zuvor war und danach kam: Island und Grönland. Beide Inseln können indes auch als Menetekel eines Klimawandels gelten. Mit dem Ende der Mittelalterlichen Warmzeit verschlechterten sich die Lebensbedingungen deutlich. Während Island als ein etwas isoliertes Staatswesen überlebte, wurde der Ertrag des grönländischen Bodens immer magerer, als die milden Temperaturen langsam einer vergangenen besseren Zeit angehörten. Schließlich verließen die letzten nordeuropäischen Siedler Grönland, als Europa unter den Einfluss eines gänzlich anderen Klimas, der Kleinen Eiszeit, geriet.

Götterwind

Die ersten Abgesandten, die der große Kublai Khan nach
Japan geschickt hatte, wurden in aller Höflichkeit empfangen. Japanischer Tradition gemäß bewahrte man (im fernen
Europa schrieb man das Jahr 1268 christlicher Zeitrechnung) auch noch die Contenance, als man das Anliegen der
Gesandten hörte – oder besser gesagt: deren Forderungen.
Denn Kublai Khan, Enkel von Dschingis Khan, erwartete
nicht mehr und nicht weniger als die Unterwerfung Japans unter seine Herrschaft. Der mongolische Großkhan
herrschte über ein Imperium, das weite Teile Eurasiens und
fast ein Fünftel der bewohnten Fläche der Erde umfasste; in
wenigen Jahren würde er auch Kaiser von China und Gründer der Yuan-Dynastie werden. Doch die herrschende Mi-
litärkaste Japans unter dem erst 17-jährigen Shogun Hojo
Tokimune blieb den Emissären – ebenso wie vier weiteren
in den nächsten Jahren in Shoguns Amtssitz Kamakura
und zum Kaiserhof in Kyoto gesandten Delegationen – eine
Antwort schuldig und bereitete sich auf das vor, was Kublai
Khan für den Fall einer Weigerung angekündigt hatte: Krieg.

Hojo trainierte seine Samurai für den Tag der Invasion,
die unvermeidlich schien. Und diese Invasion zeugte von der
militärischen Stärke des Mongolenreiches. Die bislang nicht

als Marinestrategen in Erscheinung getretenen Mongolen ließen in China und in Korea, einem Vasallenstaat, Boote und Schiffe in großer Zahl bauen und requirierten andere, oft ohne Rücksichtnahme auf deren Hochseetüchtigkeit. So traten Schiffe die Reise gen Japan an, die nur für die Navigation auf Flüssen gerüstet waren, viele mit flachem Rumpf und ohne einen Kiel, der ein Kentern verhindern konnte. Bis zu 900 Einheiten stachen im Herbst 1274 in See, teilweise mit rund 40 000 Mann völlig überladen. Ihr erstes Ziel war die ungefähr auf halber Strecke zwischen dem Festland und Kyushu, eine der vier japanischen Hauptinseln, liegende Insel Tsushima (in der Nähe fand 1905 die den Krieg zwischen Japan und dem zaristischen Russland entscheidende Seeschlacht statt). Die kleine Streitmacht des örtlichen Shogun wurde schnell besiegt; danach taten die Mongolen auf Tsushima alles in ihren Kräften stehende, um sich den miserablen Ruf zu erwerben, den sie bei Zeitgenossen und für die Nachwelt haben sollten: Sie meuchelten zahlreiche Zivilisten und begingen sadistische Grausamkeiten; bald darauf ereilte die Einwohner der kleinen Insel Iki ein ähnliches Schicksal.

Am 18. November 1274 ging die mongolische Flotte in der Bucht von Hakata vor Anker. Die Invasoren gingen an Land, nahmen die Stadt ein und wurden bereits zwei Tage später von einer Samurai-Streitmacht zum Kampf gestellt. Japan hatte lange keinen Krieg mehr geführt, den Samurai fehlte ebenso wie der militärischen Führung die Erfahrung. Außerdem entsprach der von ihnen bevorzugte Kampf Mann gegen Mann nicht der Kriegsführung der auf Massenangriffe in einer an die klassische Phalanx erinnernden Formation setzenden Mongolen. Außerdem verblüfften die Invasoren die Japaner mit einer technischen Neuerung von epochalem Charakter: Mit Katapulten verschossen sie mit Schießpulver gefüllte Metallkugeln, die beim Auftreffen explodierten. Die Schlacht von Bun'ei am 20. November sah eine der ersten Anwendungen dieser Innovation in einem Konflikt. Allerdings war ihr Effekt nach Einschätzung eines Militärhistorikers noch sehr begrenzt, war ein solches Geschoss doch »eher ein Knallkörper als eine Bombe. Dennoch dürften der Lärm und die von ihnen verursachten Verbrennungen die Japaner ebenso ernüchtert haben wie die hohen Verlustzahlen.«[1]

Doch auch die Mongolen hatten Verluste an Menschen und an Material erlitten und verfolgten nicht die sich auf die Festung Dazaifu zurückziehenden Japaner. Sie zogen es vor, auf ihren in der Hakata-Bucht liegenden Schiffen zu verweilen – eine fatale Entscheidung, wie sich herausstellen sollte. Ein schwerer nächtlicher Sturm zog herauf und versenkte an die 300 Schiffe, die für ein solches Unwetter nicht gewappnet waren. Etwa ein Drittel der Soldaten der Invasionsstreitmacht soll dabei ertrunken sein. Die Überlebenden brachen das Unternehmen ab und segelten nach Korea zurück.

Hojo erwartete einen weiteren Angriff und ging davon aus, dass es die Mongolen erneut bei Hakata versuchen würden. So ließ er entlang der Bucht Befestigungen errichten, die eine Invasion erschweren sollte. Als Kublai Khan abermals Gesandte mit der hinlänglich bekannten Forderung, sich zu unterwerfen, schickte, waren die Japaner nicht länger von formeller Höflichkeit: Sie köpften die Diplomaten. Kublai Khan verstand diese Sprache und rüstete nun zwei Invasionsstreitkräfte aus. Die Armee des Ostens bestand aus rund 25000 Mann, die auf 900 Schiffen transportiert wurden. Die Armee des Südens, die im Gebiet südlich des Flusses Jangtsekiang aufgestellt wurde, war noch größer und soll etwa 100000 Soldaten umfasst haben, die auf 3500 Transportschiffe verteilt wurden (man darf jedoch annehmen, dass chinesische Chronisten ebenso zur Übertreibung

neigten wie ihre zeitgenössischen Kollegen im mittelalterlichen Europa).

Die Ostarmee stach am 22. Mai 1281 in See, stattete zunächst Tsushima und Iki Besuche in der bereits bekannten
Manier ab und erreicht am 21. Juni die Hakata-Bucht. Es gelang ihnen, die dort errichtete Mauer zu umgehen. Die Japaner hatten indes gelernt, agierten taktisch geschickter und
verhinderten einen Durchbruch des Feindes, der auf seinem
Brückenkopf auf recht engem Raum eingegrenzt wurde. Die
Sommerhitze führte zum Ausbruch von Epidemien, 3000
Mongolen und deren chinesische Verbündete starben. Die
ersten Schiffe der südlichen Streitmacht trafen Mitte Juli ein,
Anfang August war das Invasionsheer vereinigt: »Im Angesicht einer überwältigenden Übermacht tat die Bevölkerung
Japans, was Männer und Frauen in Zeiten äußerster Not
stets getan haben: sie beteten zu ihren Göttern und erflehten
ein Wunder.«[2] Das Glück begünstigt bekanntlich die Tüch-
tigen, und so kam den Japanern das Wetter zu Hilfe, nachdem sie den Mongolen in mehreren Gefechten, die als
Schlacht von Kōan in die Geschichte eingingen, schwere Verluste zugefügt hatten. Am 15. August erschien japanischen
Berichten zufolge über der Straße von Tsushima zunächst
eine einzelne Wolke, die wuchs und wuchs und wuchs, bis
der Himmel schwarz wurde. Es war ein gewaltiger Taifun,
der zwei Tage und zwei Nächte lang toben sollte. Von der
riesigen Flotte der Invasoren haben nur etwa 200 Schiffe
(die meisten unter dem Kommando von mit den Gewalten
des Meeres besser als die Mongolen vertrauten koreanischen
Kapitänen) den Taifun überstanden; der Rest versank oder
wurde zertrümmert. Bis zu 80 Prozent der Soldaten und
Seeleute Kublai Khans sollen umgekommen sein – entweder durch Ertrinken (der Anteil der Schwimmer bei den als
Landkriegern groß gewordenen Mongolen dürfte gering ge-

wesen sein) oder indem sie geschwächt von den Japanern niedergemetzelt wurden.

Kublai Khan träumte weiter von der Eroberung Japans, doch er würde diesen Traum nicht verwirklichen können. Überall in Japan wurden in den Tempeln Dankgebete gesprochen, für die tapferen Samurai, vor allem aber für den in ihren Augen göttlichen Wind: den Kamikaze. Der Sturm, den die Götter in der Stunde der Not zur Rettung des Kaiserreiches schickten, wurde Teil der japanischen Mythologie. Japans gesellschaftliche Entwicklung vollzog sich die nächsten Jahrhunderte wenn nicht in Isolation, so doch unter nur geringer Interaktion mit anderen Mächten. Das Auftauchen europäischer Händler und christlicher Missionare ab dem 16. Jahrhundert führte zu einer Xenophobie, die in der offiziellen Politik des Sakoku (»verschlossenes Land«) seinen Ausdruck fand. Eine (erzwungene) Öffnung gegenüber der westlich geprägten industrialisierten Welt erfolgte erst mit dem Auftauchen einer amerikanischen Flotteneinheit unter Commodore Matthew Perry im Sommer 1853 und seinem erneuten »Besuch« im Jahr darauf mit einem noch größeren Verband von Kriegsschiffen. Dieses Musterbeispiel von diplomatischem Druck mittels Kanonenbootpolitik führte nicht nur zur Aufnahme diplomatischer Beziehungen Japans mit den Großmächten, sondern auch zu seiner Industrialisierung und Modernisierung.

Der Mythos Kamikaze wurde von den Machthabern des Militärregimes wiederbelebt, als Japan im Zweiten Weltkrieg mit der drohenden Niederlage konfrontiert wurde. Der göttliche Wind hatte 1274 und 1281 einem Land beigestanden, das seine Souveränität gegenüber Invasoren verteidigt hatte. In den 1930er und 1940er Jahren indes war Japan selbst zum Aggressor geworden; das Vabanquespiel eines Krieges mit den industriell wie militärisch weit überlegenen USA, das

Japan mit dem Angriff auf Pearl Harbor am 7. Dezember 1941 eingegangen war, führte in den Untergang. Ab Herbst 1944 wurden Piloten zu Selbstmordeinsätzen herangezogen – teils durch Appell an Ehre und Vaterlandsliebe, an den Moralkodex der Samurai, teils durch Zwang – die unter dem Begriff *Kamikaze* in die historische Terminologie eingegangen sind. Während der mehrere Tage dauernden See-Luft-Schlacht im Golf von Leyte (Philippinen) kamen im Oktober 1944 erstmals Kamikaze-Einheiten konzertiert zum Einsatz; einem dieser Selbstmordflieger gelang die Versenkung des amerikanischen Geleitflugzeugträgers *USS St. Lo*. Die Kamikaze verbreiteten zwar Schrecken bei den Amerikanern, eine effektive Waffe waren sie indes nicht. Die meisten wurden von amerikanischen Jagdflugzeugen und den Flugabwehrgeschützen der US Navy abgeschossen, nur etwa jeder fünfte Pilot vermochte es, ein amerikanisches Schiff zu treffen. Allerdings kamen bei Treffern auf Flugzeugträgern zahlreiche Besatzungsmitglieder ums Leben, ohne dass das Schiff sank. Auf der *USS Bunker Hill* starben nach einem Kamikazetreffer im Mai 1945 389 Seeleute. Die Zahl der Kamikaze-Piloten, die dem Bushido-Code von Ehre und Opfergang folgten, wird auf etwa 3900 geschätzt. Die Niederlage Japans konnten sie nicht verhindern.

Zwei schwere Taifune brachten während des Pazifikkriegs den Feinden Japans zwar Verluste bei, im Gegensatz zu den Stürmen von 1274 und 1281 änderten sie aber den Gang der Geschichte nicht. Im Dezember 1944, zwei Monate nachdem die japanische Marine in der Schlacht vom Leyte-Golf als Machtfaktor ausgeschaltet worden war, dampfte eine amerikanische Flotte unter dem Kommando von Admiral William »Bull« Halsey trotz Warnungen durch die Meteorologen direkt ins Zentrum eines Taifuns, der den Namen Cobra bekam und auch als *Halsey's Typhoon* in die Anna-

len des Krieges eingegangen ist. Die modernen US-Kriegs-
schiffe waren um ein Vielfaches widerstandsfähiger als die
oft übereilt gebauten Holzschiffe Kublai Khans. Dennoch
sanken drei amerikanische Zerstörer, wobei 790 Seeleute
ums Leben kamen – mehr als in so mancher Schlacht
des Pazifik-Krieges. Bei Windhöchstgeschwindigkeiten von
230 Stundenkilometern wurden die Flugzeugträger, die entscheidende Waffe im Krieg gegen Japan, so durchgeschüt-
telt, dass 146 Flugzeuge über Bord gespült oder zerstört
wurden. Auf dem Flugzeugträger *USS Monterey* wurden
mehrere Flugzeuge aus ihren Fixierungen gerissen; Feuer
brachen aus, die nur mit Mühe eingedämmt werden konnten – im Einsatz dabei war auch ein junger Leutnant namens
Gerald Ford, der genau 30 Jahre später der 38. US-Präsident
werden sollte. Der gleiche Flottenverband unter Halseys
Kommando wurde in der ersten Juniwoche 1945 von dem
Taifun Connie heimgesucht: Dieses Mal überstanden alle
Schiffe die Naturgewalt, sechs Seeleute kamen ums Leben.
Es waren keine »göttlichen Winde«, die den Siegeszug der
USA im Pazifik hätten aufhalten können.

Der lange Regen, der Große Hunger, der Schwarze Tod

Der Ritter war das Ideal, wenn nicht gar das Idol der hochmittelalterlichen Gesellschaft und entsprang einer gehobenen, typischerweise adeligen Familie. Ihn umgab eine Aura der edlen Gesinnung und des vorbildliche Ethos. In christlichem Geiste erzogen durchlief er eine Ausbildung, bei der nicht nur physische Fitness und Gewandtheit im Umgang mit Waffen eine Rolle spielten. Beinahe ebenso wichtig waren der Erwerb guter, geradezu höfischer Umgangsformen, die ihn auf das spätere Leben im Umfeld eines Fürsten oder gar Königs vorbereiteten, und die Förderung des Talentes für die schönen Künste wie Poesie und Musik. Er musste tugendhaft und loyal, mutig und glaubensstark, aber auch charmant und gewinnend sein – mit einem Wort: ritterlich. Die Literatur des Hochmittelalters überliefert ein lebendiges Bild des idealisierten Ritters, seiner Taten und auch der Bewunderung, die ihm von seinesgleichen, aber vor allem vom ehrfürchtig zu dem Berittenen aufschauenden gewöhnlichen Volk zuteil wurde.

Der Schauplatz, auf dem ein Ritter seine Fähigkeiten und seinen überragenden Charakter demonstrieren konnte, waren die Turniere. Und der Krieg. Mit ihrer Rüstung, ihren Waffen und gut trainierten Pferden waren Ritter, die im

Galopp dem Feind entgegenstürmten, ein zweifellos furchteinflößender Anblick. Ritter sein bedeutete indes auch eine
beträchtliche Investition. Das Pferd allein kostete das Vielfa-
che des Jahreseinkommens eines Handwerkers; die Waffen
und die Rüstung(en) einsatzbereit zu halten, war ebenfalls
ein finanzieller Aderlass, den sich nur Besitzende – also
Adelige – erlauben konnten.

Vertrauen in die Überlegenheit des eigenen Standes und
Siegesgewissheit ob der bevorstehenden Schlacht besaßen
auch jene Ritter in ihren in der Morgensonne glitzernden
Rüstungen, die sich am 24. Juni 1314 am Ufer eines Baches
namens Bannock außerhalb von Stirling, der alten Hauptstadt Schottlands, unter der Fahne ihres Königs Edward II.
von England sammelten. Nachdem es am Vortag bereits zu
Scharmützeln mit dem Feind, dem schottischen Heer unter
Robert the Bruce, gekommen war, wollten die Engländer an
diesem Tag die Entscheidung im Krieg gegen die Schotten
erzwingen. Keine der beiden Parteien konnte ahnen, wie
sehr dieser Tag nachwirken würde: Im 21. Jahrhundert legten die schottischen Nationalisten, die für eine Abspaltung
ihrer Heimat vom Vereinigten Königreich kämpften, das von
ganz Europa mit Spannung (und vielfach mit Sorge) beobachtete Referendum über den Verbleib im United Kingdom
oder ihre Unabhängigkeit mit Sinn für historische Symbo-
lik ins Jahr 2014 – genau 700 Jahre nach der Schlacht von
Bannockburn. Im Gegensatz zu ihren kriegerischen Ahnen
waren die Verfechter eines souveränen Schottland an der
Wahlurne nicht erfolgreich.

Bei Bannockburn 1314 indes musste nicht nur der englische König, sondern auch das Rittertum eine Niederlage
einstecken. Und nicht nur das englische. In letzter Konse-
quenz war es wieder einmal das Klima, das den Ritter als
Kampfmaschine obsolet werden ließ – lange vor Einführung

des Schießpulvers, das häufig für diesen Niedergang verantwortlich gemacht wird. Während der Mittelalterlichen Warmperiode kam es aufgrund des überwiegend (natürlich nicht ausnahmslos) milden Klimas und der meist guten Ernten zu einem beträchtlichen Anstieg der europäischen Bevölkerung von etwa 36 Millionen um das Jahr 1000 auf 79 Millionen um das Jahr 1300.[1] Die Kriegsherren, ob weltlich oder geistlich, konnten folglich auf ein stetig wachsendes demografisches Segment zurückgreifen: Männer im wehrfähigen Alter. Fußsoldaten, also Infanteristen, auszubilden und zu bewaffnen, war im Vergleich zu berittenen Einheiten billiger. In manchen Regionen, in denen Bürgerwehren oder Milizen Teil der urbanen oder ländlichen Gesellschaft waren, konnte auf einen Bestand an bereits trainierten Streitern zurückgegriffen werden. Ein Ritter mochte zwei oder vier mit einem kurzen Schwert bewaffneten Kämpfern zu Fuß deutlich überlegen sein – doch gegen ein Karree von einhundert mit langen Piken ausgerüsteten und diszipliniert ihre Ordnung einhaltenden Infanteristen blieb er chancenlos. Der Fertigkeit des Rittertums wurde durch die Masse der Infanteristen Grenzen gesetzt – von Soldaten, die keine höfischen Manieren hatten und nicht zur Laute spielten.

So geschah es auch bei Bannockburn. Mehr als zweihundert englische Ritter lagen am Ende des Tages tot auf den saftigen grünen Weiden am Bannock, zusammen mit angeblich (mittelalterliche Chronisten neigen gern zu Übertreibungen) fast viertausend gefallenen englischen Infanteristen; die Verluste der siegreichen Schotten waren vergleichsweise gering. Der Niedergang der Ritter erschütterten den anonymen Chronisten, der die *Vita Edwardii Secundi* verfasste, zutiefst: »Ich glaube, es ist in der Tat in unserer Zeit noch nie dagewesen, dass eine solche Armee so plötzlich von Infanterie zerschlagen wurde – abgesehen von der Blüte Frank-

reichs, die bei Courtrai vor den Flamen fiel.«[2] Der Hinweis
des unbekannten Autors, der die Vita um etwa 1326 schrieb,
galt der Schlacht, die 1302 nahe der flandrischen Stadt Courtrai (Kortrijk) stattfand und bei der möglicherweise 700 Ritter fielen. Die flämischen Bauernburschen töteten zuerst die
Pferde, um dann die durch ihre Rüstungen auf dem Erdboden recht unbewegliche, fast hilflose »Blüte Frankreichs«
zu überwältigen – effizient, höchst unritterlich, aber ein
Zeichen der Zeit. Ähnlich unfein gingen die für ihre Freiheit kämpfenden Eidgenossen aus den Gründerkantonen
Uri, Schwyz und Unterwalden am 15. November 1315 gegen
die Streitmacht der Habsburger vor, als sie die Ritter unter
Ausnutzung der geografischen Gegebenheiten auf engstem
Raum zusammendrängten, die Pferde mit Steinen bewarfen
und sich dann auf die hochwohlgeborenen Reiter stürzten.

Der Untergang der Ritter bei Bannockburn und Morgarten erscheint wie ein Symbol der Zeitenwende, eingeleitet
durch einen massiven Klimaumschwung – die Zeit des blü-
henden Hochmittelalters machte einer Epoche der Krisen
und Heimsuchungen in Europa Platz. Das 14. Jahrhundert,
vor allem in seiner ersten Hälfte, sollte von einer demogra-
fischen Katastrophe heimgesucht werden, deren Opferzahl
in Relation zur Gesamtbevölkerung selbst die Moderne mit
ihren Kriegen übertrifft. Es begann mit Regenfällen, die für
die Zeitgenossen biblische Ausmaße anzunehmen schienen.

Schon wenige Jahre vor Bannockburn und Morgarten
hatte sich in weiten Teilen Europas ein Klimawandel ange-
deutet. Von etwa 1310 an waren die Sommer feuchter als seit
Menschengedenken, doch noch konnte die Ernte vielerorts
sicher eingebracht werden. Zur gleichen Zeit setzte eine Serie kalter Winter ein. In den Wintern der Jahre 1309 bis 1312
soll sich das Packeis von Grönland bis Island ausgebreitet
haben. Das eigentliche Menetekel indes waren die Regen-

fälle; die zweite Dekade des 14. Jahrhunderts gilt manchen Forschern gar als diejenige mit den Jahren der stärksten Niederschläge im letzten Jahrtausend.[3] Bereits 1314 wurde es kritisch, und der unbekannte Chronist Edwards II. berichtete von »so ergiebigen Regenfällen, dass die Männer kaum den Weizen ernten und ihn sicher in den Scheunen lagern konnten.«[4] Im darauf folgenden Jahr schien der Regen alle Rekorde zu brechen. In Frankreich begann es Mitte April, in den Niederlanden etwa zwei Wochen später und kurz danach auch in England fast unaufhörlich zu regnen. Ein zeitgenössischer Chronist berichtet von 155 Tagen ununterbrochenem Regen, und der Abt von Saint-Vincent nahe der französischen Stadt Laon beklagte, dass es »gar wundersam regnete und über so lange Zeit«.[5] Den Quellen zufolge lag die jährliche Niederschlagsmenge in Deutschland und Frankreich bisher bei 25 bis 30 Inches (50 bis 60 cm), doch 1315 gingen mehr als 100 Inches (200 cm) auf Teile Mitteleuropas nieder. Die Menschen sahen in den Regenfällen, die allmählich zu einer Versorgungskrise führten, wie sie seit Jahrhunderten nicht mehr aufgetreten war, eine Strafe Gottes, wie der anonyme Autor der Chronik von Malmesbury bezeugte: »Daher ist der Zorn des Herrn gegen sein Volk entflammt, er hat seine Hand gegen sie ausgestreckt und hat sie geschlagen.«[6] Die Katastrophe ereilte fast ganz Europa, die Britischen Insel ebenso wie den deutschen Sprachraum, Polen und Russland; allenfalls die iberische Halbinsel und andere Teile Südeuropas traf es nicht ganz so hart.

In diesem Jahr fiel die Ernte fast aus, und das Korn war schon kurz nach der Aussaat weggeschwemmt. Der Große Hunger, der in manchen Teilen Europas fast biblische sieben Jahre währen sollte, begann. Der endlose Regen traf auf eine Gesellschaft, bei der das demografische Wachstum nicht mit einer Verbesserung der Infrastruktur einherging, die das hochmittelalterliche Europa vor plötzlichen Versorgungskrisen zumindest einigermaßen geschützt hätte. Die Unwetter suchten ein System heim, das wenig Spielraum für den Fall einschneidender Veränderungen hatte – Veränderungen wie dem beinahe abrupten Ende der mittelalterlichen Warmzeit. Vor allem die Menschen aus den Schichten, die schon zu guten – warmen und erntereichen – Zeiten zu kämpfen hatten, wurden die ersten Opfer, als aus dem langen Regen der Große Hunger wurde, wie Henry Lucas in seiner klassischen Studie über diese Urkatastrophe Europas schreibt: »Quer durch das Mittelalter gab es eine Klasse von Armen auf den Landgütern und von Proletariat in den Städten, die bereits unter den günstigsten Bedingungen für Landwirtschaft und Handwerk Mühe hatten, Körper und Geist zusammenzuhalten. Die in riesiger Zahl über die letzten drei Jahrhunderte entstandenen städtischen Ansiedlungen hatten es nicht gelernt, Lebensmittel gegen eine mögliche Hungersnot auf Vorrat zu lagern. Das machte sie zu allen Zeiten abhängig von den ländlichen Regionen und in Zeiten der Not ganz besonders. Es war daher unvermeidbar, dass meteorologische Bedingungen eine große Rolle spielen würden; wenn eine ganze Serie schlechter Jahre mit fehlgeschlagenen Ernten auftrat, war eine weit verbreitete Katastrophe geradezu garantiert.«[7] Die Armen starben zuerst, doch bald erfasste die Hungerkatastrophe auch die Bessergestellten, wie Gilles de Muisit, Abt von St. Martin de Tournai im heutigen Belgien, konstatierte: »Männer und Frauen von den Mächtigen, dem Mittelstand, den Niedrigen, Alt und Jung, Reich und Arm, starben tagtäglich in so großer Zahl, dass die Luft durch den Gestank [der Toten] faulig war.«[8]

Am Himmel wollte man Vorzeichen auf eine Katastrophe erkannt haben, die – schenkt man dem Verfasser der Bad

Winsheimer Chronik Glauben – bereits im ersten Jahr 1315 vereinzelt zu Kannibalismus führte: »Sahe man zwen Cometen, und war ein naßer Sommer, große hungersnot, so an etlichen orten die leüt gezwungen, das Sie allerleyß, hund, pferd und dieb von galgen gefreßen …«⁹ Im darauffolgenden Jahr regnete es so heftig weiter, dass man in Erinnerung an die biblischen Katastrophen von einer »Sündfluth« sprach. Wie anomal das Klima war, erlebten 1318 die Menschen in der größten deutschen Stadt, in Köln, als es am 30. Juni, mitten im Hochsommer zu schneien begann. Die Missernten setzten sich in weiten Landstrichen bis ins Jahr 1321 fort. Erst 1323 scheint der Sommer wieder so heiß und trocken gewesen zu sein, wie man es vor dem langen Regen gewohnt war.

Der Regen wusch einen aufgrund intensiver Nutzung ohnehin ausgelaugten Boden vielerorts einfach weg und ließ häufig nicht Schlamm, sondern blank gewaschenes Gestein zurück. Experten schätzen, dass in der Dekade nach dem April 1315 etwa die Hälfte des kultivierbaren Bodens in Deutschland der Erosion anheim fiel. Getreide wurde knapp – in England sank der Ertrag an Weizen und Hafer auf rund 60 % einer normalen Ernte – und mit ihm andere Lebensmittel. Der Hauptbestandteil der zeitgenössischen Nahrung bestand aus Getreideprodukten: 80 % der europäischen Bevölkerung deckten 80 % ihres Kalorienbedarfs mit Getreide. Aus Antwerpen liegen Daten vor, die den Anstieg der Lebenshaltungskosten belegen: In den sieben Monaten nach dem 1. November 1315 stieg der Preis für Weizen um nicht weniger als 320 Prozent.

Der Regen und die fehlende Sonne beeinträchtigten empfindlich die Produktion des wichtigsten Konservierungsmittels: Salz. Die Gewinnung von Salz aus Meerwasser, das man normalerweise verdunsten ließ oder eindampfte, ging zurück – und mit ihm die Möglichkeit, Nahrungsmittel für längere Zeit haltbar zu machen. In England vervierfachte sich der Preis für Salz. Frankreichs König Ludwig X. erließ ein Gesetz, mit dem Händlern, die Salz horteten, um ihren Gewinn zu optimieren, die Enteignung und der Landesverweis angedroht wurden. Der König – der mit dem vielsagenden Beinamen »der Zänker« belegt wurde – musste aufgrund der durch den Dauerregen verursachten Überschwemmungen in Flandern seinen Feldzug gegen den dortigen Herrscher einstellen. Flandern, die am weitesten (prä-)industrialisierte Region Europas, war vor allem 1320 und 1322 erneut von verheerenden Überschwemmungen heimgesucht. Das Gleiche gilt für weite Teile der heutigen Niederlande, in denen die scheinbar endlosen Regenfälle das flache und teilweise unter dem Meeresspiegel liegende Land überfluteten. Der Mangel an Salz schränkte dort auch die Möglichkeit der Lagerung einer der wichtigsten Proteinquellen ein, des Herings. Der normalerweise zumindest in Küstenregionen verfügbare Fisch verteuerte sich zusehends und wurde zur Mangelware. Auch der Weinanbau litt unter den Regenfällen: Die zur Reifung der Trauben notwendige Mindestzahl an Sonnenstunden wurde in manchen Regionen kaum noch erreicht. Aus deutschen Weingebieten wird von einem weit unter dem Durchschnitt liegenden Ertrag berichtet, in Frankreich scheint die Weinlese 1316 ganz ausgefallen zu sein.

Die Situation verschärfte sich, als unter den Nutztieren Seuchen wie die Rinderpest auftraten, die eine weitere Quelle von Eiweiß dezimierte. Doch Rinder lieferten nicht nur Milch, Käse und Fleisch, sondern waren – vor allem die Ochsen – auch Arbeitstiere, die den Pflug ziehen mussten, in dessen Furchen durch einen schlammigen Boden die Bauern die immer knapper werdende Aussaat warfen. Im Jahr 1319 verendeten allein in England etwa 65 % der Rinder, Schafe und Ziegen. Die übrig gebliebenen Tiere waren unterernährt und gaben nur etwa ein Drittel der üblichen Menge Milch ab.

Der Große Hunger hatte nachhaltige Auswirkungen auf das Zusammenleben der Menschen. Die Kriminalität stieg ungeachtet der in jenem Zeitalter üblichen drakonischen Strafen an – vor allem natürlich der Lebensmitteldiebstahl. Man aß Katzen und Hunde; vereinzelt wird von Kannibalismus berichtet; in Lettland und Estland sollen hungernde Mütter ihre Babys gegessen haben. In großen Städten wie London und Paris lagen die Leichen der Verhungerten auf den Strassen. Aus Thüringen wird berichtet, dass »unzählige tote Körper auf den Strassen, in den Städten und Dörfern lagen, und fünf große Gruben wurden vor den Toren der Stadt [Erfurt] ausgehoben, in welche man täglich zahlreiche Kadaver warf.«[10]

Wie nicht anders unter derartigen Verhältnissen zu erwarten, brachen Infektionskrankheiten aus und forderten weitere Opfer. Die wenigen Lebensmittel, die erhältlich waren, wiesen oft Pilzbefall auf und waren teilweise verrottet. Es gab Fälle von Ergotismus, von Anthrax, von Salmonellose – die hungernden Menschen schreckten nicht davor zurück, das Fleisch der an Seuchen verendeten Tiere zu essen. Die Zahl der Menschen, die in Europa in den Jahren 1315 bis 1323 an Hunger und Folgeerkrankungen starben, ist nicht genau zu bestimmen, dürfte aber in die Millionen gehen. Einzelne Quellen geben einen Eindruck vom Ausmaß der Katastrophe, sind aber auch mit Vorsicht zu genießen wie die möglicherweise übertreibende Aussage des Erzbischofs von Mainz, wonach innerhalb der Diözese Metz rund 500 000 Menschen gestorben seien. Für die englische Bevölkerung hat man errechnet, dass die Sterblichkeitsrate, die im späten 13. Jahrhundert mit seinem milden Klima jährlich bei 27 von 1000 Einwohnern lag, in der ersten Hälfte des 14. Jahrhunderts auf 50 von 1000 anstieg – und in den Städten gar auf 10 %.

Der Große Hunger hinterließ seine Spuren im Bewusstsein der Menschen. Der apokalyptische Reiter in Form von Hunger hatte Europa heimgesucht wie noch nie seit den dunkelsten Tagen des Frühmittelalters. Vielleicht war es gar die schlimmste Hungersnot in historischer Zeit überhaupt – dass ein weiterer »apokalyptischer Reiter«, die Pest, bald auf dem Weg nach Europa sein würde, konnten die Zeitgenossen nicht ahnen, als sich nach einem besonders strengen Winter 1321/22, in dem weite Teile der Ostsee zufroren, die Wetterverhältnisse wieder langsam normalisierten. In die Sagen und Legenden zog der Hunger als Akteur ein: Die Geschichte um den Mäuseturm von Bingen, in dem der hartherzige Bischof seine Vorräte hortet und schließlich von den kleinen Nagern aufgefressen wird, dürfte ebenso seine Wurzeln in jenen Jahren haben wie die 500 Jahre später in die Märchen-Sammlung der Brüder Grimm eingegangene schauerliche Geschichte von Hänsel und Gretel, die für die Hexe nichts anderes sind als ein unerhoffter Sonntagsbraten.

Auch wenn nach der Großen Hungersnot im Verlauf der 1320er und 1330er Jahre die Landwirtschaft wieder annähernd den Ertrag der Jahre vor 1315 erreichte, so blieb eine nicht nur dezimierte, sondern auch geschwächte Bevölkerung zurück. Modernen Berechnungen, unter anderem durch den Nobelpreisträger Robert Fogel, veranschlagen den Mindestkalorienbedarf eines körperlich arbeitenden Menschen – zum Beispiel eines Bauern, der dem am weitesten verbreiteten »Broterwerb« der vorindustriellen Gesellschaft nachging – auf 2300 Kalorien. Selbst in Zeiten ohne sintflutartige Regenfälle und mit guten Ernten war dies für weite Teile der Bevölkerung nur schwer zu erreichen; Hunger oder die Aussicht, hungern zu müssen, gehörten zum täglichen Leben. Selbst wenn dieser Kalorienbedarf gestillt werden konnte, lag oft eine (aus heutiger Sicht) Mangelernährung vor. Nur Brot und Hirsebrei, selten etwas Fleisch und Fisch, noch seltener frisches Obst und Gemüse: Viele Menschen im Mittelalter bekamen bei weitem nicht genug Proteine und erst recht nicht ausreichend Spurenelemente und Vitamine. Dies galt ganz besonders für jene Menschen mit einem erhöhten Bedarf: für schwangere Frauen. Schwangerschaft war in einer Epoche ohne zuverlässige Verhütungsmittel und das Wissen um die Reproduktion und ihre Grenzen für viele Frauen fast ein Dauerzustand. Die notwendige Menge an Vitaminen und Folsäure mit der Nahrung aufzunehmen war in Anbetracht der wenig abwechslungsreichen, faden Kost ein Ding der Unmöglichkeit – neben der mangelnden Hygiene ein weiterer Grund für die hohe Kinder- wie Müttersterblichkeit in früheren Jahrhunderten.

Nun wurden diese mit einem neuen Krankheitserreger konfrontiert, gegen den sie wenig Widerstandskraft und keinerlei Immunität besaßen. Denn nur eine Generation nach dem Großen Hunger suchte der Schwarze Tod Europa heim. Die Pest, die klinisch in zwei Formen, der Beulenpest und der noch tödlicheren Lungenpest auftreten kann, war aus den fernen asiatischen Steppen bis vor die Tore des christlichen Abendlandes vorgedrungen – als Begleiter des Mongolenheeres, das 1346 die von der Handelsmetropole Genua kontrollierte Stadt Caffa auf der Krim (heute: Feodossija) belagerte. Als unter den Mongolen die Pest immer mehr Opfer forderte, katapultierten diese in einer frühen Form biologischer Kriegführung einige ihrer Toten über die Mauern der belagerten Stadt. Auf italienischen Handelsschiffen gelangten die Erreger, die erst gegen Ende des 19. Jahrhunderts von dem Schweizer Arzt Alexandre Yersin identifiziert und nach ihm *Yersinia pestis* benannt wurden, nach Sizilien, in die großen italienischen Hafenstädte und nach Marseille. Just zu einer Zeit, als eine weitere Schlechtwetterperiode den Kontinent überzog, mit einem extrem kalten Jahr 1346 und einem in weiten Teilen Europas verregneten 1347. Die verzögerte und bescheidene Ernte führte zu erneuten Hungerjahren.

Fast alle Teile Europas wurden von einer bisher unbekannten Seuche heimgesucht, für welche die zeitgenössische Medizin keine Erklärung hatte, geschweige denn präventive Maßnahmen oder gar ein Gegenmittel kannte. Die Erkenntnis, dass die Seuche von Flöhen übertragen wurde, die in der Kleidung der Erkrankten saßen und von Ratten weiterverbreitet wurden, kam erst sehr viel später auf. In jüngster Zeit wird diese Kausalität wieder in Frage gestellt, und man vermutet, dass die Erreger möglicherweise doch durch direkten Kontakt als sogenannte Tröpfcheninfektion (wie zum Beispiel bei der Grippe) von Mensch zu Mensch übertragen wurden.

Nur wenige Regionen wie Zentralpolen und einige ländliche Bezirke in den Niederlanden und Frankreich blieben von diesem ersten und verheerendsten Pestzug – die Seuche würde erst 1720 in Marseille ein letztes Mal in Europa auftreten – verschont, der rund fünf Jahre dauerte und zuletzt in den Jahren 1352/53 Russland heimsuchte. In einigen großen italienischen Städten wie Venedig und Florenz soll die Hälfte der Bevölkerung gestorben sein. Die Novellen des *Decamerone* von Giovanni Boccaccio gelten als bedeutendste literarische Dokumente des Schwarzen Todes – ein Begriff, der erst viel später für den Pestzug der Jahre 1347/1352 geprägt wurde. Bei den Erkrankten bildeten sich nicht selten schwärzliche Nekrosen an den absterbenden Extremitäten und an den Bubonen, den Beulen bei der Beulenpest. Eine von Papst Clemens VI. in Auftrag gegebene Bilanz der Katastrophe ergab 42 836 486 Tote[11] – eine Exaktheit, die angesichts der begrenzten mittelalterlichen Fähigkeiten zur Dokumentation und Kommunikation bezweifelt werden muss. Der damals im französischen Avignon residierende Heilige Vater soll in seinen Gemächern ständig zwei große Feuer hat brennen lassen – eine durchaus sinnvolle Maßnahme, da er damit doch infizierte Flöhe fern hielt. Verlässliche Daten aus England belegen einen Rückgang der dortigen Bevölkerung um 40 %; heute vermutet man, dass etwa ein Drittel bis knapp die Hälfte der europäischen Bevölkerung dem Schwarzen Tod zum Opfer fiel. Vereinzelte Versuche, sich die Heimsuchung eines Nachbarn für machtpolitische Zwecke nutzbar zu machen, mussten scheitern, denn die Pest kannte keine Grenzen. Die Schotten, die 35 Jahre nach Bannockburn »über ihre Feinde … und das faulige Sterben in England lachten«, stellten eine Armee auf »in der Absicht, eine Invasion des Landes zu beginnen«. Doch in den Worten eines zeitgenössischen Chronisten war es die »rächende Hand Gottes«, die das schottische Heer mit »plötzlichem und grausamen Tod« heimsuchte.[12] Es dauerte fast zweihundert Jahre, bis die Bevölkerung Europas wieder den gleichen Stand erreicht hatte wie vor dem großen Regen, der Hungersnot und der Pest.

Die Kleine Eiszeit

Es ist eine Szene, wie sie perfekt auf das Titelblatt einer Golf-
zeitschrift passen würde. Der Blick ist konzentriert auf den
Ball gerichtet, die Körperhaltung vorbildlich, und der Moment, da der Spieler zum Schlag ausholt, steht kurz bevor.
Ein Mitspieler schaut ihm zu, stützt sich dabei leicht auf
seinen Golfschläger. Ein Zuschauer ist identisch wie dieser zweite Golfer gekleidet, gehört offenbar zu der Gruppe
von reifen und erkennbar wohlhabenden Herren, die bei
dem mit begrenztem Kraftaufwand betriebenen Sport Ent-
spannung vom Stress in der freien Wirtschaft, dem aufrei-
bendem Auf und Ab der Börsenkurse suchen. Zwei andere
Zuschauer gehören hingegen offensichtlich der sozialen
Unterschicht an und verdienen ihren Lebensunterhalt, wie
man dem mitgebrachten Arbeitsmaterial ansieht, eher vom
Fischfang. Ihre Blicke sind bewundernd auf den Abschla-
genden gerichtet – zum Golfspielen wird man es selbst wohl
nicht bringen.

Was auf dem Bild fehlt, ist das farbliche Charakteristikum einer jeden Golfanlage: das *Green*. Denn vorherr-
schend ist Weiß, nicht Grün, sowie das stählerne Blaugrau
eines leicht bewölkten Himmels. Die in samtene Beinklei-
der und Schnallenschuhe, gefütterte Wams und modische

Halskrause gewandeten Herren stehen auf der zugefrorenen Fläche eines Binnengewässers. Im Hintergrund sind im Eis festgefrorene Segelschiffe zu sehen – unter besseren Wetterbedingungen die Garanten für das Wohlergehen einer vor allem vom Außenhandel lebenden und gedeihenden Nation. Die Szene stammt vermutlich aus dem Jahr 1625 und trägt den Titel *Colf Players on the Ice*. Das ist kein Druckfehler: Colf ist ein niederländischer Vorläufer des Golf und wurde mit einem Ball gespielt, der aus Holz oder aus Schafsfell gefertigt war. Eigentlich wurde Colf auf Rasen gespielt, aber ein besonderes Vergnügen bereitete es auf dem Eis. Der Ball rutschte hier nämlich viel weiter und traf auch schon einmal zur Belustigung der Colfer den einen oder anderen unbeteiligten Zuschauer. Schauplatz der Ertüchtigung in dieser Szene dürfte das zugefrorene Ijsselmeer nahe Amsterdam sein. Die Spieler, zweifellos prosperierende Kaufleute, nehmen das gewöhnliche Volk, das sich auf dem Eis befindet – zum Vergnügen wie mehrere Schlittschuhläufer oder zum Broterwerb wie die beiden proletarischen Zuschauer – mit erkennbarer Noblesse nicht zur Kenntnis. Die einzige Person, die für sie von Belang scheint, ist jene Figur auf dem Eis weit im Hintergrund, die mit erhobenem Arm das Ziel markiert: Dort gilt es den Ball zu platzieren.

Colf Players on the Ice ist eines der Meistwerke des Hendrick Avercamp, eines niederländischen Malers, der zusammen mit Pieter Breugel dem Älteren unsere Vorstellung einer Winterlandschaft in der Kunst ganz entscheidend prägte. Bis ins 16. Jahrhundert hinein waren schneebedeckte Felder oder zugefrorene Seen in der europäischen Kunst eine absolute Rarität. Averkamp und Breugel waren, wenn nicht die Erfinder dieses Genres, so doch jene Künstler, die ihm zum Durchbruch verhalfen und zu begehrten Objekten machten – nicht zuletzt auch deswegen, weil die zeitgenössischen Kunstsammler und Mäzene, vor allem in den reichen Niederlanden, in den Bildern ein meisterhaft und oft humoresk inszeniertes Stück Wirklichkeit erkannten. Hendrick Avercamp wurde 1585 in Amsterdam geboren und verbrachte den größten Teil seines wenig dokumentierten Lebens in Kampen. Seine Behinderung – er war vermutlich gehörlos – trug ihm den Beinamen *de Stomme van Kampen* ein. Etwa zwanzig Jahre lang, bis zu seinem Tod in Kampen im Mai 1634, schuf Avercamp Winterlandschaften, die typischerweise aus einer Vielzahl von Einzelszenen bestehen und von unzähligen Figuren bevölkert werden. Die im Amsterdamer Rijksmuseum ausgestellte *Winterlandschaft* von (circa) 1608 zeigt Schlittschuhläufer und Fallensteller, eine reiche Familie bei der Ausfahrt über das Eis in einem prächtigen, von Pferden gezogenen Schlitten, elegant gekleidete Damen, die sich durch die Kälte nicht vom Klatsch abbringen lassen, einen Trottel, der zur Schadenfreude der Umstehenden der Länge nach aufs Eis geschlagen ist, Fischverkäufer und Hunde, die gerade im Schnee ihr Geschäft gemacht haben – und natürlich Colfspieler.

Der Frohsinn, den Avercamps Bilder ausstrahlen, fehlt in dem wohl berühmtesten Bild dieses Genres fast völlig. Breugel der Ältere schuf *Die Jäger im Schnee 1565* als Teil einer Bildserie über die verschiedenen Jahreszeiten. Der Himmel über dem im Vergleich zu Avercamps Werken sehr hoch stehenden Horizont ist grau; die Gestalten der Jäger werfen keine Schatten. Die magere Ausbeute der Jagd (ein einziger Fuchs, nicht gerade ein kulinarischer Leckerbissen) ist enttäuschend. Sein Sohn, Pieter Breugel, würde einst eine farbenfrohere Kopie des väterlichen Werkes anfertigen. Doch nicht alles ist Düsternis und Depression auf diesem Gemälde, auf dem die eisbedeckten Gebirgsgipfel im Hintergrund nicht in die bekannt flachen Niederlande passen wollen. Denn auf den zugefrorenen Seen gehen die Menschen erkennbar beschwingt ihren winterlichen Vergnügungen nach: Schlittschuhlaufen und Colfspielen.

Das Wirken Avercamps und Breugels fällt in einige der kältesten Dekaden einer Epoche, die sich vom späten Mittelalter bis weit in die Neuzeit hinein erstreckt und durch deutlich niedrigere Durchschnittstemperaturen als die der Gegenwart oder der Mittelalterlichen Warmperiode gekennzeichnet ist. Für diese Epoche, in der praktisch alle modernen europäischen Staaten geformt wurden, hat sich der Begriff Kleine Eiszeit durchgesetzt, den der amerikanische Klimaforscher Francois Matthes und der schwedische Wirtschaftshistoriker Gustaf Utterström etabliert haben. Im Mittel sollen während der Kleinen Eiszeit die Temperaturen um etwa 0,8 Grad, in manchen Regionen aber auch um 2 bis 3 Grad unter denen des vorausgegangen Hochmittelalters gelegen haben. Sie scheint ein globales Phänomen gewesen zu sein, wobei die stärksten Klimaschwankungen und Temperaturabfälle nicht gleichzeitig, sondern zu verschiedenen Zeiten auf den verschiedenen Kontinenten aufgetreten sind. So hat Nordamerika einige seiner niedrigsten Temperaturen während des 19. Jahrhunderts erlebt, als sich Europa gerade von der Kleinen Eiszeit zu erholen begann. »Das Maximum der Abkühlung«, so der Klimaforscher Michael E. Mann von der University of Virginia, »ist in der nördlichen Hemisphäre zwar zu unterschiedlichen Zeiten aufgetreten, doch lässt sich ein grobes Muster mit regionalen Variationen erkennen. Für die nördliche Hemisphäre in ihrer Gesamtheit dürfte die Periode von 1400 bis 1900 mäßig kühler (um etwa 0,3°) gewesen sein als der frühere Zeitabschnitt von 1000 bis 1400 und um etwa 0,8° kälter als das späte 20. Jahrhundert. Nach dem kalten späten 15. Jahrhundert erscheinen das 17. und das 19. Jahrhundert als die kältesten Jahrhunderte innerhalb dieser Periode. Für die südliche Hemisphäre sind die Hinweise auf eine vergleichbare Kleine Eiszeit wesentlich diffuser.«[1]

Die genaue Eingrenzung des Kleinen Eiszeit zumindest für Europa bleibt schwierig. Weithin wird der Beginn der überwiegend nach unten weisenden Temperaturfluktuationen in das 14. Jahrhundert gelegt, von manchen Forschern sogar noch etwas früher datiert. Die Dekade um 1315 als Beginn der Kleinen Eiszeit zu setzen, macht deswegen Sinn, weil sich die klimatischen Veränderungen, die zum Großen Hunger führten, deutlich von den Wetterbedingungen des goldenen Hochmittelalters abheben. Das Ende der Kleinen Eiszeit setzt die Wissenschaft um die Mitte des 19. Jahrhunderts an. Zufall oder nicht: In einer Epoche der zunehmenden Industrialisierung und damit deutlich erhöhten Emissionen wurde es wieder wärmer.

Die vielfältigen Ursachen der Abkühlung sind eingehend untersucht worden. Eine wesentliche Rolle dürfte die Sonnenaktivität gespielt haben. Sonnenflecken, die einen Hinweis auf die Aktivität unseres Zentralgestirns liefern, wurden seit 1607 beobachtet. Damals hatte Johannes Kepler mit Hilfe einer Camera obscura auf einem Stück Papier ein indirektes Bild der Sonne betrachtet und wahrscheinlich als Erster die Sonnenflecken bemerkt, die wenige Jahre später Galileo Galilei intensiver studierte. Kepler war so klug, die Sonne mit dem Instrument nicht direkt anzublicken, was zu irreversiblen Augenschäden bis hin zur Blindheit geführt hätte. Die Beobachtung der Sonnenflecken stürzte die zeitgenössische Wissenschaft in Konflikt mit der Kirche (in Galileis Fall in einen weiteren), denn nach deren Dogma hatten Himmelskörper unveränderlich zu sein. In einer der im Mittel kühlsten Phasen der Kleinen Eiszeit war auch die Zahl der Sonnenflecken deutlich geringer, oder sie fehlten zeitweise ganz: Diese Phase, das Maunderminimum, ist nach dem englischen Astronomen Edward Walter Maunder benannt und umfasst die Jahre von 1645 bis 1715.

Ein weiterer Faktor könnten Vulkanausbrüche gewesen sein. Die bei den Eruptionen in die höchsten Schichten der Atmosphäre geworfenen Partikel können Aerosole bilden und den Anteil des Sonnenlichtes, der die Erdoberfläche erreicht, reduzieren. Zu einer gewaltigen Eruption muss es 1452/53 im pazifischen Vanuatu gekommen sein; für den Zeitraum der besonders kalten Jahre von 1580 bis 1600 sind fünf Eruptionen im asiatisch-pazifischen Raum und in Lateinamerika identifiziert worden. Einer davon, in Peru im Jahr 1600, ist in schriftlichen Quellen dokumentiert, die von den spanischen Eroberern der dortigen indigenen Kultur stammen. Vulkanologen haben acht Zeitfenster mit überdurchschnittlich kühlen Sommern acht größeren Eruptionen zugeordnet.[2]

Einen der klimatisch folgenschwersten Vulkanausbrüche, dem des Mount Tambora im Jahr 1815 mit dem darauffolgenden »Jahr ohne Sommer«, wird in einem eigenen Kapitel behandelt. Für Menschen des 21. Jahrhunderts, erzogen in Sorge um die von den Industrienationen verursachten Umweltprobleme, mag ein weiterer Erklärungsversuch höchst seltsam klingen: die Rückkehr großer Waldflächen als Folge des Bevölkerungsrückgangs, vor allem nach dem Schwarzen Tod der Jahre 1347 und 1350. Mehr Wald – in diesem Kontext etwas Negatives! – bedeutet nach dieser These, dass mehr Kohlendioxid aus der Luft herausgefiltert wird. Kohlendioxid gilt als Treibhausgas per se und führt zu ökologisch bedingten Schuldgefühlen eines jeden Bürgers, der seinen »Footprint« zu verringern sucht. Kein Treibhauseffekt bedeutet: keine Erwärmung, wie in unserer Gegenwart. Es macht ein wenig benommen: Erhöht sich der Anteil an

Treibhausgasen wie Kohlendioxid in der Atmosphäre, geht es uns und dem Planeten schlecht, weil es zu warm wird. Bei einem Mangel an diesen Gasen hingegen zieht eine Kleine Eiszeit über die Welt – und mit ihr Epochen von Kriegen, sozialen Unruhen und Gesellschaftskrisen bis hin zu fürchterlichen Exzessen auf der Suche nach »Schuldigen« wie den Hexenverbrennungen.

Diese pogromartige Vernichtung unschuldigen Lebens, oft unter eifriger Mithilfe geistlicher Würdenträger (beider Konfessionen), gehört zu den tragischsten Kapiteln in den Annalen des frühneuzeitlichen Europas. Die Jahre von etwa 1560 bis 1660 waren der Höhepunkt dieses unseligen Phänomens der frühneuzeitlichen Geschichte. Für Missernten aufgrund von Hagelstürmen und anderen Wetterereignissen suchte man Schuldige – oder besser gesagt: Sündenböcke. Es musste »hexereye« sein, das Wirken von Zauberern und Teufelsknechten inmitten der Dorfgemeinschaft. In manchen Orten hielt der Tod aufgrund von Intoleranz, Aberglauben und Missgunst reiche Ernte, wie in der kleinen Ortschaft Wiesensteig (im heutigen Landkreis Göppingen), wo innerhalb eines Jahres 63 Frauen verbrannt wurden. Frauen waren häufig, aber nicht ausschließlich Opfer dieses Wahns; auch Männer konnten Hexer sein. Gelegentlich wurde auch ein Angehöriger der Oberschicht oder gar des Klerus verdächtigt und verbrannt. Der Druck zu diesen legitimierten Morden kam in den meisten Fällen »von unten«, aus der Schicht des einfachen, oft besonders durch ihren eigenen Irrglauben terrorisierten Proletariats und der Bauern. Der Wahn forderte vor allem in kleinen Territorien ohne funktionierende Kontrollinstanzen wie Gerichten, juristischen Fakultäten oder einem entschlossenen und gebildeten Adel seine Opfer. Wolfgang Behringer hat den Zusammenhang zwischen Wetterextremen und dem Morden in einer Reihe wissenschaftlicher Aufsätze und in seinem Buch *Kulturge-schichte des Klimas* ausführlich beschrieben.[3]

Die Hexenverbrennungen sind eines der abstoßendsten Merkmale eine Epoche, die mit weiteren Heimsuchungen wie Seuchen und Hungersnöten, vor allem aber mit dem verheerendsten Krieg, den Europa bis dahin erlebt hatte, dem Dreißigjährigen Krieg, in besonderem Maße als ein Zeitalter extremer politischer, religiöser und gesellschaftlicher Instabilität gilt. »Klimatologen nennen es die Kleine Eiszeit, Historiker die Große Krise«, schrieb der Historiker Geoffrey Parker in der *New York Times*.[4] Allerdings wird nicht der gesamte Zeitraum der Kleinen Eiszeit von Historikern mit dem Begriff belegt, sondern nur ein besonderer Abschnitt, der als »Krise des 17. Jahrhunderts« bezeichnet wird. Parker selbst hat in einem Standardwerk die Krisenhaftigkeit dieses Zeitalters erforscht und immer wieder auf die Klimaverhältnisse als einem von mehreren Faktoren hingewiesen: »Das 17. Jahrhundert sah eine Abfolge von Kriegen, Bürgerkriegen und Rebellionen, erlebte mehr Zusammenbrüche von Staatssystemen auf der Welt als jedes vorher gegangene und nachfolgende Jahrhundert. Das Klima allein verursachte nicht alle diese Katastrophen des 17. Jahrhunderts, aber es verschärfte sie.«[5] Zu Katastrophen wie Überschwemmungen, Dürre und Hungersnöten nach extremen Wetterereignissen kam es im 17. Jahrhundert in Russland und in China, in Indien und in Japan, wo allein nach einem extrem kalten Winter 1641/42 an die 100000 Menschen verhungert sein sollen.

Die Abfolge aus extremen Wetterereignissen und Missernten, die eine unterernährte Bevölkerung (vor allem in den sozial schwächeren Schichten) anfällig für Seuchen, insbesondere für die im 17. Jahrhundert wiederholt in praktisch allen europäischen Ländern grassierende Pest, machte, fand in einer Zeit zunehmender Urbanisierung statt. Mehr Menschen als je zuvor in der Neuzeit lebten nun in Städten, auf engem Raum und mit wenig ausgeprägter Hygiene – ein idealer Nährboden für Seuchen. Beijing und Nanjing wuchsen zu Millionenstädten; Istanbul als Hauptstadt des sich über drei Kontinente erstreckenden Osmanischen Reiches soll um die Mitte des Jahrhunderts 800 000 Einwohner gehabt haben. In Europa waren London, Paris und Neapel mit geschätzten 300 000 Menschen die größten Metropolen. König James I. (Jakob I.) sah bereits 1616 auf geradezu apokalyptische Weise die Schattenseiten der sich anbahnenden Zentralisierung: »Das ganze Land geht nach London, so dass mit der Zeit England nur noch London sein wird. Der Rest des Landes verkommt und ein jeder lebt miserabel in seinem Haus und alle sind in der Stadt.«[6] Die engste Ballung von Städten gab es indes in den Niederlanden, die ohnehin ein Phänomen sind: Trotz eines fast achtzigjährigen Unabhängigkeitskrieges gegen Spanien, unbeeinflusst von generell niedrigen Temperaturen, aber nur zeitweise tangiert von dem sich vor allem auf deutschen Boden abspielenden Dreißigjährigen Krieg, sind die Generalstaaten die große Ausnahme in der europäischen Krise des 17. Jahrhunderts. Mit ihrer, gemessen an den Zeitumständen, geradezu bürgerlich-liberalen Gesellschaftsordnung prosperierten die Niederlande und erlebten – vor allem in der Kunst – ihr Goldenes Zeitalter. Es bedurfte mehrerer Kriege mit den großen Handelsrivalen England und Frankreich sowie der regelrechten Vernichtungspolitik des sogenannten Sonnenkönigs Ludwig XIV., der auch den deutschen Südwesten in einer Strategie der verbrannten Erde verwüstete, um diese Glanzzeit zu beenden.

Die Gesamtbevölkerung Europas zu Beginn des 17. Jahrhunderts wird auf etwa 100 Millionen geschätzt. Aufgrund

der im Vergleich zu extremen Abschnitten der Kleinen Eiszeit eher gemäßigten Phase im späten 16. Jahrhundert war
die Bevölkerung angewachsen. Nun kamen jedoch Seuchen
und Kriege in bislang nicht bekanntem Ausmaß zu den
Wetteranomalien hinzu, in Parkers Worten: »Klima, Korruption, das Horten [von Lebensmittelvorräten] und Krieg
intensivierten den Effekt der Epidemien.«[7] Die Pest trat
verheerender denn je seit der Zeit des Schwarzen Tods auf.
Neapel, mit seinen rund 300 000 Einwohnern um die Jahr-
hundertmitte eine der Metropolen des Kontinents, verlor
1656 durch eine Pestepidemie die Hälfte seiner Bewohner.
Dreimal zog die Seuche über die iberische Halbinsel und
kostete mehr als eine Million Menschen das Leben, unter anderem als die »Große Pest von Sevilla« 1646–1652 die Stadt
heimsuchte und dann erneut in den 1680er Jahren, als die
Abwehrkraft der Bevölkerung – wieder einmal – nach Missernten in den Jahren 1682 und 1683 auf einem Tiefpunkt lag.
Beinahe noch erschreckender war eine andere Seuche: die
Pocken. Von höherer Infektiosität als andere epidemische
Krankheiten, breitete sie sich vor allem dort sehr schnell
aus, wo viele Menschen auf engem Raum zusammenlebten. Auf der Isle of Wight, wegen ihrer Lage normalerweise
einigermaßen sicher vor einer auf dem englischen Festland
grassierenden Pest- oder Typhusepidemie, schleppte 1627
ein einziger Infizierter die Krankheit ein. Binnen kurzem
erkrankten daran 2000 Bewohner, wovon die meisten starben. Im Gegensatz zur Pest gab es vor den Pocken meist kein
Entkommen; auch die typische Präventionsmaßnahme der
Begüterten, die Flucht aufs Land, half nicht oder zumindest nicht immer. Unter den hocharistokratischen Opfern
der Pocken finden sich unter anderen Queen Mary, die 1694
daran starb, und zwei Geschwister von Karl II. von England
sowie der Thronfolger Ludwigs XIV. Immerhin: Wer die Po-

cken überlebte, war für den Rest seines Lebens geschützt, eine Erkenntnis, die im 18. Jahrhundert zur Entwicklung erst der Inokulation und dann der Impfung im engeren Sinn führte.

Die Kriege des 17. Jahrhunderts taten ihr Übriges zum Rückgang der Bevölkerung. Der Bürgerkrieg in England und der Dreißigjährige Krieg sind typisch für eine Art von Konflikten, die oft ohne klare Frontlinien verliefen und die Zivilbevölkerung in hohem Maße in Mitleidenschaft zogen. Die Armeen ernährten sich vom Land, und mit zunehmender Verrohung, vor allem während des Dreißigjährigen Krieges, wurden Massaker der Soldateska an Zivilisten zur traurigen Norm. In Deutschland kam etwa ein Drittel der Bevölkerung durch Gewalttaten, Seuchen und Hunger um; in Regionen, durch die die verschiedenen Heere wiederholt gezogen waren, wie dem Herzogtum Württemberg, lag der Bevölkerungsrückgang wahrscheinlich bei über 70 Prozent. Selbst die Sieger kamen nicht ungeschoren davon: In manchen schwedischen Dörfern war eine ganze Generation junger Männer verschwunden, gefallen und dahingesiecht, während ihr Land zu einer europäischen Großmacht aufstieg. Dass selbst an der Heimatfront so wenig Enthusiasmus aufkommen wollte, lag an den durch die Kälte deutlich reduzierten Ernten und dem dadurch hervorgerufenen Abschwung des Handelsvolumens in Schweden und Dänemark. Gabriel Oxenstierna, Bruder des schwedischen Reichskanzlers Axel Oxenstierna, der sein Land in die vorderste Reihe des europäischen Mächtekonzerts gebracht hatte, zog ein Fazit, wie es deprimierender kaum hätte sein können: »Der einfache Mann wünscht sich, tot zu sein. Wir können in der Tat sagen, dass wir unsere Länder von anderen erobert haben – und zu diesem Zweck haben wir unser eigenes Land ruiniert.«[8]

Zahlreiche Jahre in diesem andauernden Konflikt wiesen extreme Temperaturen auf, die das Leben der Zivilbevölkerungen zusätzlich erschwerten. Und auch das der Kombattanten. Ein Soldat der katholischen Liga schrieb im August – eigentlich ein Hochsommermonat – des Jahres 1640: »Zu dieser Zeit herrschte so eine große Kälte, dass wir uns in unseren Quartieren beinahe zu Tode gefroren haben.« Die Aufzeichnungen eines Geistlichen aus Bayern in den frühen 1640er Jahren sind voller Eintragungen wie »der kälteste Winter«, »wütende Stürme«, »winterähnlicher Frühling«, »eine Flut schlimmer als alles in menschlicher Erinnerung« und »Hagelkörner bis zu einem Pfund Gewicht«.[9] 1628 schneite es in einigen Regionen der Alpen in jedem Monat, es wird als ein Jahr ohne Sommer bezeichnet (ein Begriff, der sich für die an anderer Stelle beschriebene Anomalie von 1816 etabliert hat), mit verkümmerten Getreidefeldern und erfrorenen Weinreben. In Skandinavien war 1641 das kälteste Jahr überhaupt; in Mitteleuropa war es fast ähnlich beißend kalt. Eine Chronik aus Augsburg berichtet von fünf strengen Wintermonaten, vergleichbar mit dem Rekordwinter der Moderne von 1961/62.[10] Auch als sich der Konflikt endlich seinem Ende zuneigte, gingen die Friedensbemühungen nicht mit einer Klimaverbesserung einher. Ein spanischer Diplomat im Tagungsort Münster, wo 1648 der den Konflikt beendende Westfälische Friede abgeschlossen wurde, nannte den Juli 1647 »wie ein Winter« und erlebte im August »ein so kaltes Wetter, dass es hätte Ende Oktober sein können«.[11]

Viele der im Hochmittelalter erblühten Orte und Dörfer wurden nicht zuletzt wegen der widrigen klimatischen Bedingungen verlassen und aufgegeben. Allein in England schätzt man die Zahl der *deserted medieval villages* (verlassenen mittelalterlichen Dörfer) auf rund 3000. Vielerorts

führten die Pestausbrüche von 1348 und 1350 oder der Große
Hunger dreißig Jahre zuvor zur Aufgabe der Siedlungen. Bei
dem bekanntesten und am besten erforschten dieser Dörfer war es indes vornehmlich das zunehmend unwirtliche
Klima, das die Menschen vertrieb. Sein Name ist Wharram
Percy, es liegt am westlichen Rand der Yorkshire Wolds,
einer Hügelkette im Nordwesten von England. Wiederent-
deckt und archäologisch erkundet wurde es ab 1950 über
fast vier Jahrzehnte, wie die Website von English Heritage
betont, von Freiwilligen während der Sommermonate, da
die Region in kälteren Jahreszeiten wohl für Grabungen zu
ungemütlich ist. Wharram Percy scheint den Schwarzen
Tod gut überstanden zu haben, doch ab etwa 1500 nahm
seine Bevölkerung ab – neben Streitigkeiten mit dem *land-
lord* wohl vor allem wegen sinkender Erträge auf dem rauen
und über immer größere Zeitabschnitte schneebedeckten
Boden. Die letzte zu dem Dorf gehörende Farm wurde 1636
verlassen. Heute ist Wharram Percy mit seiner liebevoll ge-
pflegten Kirchenruine und den im saftigen Gras der Wiesen gut erkennbaren Spuren einstiger Besiedlung ein ideales
Reiseziel für jeden von der englischen Geschichte Begeister-
ten – in den Sommermonaten. Wolfgang Behringer beschreibt das Schicksal des Dorfes lakonisch: »Wharram
Percy war im Hochmittelalter ein wunderbarer Siedlungs-
platz – in der Kleinen Eiszeit war er das nicht mehr.«[12]

In den Alpen drangen während der Kleinen Eiszeit zahlreiche Gletscher weiter ins Tal als jemals zuvor seit der
»richtigen« Eiszeit vor mehr als 12 000 Jahren. Die jährliche
Zeitspanne, in der Getreide und andere landwirtschaftliche
Produkte wuchsen, war kurz, Missernten und daraus resultierende Hungersnöte häufig. Die Schweiz war nicht zuletzt
aufgrund dieses Nachteils im 17. Jahrhundert – welch Unterschied zu Gegenwart – ein armes Land. Die vordrängen-

den Gletscher reduzierten die Anbaufläche und verdrängten Bauernhöfe und vereinzelt gar ganze Siedlungen. Für Künstler hingegen war das Naturschauspiel von an die Grenzen einer Gemeinde stoßenden Gletschern ein faszinierendes Motiv. Matthäus Merians Kupferstich vom bis an den Dorfrand vorstoßenden Unteren Grindelwaldgletscher von 1642 zeigt auch ein weiteres Merkmal dieses beeindruckenden Naturphänomens: Touristen, die Gletscher wie Gemeinde mit Schaudern betrachten. Die Erforschung des Rückgangs – oder Vordringens – von alpinen Gletschern liefert Daten, die eine wesentliche Säule für die Rekonstruktion vergangener Klimaverhältnisse darstellen. »Beim Fokussieren auf die europäischen Alpen«, so betont der renommierte Klimaforscher Ulf Büntgen von der Universität Bern, der eine Vielzahl von Studien zu diesem Aspekt publiziert hat, »zeigen mindestens zwei voneinander unabhängige Proxiarchive – die Gletscher und die Baumringe – ein klares Bild relativ warmer mittelalterlicher und jüngster Temperaturen, unterbrochen durch eine Periode der Abkühlung. Zahlreiche Baumringe aus neuerer Zeit sowie Relikte von älteren Baumringen erlauben es, die Schwankungen der Sommertemperaturen innerhalb von Jahren sowie Jahrhunderte übergreifend für die letzten 2500 Jahre zu rekonstruieren. Diese Daten zeigen eine beträchtliche natürliche Variabilität im Laufe des letzten Millenniums auf, aber sie reflektieren gleichzeitig relativ warme Bedingungen vor circa 1250 und nach circa 1850.«[13]

Ein besonderes, heute undenkbares winterliches Schauspiel bot sich den Menschen in London: der Jahrmarkt auf der zugefrorenen Themse, der *frost fair*. Die Themse ist nach den Forschungen von H. H. Lamb im 17. Jahrhundert mindestens zehnmal zugefroren und wahrscheinlich mehr als zwanzigmal zwischen 1564 und 1813.[14] Das erste dieser Volksvergnügungen der Neuzeit fand im Winter 1564 statt (allerdings errichteten einige Händler schon 695 auf dem zugefrorenen Fluss Verkaufsstände), als Queen Elizabeth I. und ihr Hofstaat den Bürgern der Hauptstadt auf das Eis folgten. Einem Zeitzeugen nach sollen Burschen auf der glatten Fläche Fußball gespielt haben, Schießbuden buhlten um Kundschaft und »… sowohl Männer als auch Frauen gingen in größerer Zahl auf der Themse spazieren als in irgendeiner Strasse Londons.« Der Spaß konnte 1608 wiederholt werden als »die Themse ihre eisige Kleidung eine Woche vor Weihnachten anlegte und dies bis zum Ende des Januar beibehielt … Der Fluss sieht nicht wie ein Fluss aus, sondern wie ein Feld, auf dem Bogenschützen schießen und andere Fußball spielen. Es ist eine Straße, auf der man ohne Furcht gehen kann.«[15] 1684 erlebte London abermals ein Volksfest auf dem Fluss, das von mehreren Künstlern dargestellt wurde. 1814 gab es das letzte Mal diesen »Karneval auf dem Eis«. Die Baumaßnahmen der Stadt London im 19. Jahrhundert, die *Embankments*, haben die Fließgeschwindigkeit des Flusses erhöht, was zusammen mit den heute höheren Temperaturen dazu beiträgt, dass es im 21. Jahrhundert vermutlich keine *frost fairs* auf der Themse mehr geben wird.

Das Gleiche kann man auch für eine andere vom Eis und tiefen Wintertemperaturen abhängende Tradition vermuten: das Seegfrörne, ein Volksfest auf dem zugefrorenen Bodensee. Seit dem Jahr 875 soll es dreiunddreißig Mal zu diesem Ereignis gekommen sein. 1573 führte man die Tradition ein, bei jedem Seegfrörnen die Büste des Heiligen Johannes vom Kloster Münsterlingen auf der Schweizer Seite in einer »Eisprozession« feierlich nach Hagnau am deutschen Ufer zu tragen. Dort verbleibt sie bis zum nächsten Seegfrörnen – um dann wieder ihren Standort zu wechseln. Mit dem Ende der Kleinen Eiszeit wurden die Prozessionen seltener; der Heilige Johannes hat zuletzt vor mehr als einem halben Jahrhundert den See überquert und seither in der Pfarrkirche des ehemaligen Klosters in Münsterlingen seinen »festen Wohnsitz«. Denn das letzte Seegfrörne gab es im Februar 1963. Mehrere Zehntausend Menschen sollen sich damals auf dem See vergnügt haben, mitunter auch, um dem gegenüberliegenden Nachbarland einen Besuch abzustatten. Ein Schlittschuhläufer umrundete den See binnen zwei Tagen in seiner gesamten Küstenlänge; Sport- und Segelflugzeuge landeten auf dem Eis. Allerdings kamen auch fünf Menschen ums Leben, als sie an dünnen Stellen des Eises einbrachen.

Wenn große, normalerweise ein Hindernis darstellende Gewässer aufgrund der tiefen Temperaturen zufroren, war dies nicht nur ein Anlass für Jahrmärkte oder für Prozessionen. Die veränderten Bedingungen konnten auch eine Veränderung der geopolitischen Situation provozieren. Meerengen bildeten dann in einem bitterkalten Winter nicht länger eine natürliche Barriere zwischen Staaten. Kein anderer Herrscher nutzte dies so (um im Bilde zu bleiben) eiskalt aus wie der schwedische König Karl X. Gustav. Schweden war nach dem Dreißigjährigen Krieg eine europäische Großmacht und spielte auf dem Kontinent als Schutzmacht der Protestanten eine wichtige Rolle im Deutschen Reich. Seine Stärke lag nicht in der Bevölkerungszahl von rund 1,2 Millionen Menschen oder seiner Wirtschaftskraft, sondern in seiner schlagkräftigen Armee, die der 1632 in der Schlacht bei Lützen gefallene König Gustav II. Adolf zu einem weithin gefürchteten Instrument geschmiedet hatte. Es war ein Instrument, das der 1654 auf den Thron gekommene Karl X. zu nutzen verstand – vor allem im seit Jahrhunderten währenden Dauerstreit mit dem skandinavischen Rivalen Dänemark. Karl hatte deutsche Wurzeln und entstammte dem Haus Pfalz-Zweibrücken; zum Thronfolger und schließlich zum schwedischen König wurde er durch seine mütterliche Herkunft bestimmt, den schwedischen Wasa. Die Kinderlosigkeit der Königin Christine, der Tochter Gustav Adolfs, machte Karl zunächst zum Thronfolger und ihre Abdankung schließlich zum neuen König. Als Dänemark 1657 das schwedische Territorium Bremen angriff, schlug Karl schnell zurück. Der größte Teil von Jütland wurde von den in Deutschland stationierten schwedischen Truppen überrannt. Die dänische Regierung in Kopenhagen fühlte sich auf der Insel Sjaelland sicher. In den Wintermonaten 1657/58 sanken indes die Temperaturen immer weiter. Der Große Belt (zwischen der Insel Fünen und Sjaelland) und der Kleine Belt (zwischen Fünen und Jütland, also dem dänischen Festland) froren zu. Am 30. Januar 1658 zog Karl mit etwa 3500 Mann Infanterie und 1500 Reitern über den Kleinen Belt. Nicht überall hielt die Eisdecke; mehrere Soldaten und Pferde brachen ein und wurden vom eisigen Wasser verschlungen. Doch insgesamt glückte das Unternehmen, das als eine der kühnsten Operationen der europäischen Militärgeschichte gilt. Kopenhagen war zur See hin gut gesichert; dass ein Feind von der Landseite her die Hauptstadt bedrohen könnte, hatte niemand in diesem Zweiten Nordischen Krieg bedacht. Als Karl mit seinen Truppen anrückte, begann man umgehend mit Friedensverhandlungen, die bereits am 26. Februar in den Frieden von Roskilde mündeten – der eiskalte Winter hatte den Feldzug Karls kurz und hocheffektiv werden lassen. Die Landkarte Schwedens und seine föderale Struktur prägt er bis auf den heutigen Tag: In Roskilde trat Dänemark die nunmehr schwedischen Provinzen *(län)* Schonen (mit Malmö und der Universitätsstadt Lund), Blekinge, Halland und Bohuslän ab.

Die Kleine Eiszeit war nicht nur in ihrer Gesamtheit kälter, sie zeigte nach H. H. Lamb auch eine größere Variabilität der Temperaturen. Wie bei jeder anderen Epoche, der Klimaforscher ein bestimmtes Charakteristikum zusprechen, gab es im sechzehnten und siebzehnten Jahrhundert Ausreißer, zum Beispiel gelegentlich auch sehr warme Sommer. Mit einschneidenden Folgen für eine der großen Metropolen Europas waren die Sommermonate 1665 und 1666 auf den britischen Inseln überdurchschnittlich (für dieses Jahrhundert) warm. Das heiße, trockene Wetter trug zu zwei der größten Katastrophen in der Geschichte der Stadt London bei.

Eine dicht bevölkerte Großstadt mit einem Minimum (oder einem vollständigen Mangel) an Hygiene, in der überdies Mensch und Tier eng zusammenlebten, war ein idealer Nährboden für Seuchen. Nach dem Schwarzen Tod hatte die Pest ab 1499 regelmäßig die Metropole des Königreiches heimgesucht, die mit dem Aufstieg Englands zu einer Handels- und Seemacht kräftig expandierte. Im April 1665 erkrankten im Vorort St. Giles die ersten Londoner an der Pest. In den warmen Sommermonaten dieses Jahres breitete sie sich rasch aus und fand vor allem in den besonders armen und von Ratten übervölkerten Stadtteilen ihre Opfer, vor allem in Stadtteilen wie Whitechapel, das auch mehr als zwei Jahrhunderte später noch ein sozialer Brennpunkt und Schauplatz einer der berühmtesten Verbrechensserien wurde, den Morden des Jack the Ripper. Im September starben bis zu 8000 Menschen pro Woche. Wer wohlhabend genug war, verließ die Stadt, um das Ende der Epidemie in der *countryside* abzuwarten. Unter den Minderbegüterten schnitt der *Reaper*, der Sensenmann, eine breite Schneise. Die Londoner begannen Hunde und andere Haustiere zu töten, die sie für die Infektionsquelle hielten – dass die auf Ratten parasitierenden Flöhe die Überträger der Krankheit waren, war noch nicht bekannt. Der berühmte Tagebuchschreiber Samuel Pepys klagte über »die traurige Nachricht vom Tode so vieler in der Gemeinde durch die Pest, vierzig letzte Nacht, die Glocken schlagen ununterbrochen … entweder für die Toten oder zu Beerdigungen.«[16] Am Ende waren es 70 000 Menschen, die der Pest in London zum Opfer fielen.

Noch hatte sich die Stadt von dieser Katastrophe nicht erholt, als der nächste für die Epoche untypisch warme Sommer eine Verheerung ganz anderer Art brachte. Die Stadt lag seit Ende August unter dem Einfluss von aus Südwest einströmender warmer und trockener Luft. London war praktisch ausgedörrt, als dem Bäcker Thomas Farynor, der seine Produkte an die königliche Tafel von Charles II. zu liefern pflegte, ein Malheur unterlief. In der Nacht auf Sonntag, dem 2. September 1666, schloss er seine Backstube in der Pudding Lane ab, ohne sich zu vergewissern, dass die Glut im Ofen verglimmt war. Schnell fraß sich das Feuer durch die aus Holz und Pech errichteten Häuser entlang der engen Gasse, die in ihren oberen, aufgesetzten Stockwerken so nah beieinander standen, dass Funkenflug von der einen zur anderen Seite der Pudding Lane und von dort aus auf benachbarte Straßenzüge die Ausbreitung des Feuers immens begünstigte. Bestärkt durch den in jener Nacht kräftig wehenden Wind wurde daraus ein regelrechter Feuersturm. London verfügte über eine durchaus fortschrittliche Feuerwehr in Gestalt einer für Notfälle bereitstehenden Miliz. Zu deren Ausrüstungen gehörten sogar Pumpenwagen. Sie kamen indes zu spät oder konnten wegen der enormen Hitze nicht nah genug an die Brandherde herangebracht werden. Ein Musterbeispiel eines inkompetenten Politikers gab der Bürgermeister von London, Sir Thomas Bludworth, ab, der über das Feuer tönte, dass »eine Frau es auspinkeln« könne. Am Sonntagvormittag wurden die meisten Löschversu-

che eingestellt; es galt nur noch, sich selbst und seine Habse-
ligkeiten zu retten. Am Montag ereilte das Feuer das damals
wie heute für London so eminent wichtige Viertel, in dem
Banker und Börsianer wohnten und ihre Geschäfte tätigten.
Aus dieser Urform des modernen Financial District transportierten die Finanziers ihre Barvorräte in Kisten voller
Goldmünzen ab. Die Themse gebot dem Feuersturm nach
Süden hin Einhalt, doch der nördliche Teil der Stadt wurde
weitgehend zerstört. Am Dienstag, dem 4. September, bot
sich den noch verbliebenen Londonern ein herzzerreißender
Anblick, als auch die St. Pauls Cathedral ein Opfer der Flammen wurde. Man hatte erwartet, dass die dicken Steinmauern
das Gotteshaus schützen würden. Doch zu allem Unglück
war die Kathedrale zum einen von einem hölzernen und
leicht brennbaren Gerüst für Restaurierungsarbeiten umgeben, zum anderen hatten viele Buchhändler ihre Schätze
in die Krypta in vermeintliche Sicherheit gebracht, so dass
im Inneren von St. Paul Entflammbares zuhauf lagerte. Am
Dienstagabend ließ der Wind nach und die teilweise unter
Einsatz von Schießpulver der Marine geschaffenen Feuer-
schneisen zeigten Wirkung. Gegen Mittwochabend war das
Feuer gelöscht. Es hatte über 13 000 Häuser zerstört und an
die 80 000 Londoner obdachlos gemacht. Die Zahl der Toten war nicht genau zu ermitteln; die offiziellen Zahlen von
sechs bis acht Opfern klingen zu niedrig. In den nächsten
Jahren entstand ein neues London – mit Häusern aus Stein,
nicht länger aus Holz. Sir Christopher Wren schuf eine neue,
imposante St. Pauls Cathedral. Und an die Katastrophe erinnert heute das kurz *Monument* genannte Denkmal nahe der
gleichnamigen U-Bahnstation, das dem ausdauernden Lon-
donbesucher, der die 311 Stufen geschafft hat, einen wunderbaren Blick über eine unvergleichliche Stadt bietet, die wie
ein Phönix aus der Asche stieg.

In anderen Regionen der Welt führten die Klimaschwankungen der Epoche weniger zu einer Abkühlung als vielmehr zu Trockenheit und Dürre. Dies gilt vor allem für den amerikanischen Kontinent und beeinflusste die Besiedlung durch Europäer. Die Untersuchung der Baumringe von Zypressen im heutigen US-Bundesstaat Virginia hat mehrere schwere Dürrezyklen im Zeitraum von 1570 bis 1612 belegt. Der Wassermangel trug entscheidend dazu bei, dass spanische Siedler und Eroberer eine Santa Elena genannte und 1565 angelegte Gemeinde in South Carolina nach fast zwanzig Jahren wieder aufgaben. Das Zentrum des spanischen Herrschaftsbereichs in den heutigen USA wurde nach Süden verlegt, nach Florida. Den ersten englischen Siedlern erging es nicht viel besser – sie waren die Opfer im Drama der »Lost Colony«, das heute als Freilufttheaterstück nahe des einstigen Schauplatzes aufgeführt wird.

In Jahr 1585 versuchte der Seefahrer und Unternehmer (und Freibeuter) Sir Walter Raleigh eine englische Kolonie auf der Insel Roanoke im heutigen Bundesstaat North Carolina zu etablieren. Hunger und die zunehmende Auseinandersetzungen mit den Eingeborenen führten dazu, dass die Kolonisten bereits im darauffolgenden Jahr auf das Angebot des ebenso berühmten Kapitäns Sir Francis Drake eingingen, die Siedler wieder heim nach England zu bringen. Die Lagerräume seiner Schiffe waren mit Produkten der Neuen Welt wie Kartoffeln und Mais gefüllt. Raleigh unternahm 1587 einen neuerlichen Anlauf und schickte im Sommer erneut Kolonisten nach Roanoke. Dass dort wenige Wochen später ein kleines Mädchen mit dem Namen Virginia Dare als erstes englischsprachiges Kind in Nordamerika geboren wurde, war eines der wenigen erfreulichen Ereignisse in der kurzen Geschichte der Kolonie. Am 22. August 1587 kehrten die Schiffe um; der Gouverneur John White versprach,

baldmöglichst mit Nachschub und weiteren Kräften wieder-
zukommen. Doch in den folgenden Monaten waren transat-
lantische Reisen kaum mehr möglich: der Krieg mit Spanien,
der 1588 zu der berühmten Armadaschlacht führte, band jeden maritimen Entrepeneur ein. So schrieb man bereits das
Jahr 1590, als White zurückkehrte – pünktlich zum dritten
Geburtstag seiner Enkeltochter Virginia Dare. Doch weder
von dem kleinen Mädchen noch von einem der anderen
Siedler war eine Spur zu sehen. Das Dorf, das die Engländer
errichtet hatten, war verlassen; Hinweise auf einen Kampf
fanden sich nicht. In einen Zaun war das Wort »Croatoan«
eingeritzt. Die erschütterten Ankömmlinge interpretierten
es als Hinweis auf einen örtlichen Indianerstamm oder auf
eine Insel dieses Namens, wohin die Kolonisten möglicherweise umgezogen waren, um fruchtbareres Land zu finden.
Das Schicksal der Kolonie von Roanoke bleibt für immer ein
Geheimnis. Die Umstände, unter denen sie eine neue Welt
für sich, Raleigh und die Königin erbauen wollten, sind jedoch erforscht: Klimaforscher wie David Stahle konnten
die dortigen Klimaverhältnisse für einen Zeitraum von
800 Jahren rekonstruieren und nachweisen, dass die Siedler
ihr Unternehmen im trockensten Zeitraum (1587–1589) begannen – sie waren zum Scheitern verurteilt.[17]

Die Trockenheit hätte beinahe auch die dann doch erfolgreiche erste englische Kolonie auf dem nordamerikanischen
Kontinent scheitern lassen. Die 1607 in Virginia an Land
gegangenen Briten gründeten eine mit Holzpalisaden ge-
schützte Siedlung, die sie zu Ehren ihres Königs Jamestown
nannten; den an dem Dörfchen vorbeirauschenden Fluss
tauften sie James River. Auch dieses Unternehmen fiel in
eine klimatisch denkbar ungünstige Phase: in die trockenste
örtliche Sieben-Jahres-Periode innerhalb einer rekonstru-
ierten Zeitspanne von 770 Jahren. Der trockene Boden gab

wenig her – und den in Virginia gedeihenden Tabak konnte man nicht essen –, und es war schwer, ausreichende Vorräte für den Winter anzulegen. Hunger wiederum schwächt die menschliche Immunabwehr und macht anfällig für Infektionen. Von den 215 Kolonisten Jamestowns im Sommer 1609 überlebten nur 60 den darauffolgenden »Hungerwinter«. Dem heutigen Besucher des Freilichtmuseums in Jamestown mit seinen archäologischen Ausgrabungen fällte auf, dass Teile der ursprünglichen Siedlung heute unter Wasser liegen: der James River ist heute viel breiter als in jenen Dürrejahren.[18]

Als sich das Gedankengut der Aufklärung mehr und mehr durchsetzte, betrachtete man Wetterextreme nicht länger als das Werk von Hexerei oder den Zorn Gottes, sondern als Ausdruck einer wandlungsfähigen Natur, die man rational ergründen und mit wissenschaftlichen Methoden dokumentieren und erforschen kann. Es war das Zeitalter eines Isaac Newton, eines Benjamin Franklin, eines Carl von Linné, der mit seiner *Systema naturae* die naturkundliche Systematik begründete.

Rüdiger Glaser hat in seinem auf einem immensen Daten- wie Quellenmaterial aufbauenden, brillanten Werk zur Klimageschichte Mitteleuropas das extreme Klima des Winters von 1739/1740 eindringlich beschrieben. Er stellt diesen Winter einem anderen Extrem gegenüber (der hier Gegenstand eines separaten Kapitels ist): »Im Oktober stellte sich die Witterung auf winterliche Verhältnisse um. Ein Hochdrucksystem eines russischen Hochs hatte Mitteleuropa fest im Griff. Ende des Monats froren bereits die ersten Flüsse im Osten Deutschlands zu. Die Chronisten bemerkten lapidar keine angenehmen Tage und verglichen den Monat mit dem von 1709. Die strenge Kälte, die Ende des Monats eingefallen war, setzte sich den November über fort. Fast alle mittel-

europäischen Flüsse froren zu. Lediglich der Dezember fiel
wieder deutlich milder aus, einige Flüsse gingen wieder auf,
und es gab den Dezember über eher unbeständiges Wetter
mit häufigen Südlagen. Danach folgte aber – die meisten
Chronisten hatten bereits das Ende des Winterwetters vermutet – mit dem 4./5. Januar der Übergang in eine extrem
kalte Phase, in der selbst Rhein, Main und Neckar zufroren und erst Mitte März wieder aufgingen. In Frankfurt, in
Mainz, in Hanau folgten die nur bei extremer Winterkälte
und bei überfrorenen Flüssen üblichen Jahrmärkte mit Fass-
binden auf den überfrorenen Flüssen, dem Aufstellen von
Krämerbuden und einem bunten Treiben, das in den bekannten Darstellungen der Frostfairs an der Themse immer
wieder zitiert wird. Die Kälte hatte ganz Europa im Griff.
Selbst der Bodensee war längere Zeit überfroren. Grund
war das Hochdrucksystem, das sich über den Britischen
Inseln etabliert hatte, das sehr kalte Luft aus Norden bis in
den mediterranen Raum führte. Diese Wetterlage hielt im
Februar, in abgeänderter Form auch März und April über
an und selbst im Mai gab es eine spektakuläre und außer-
gewöhnliche Drucksituation über ganz Europa, die dazu
führte, dass die Kälte bis in den Mai hinein andauerte. Die
anhaltend niedrigen Temperaturen zwangen die Bürger ihre
Stuben schon im Oktober 1739 täglich zweimal zu beheizen.
Unmittelbare Folge war eine entsprechende Verteuerung
der Brennstoffe. Durch den starken Schneefall waren die
Straßen nur mit Mühe passierbar, so dass der Handel fast
zum Erliegen kam. Nachdem die Saale eine dicke Eisschicht
aufwies, musste auch die Schifffahrt eingestellt werden. Um
den in Halle stationierten preußischen Regimentern das
Desertieren über die gefrorene Saale zu unterbinden, musste
der zugefrorene Fluss aufgeeist, d. h. bis zu einer bestimmten
Breite vom Eis befreit werden. Die Kosten hatte die Kom-

mune zu tragen. Die tiefgreifende Bodengefrornis zerstörte auch die Wasserleitungen in der Stadt und erschwerte den Totengräbern ihre Arbeit.«[19]

Ein europäisches Land litt in katastrophalem Ausmaß an diesem Winter. In Irland kam es nach Einschätzung eines Dubliner Historikers zwischen 1739 und 1741 zur längsten Periode extremer Kälte in der neueren Geschichte des Landes. Von den rund 2,4 Millionen Einwohnern des britisch verwalteten und besetzten Landes sollen mehr als 300 000 innerhalb von »21 Monaten von bizarrem Wetter, das ohne Vergleich war und sich jeder normalen Erklärung entzog, umgekommen sein.«[20] Die extremen Temperaturen ließen selbst in den Häusern Flüssigkeiten in den Flaschen gefrieren und bereiteten den Boden für eine der zahlreichen Hungersnöte, die Irland regelmäßig heimsuchten. Es war bei weitem nicht die letzte.

Irland jedoch blieb die Ausnahme. Auf dem europäischen Kontinent führte der strenge Winter nicht zu einer Katastrophe, wie es noch im Jahrhundert zuvor der Fall gewesen wäre. Ähnlich rational wie Wissenschaftler und Bildungsbürger die Gesetze des Wetters zu erkunden versuchten, waren die Regierungen der europäischen Staaten an das Problem herangegangen. Eine derartige wetterbedingte Herausforderung war nach der sich nun durchsetzenden Erkenntnis kein Gottesurteil und keine Zauberei, welchem der Mensch – und der Staat – nichts entgegenzusetzen hatten. Vielmehr hatte das Diktum des 1740 auf den preußischen Thron gelangten Friedrichs II., wonach der Fürst der erste Diener seines Staates sei, auch an anderen Höfen und Kanzleien Anhänger. Es waren Vorratslager angelegt worden, aus denen Getreide und andere Grundnahrungsmittel bei Eintritt extremen Wetters und des Mangels an Bedürftige verteilt wurden. »Auch 1740 gingen die Preise in die Höhe«, schreibt der Historiker Wolfgang Behringer, »und die Haushalte wurden wegen der Mehrausgaben für Brot strapaziert. Aber Hunger wurde gleichbedeutend mit schlechter, unvernünftiger Regierung. … So gesehen, bildete der Extremwinter von 1740 nicht nur einen Testfall, sondern auch einen Triumph der Aufklärung.«[21]

Hendrik Averkamp: Winterlandschaft mit Schlittschuhläufern

Der »Protestantische Sturm« rettet England vor der Armada

Der Mann mit der Feder, der seinen Lebensunterhalt mit verschiedenen geschäftlichen Unternehmungen, vor allem aber mit der Kraft seiner Sprache verdiente, beschwor die Naturgewalten:

> *Blast, Winde, sprengt die Backen! Wütet! Blast!*
> *Ihr Katarakt' und Wolkenbrüche, speit,*
> *Bis ihr die Türm' ersäuft und Wetterhähn' ertränkt!*
> *Ihr schweflichten, gedankenschnellen Blitze,*
> *Vortrab dem Donnerkeil, der Eichen spaltet,*
> *Versengt mein weißes Haupt! Du Donner,*
> *   schmetternd,*
> *Schlag flach das mächt'ge Rund der Welt; zerbrich*
> *Die Formen der Natur, vernicht auf eins*
> *Den Schöpfungskeim des undankbaren Menschen!*

William Shakespeare war sich wie viele seiner Landsleute einer seefahrenden Nation, in der kein Ort weiter als 113 Kilometer vom Meer entfernt ist, der Bedeutung der Naturgewalten für den Handel und damit die wirtschaftliche Blüte des Landes bewusst. Als er um oder kurz nach 1603 diese Zeilen für seinen »König Lear« entwarf, stand für ihn wie für jeden patriotischen Engländer außer Zweifel, dass gerade in der jüngsten Vergangenheit das nackte Überleben des Landes von wütenden Winden, Donnerkeilen und Wolkenbrüchen gesichert worden war – und dass König Phillip II. von Spanien, das Haupt des Erzfeindes, vernichtend besiegt worden war. Oder, etwas prosaischer ausgedrückt: dem eines der furchterregendsten militärischen Machtmittel, welches die Welt bis dahin gesehen hatte, aus der Hand geschlagen wurde – die Armada.

Eigentlich hätten das Spanien des strenggläubigen Katholiken Philipp und das England, das Heinrich VIII. aus der katholischen Welt herausgebrochen hatte, nicht nur Verbündete, sondern auch unter einer Krone vereint sein sollen. 1554 ging Philipp die Ehe mit der ein Jahr zuvor, nach dem Tod des sechsmal verheirateten Henry VIII., auf den englischen Thron gekommenen Königin Maria I. ein, der Tochter Heinrichs aus der Ehe mit der spanischen Prinzessin Katharina von Aragon (was die Braut zur Tante zweiten Grades des Bräutigams machte). Maria betrieb die Rekatholisierung Englands auf eine Art, die ihr den wenig schmeichelhaften historischen Beinamen Bloody Mary einbrachte. Die fromme Königin, die »Ketzer« (Protestanten) auf dem Scheiterhaufen verbrennen ließ, starb indes bereits 1588, ohne dass aus ihrer nur sehr sporadisch vollzogenen Ehe mit Philipp Nachwuchs hervorging. Als sich ihr Bauch rundete, glaubte sie an eine endlich eingetretene Leibesfrucht – doch tatsächlich hatte sich eine große Eierstockzyste oder ein bösartiger Uterustumor gebildet, welcher Mary und mit ihr dem Katholizismus auf Englands Thron endgültig den Garaus machte. Nachfolgerin wurde ihre Halbschwester Elizabeth, die Tochter aus Heinrichs Ehe mit seiner zweiten Frau, Anne Boleyn, für die er den Bruch mit Rom riskiert und die er schließlich hatte köpfen lassen.

Die Politik Elizabeths I., die die von Heinrich gegründete »Church of England« wieder zur Staatskirche machte, brachte das Inselreich auf Konfrontationskurs mit Spanien, der mächtigsten Militärmacht der Epoche. So unterstützte England den sich über achtzig Jahre hinziehenden Unabhängigkeitskampf der Niederlande gegen die spanische Herrschaft. Schmerzlicher für Philipp und den spanischen Staatshaushalt waren indes die Überfälle englischer Seefahrer – Piraten in spanischer Diktion – auf die Transportschiffe, auf denen Spanien die Edelmetalle aus der Neuen Welt, Quelle seines indes bald schwindenden Reichtums, über den Atlantik transportierte. Kapitäne wie John Hawkins und Francis Drake gingen dieser Tätigkeit als private Unternehmer, aber mit Billigung ihrer Königin (deren Schatzkammer von den Kaperungen profitierte) nach. Dass Elizabeth Drake wegen seiner Verdienste in den Adelsstand erhob, beseitigte bei Philipp jeden Zweifel an der feindseligen Haltung Englands und seiner Herrscherin. Als 1587, durchaus mit Zustimmung Elizabeths, Maria, die viele Jahre unter englischem Hausarrest stehende katholische Königin von Schottland, auch als Mary Queen of Scots bekannt, enthauptet wurde, war das Fass übergelaufen. Philipp ließ eine mächtige Flotte ausrüsten, um eine Invasion Englands durch seine in den Niederlanden stehende Armee unter dem Kommando des Herzogs von Alba zu ermöglichen. Das Gelingen dieses Planes hätte England nicht nur rekatholisiert, sondern auch zu einem Vasallen Spaniens gemacht.

Philipp nannte seine teils neu erbaute, teils requirierte (auch von anderen Staaten) Streitmacht die *Grande y Felicísima Armada*, die große und mit großem Glück gesegnete Flotte. Der letzte Teil der Bezeichnung hätte kaum unpassender gewählt werden können. Denn Glück war der Armada und ihren Besatzungen nicht gerade im Übermaß beschieden. Die Engländer waren keineswegs geneigt, abwartend zuzuschauen, wie sich der Feind auf die Invasion vorbereitete. Im April 1587 sorgte Drake mit einem englischen Flottenverband dafür, dass es in jenem Jahr nicht mehr zur spanischen Attacke kommen würde. Er überfiel die Hafenstadt Cadiz, zerstörte 24 der dort ankernden Schiffe und führte reichlich Beute heim. Die Wut auf Seiten Spaniens war immens, und in einem Pamphlet drohte man, niemanden, der älter als sieben Jahre sei, nach der Eroberung der Insel am Leben lassen.[1]

Zunächst ließ jemand anderes indes sein Leben. Am 9. Februar 1588 erlag der Befehlshaber der noch in Ausrüstung befindlichen Armada, Álvaro de Bazán, Marqués de Santa Cruz, einem als Schiffsfieber bezeichneten Leiden, bei dem es sich möglicherweise um Typhus handelte. Dass die Ärzte ihn über elf Tage immer wieder zur Ader ließen, trug vielleicht mit zum Heimgang des 62-jährigen bei. An seine Stelle berief der König Don Alonso Pérez de Guzmán, den Herzog von Medina Sidonia. Er war ein fähiger Administrator, aber kein Seemann und neigte, wie sich in der Folge zeigen sollte, nicht zu übertriebenem Aktivismus. Auch dieses Mal stand die spanische Flotte von Anfang an nicht im Bunde mit dem Wetter, denn im November 1587 fügte ein Orkan der in den Häfen vor sich hindümpelnden Armada schwere Schäden zu und machte mehr als einhundert Schiffe seeuntüchtig. Im März zog abermals ein Sturm über Spaniens Häfen und beschädigte einige Schiffe, die schließlich ohne Anker zum Kriegszug gegen England aufbrechen mussten. Nachdem das Gros der Flotte Ende Mai Lissabon verlassen hatte (Portugal war unter Philipp Teil des spanischen Imperiums), hielten ungünstige Winde die Armada immer wieder auf, und fünf Schiffe mussten beschädigt umkehren. Mit 129 Seglern war der Anblick der Armada dennoch wahrlich furchterregend – ein Gefühl, das die Aussichtsposten an der Küste von Cornwall überkommen haben mag, als die Flotte am 30. Juli 1588 am südwestlichsten Zipfel Englands, genannt The Lizzard, gesichtet wurde. Entlang der Küste war ein System von Leuchtfeuern installiert worden. Diese wurden jetzt gezündet und signalisierten in die Häfen der englischen Marine und weiter nach Plymouth, London und Windsor, zu der Regierung und der Königin, dass der Feind sich näherte.

Die Engländer konnten in den folgenden rund drei Wochen allerdings mehr Schiffe gegen den Feind ins Feld führen. Ihre rund 200 Schiffe waren zwar kleiner, hatten jedoch einen Vorteil: Sie waren wesentlich manövrierfähiger als die spanischen Galleonen und Galleassen. Außerdem waren die Engländer in der Lage, wesentlich besser feuern zu können – die Spanier hatten ihre Geschützdecks so mit Munition und Verpflegung vollgepackt, dass das Nachladen äußerst schwer war. Auch hatte man die Bedürfnisse für den Feldzug falsch berechnet: Zu viel Munition (einige der später im Sturm gestrandeten Schiffe waren noch bestens munitioniert) befand sich an Bord, aber bei weitem zu wenig Nahrung und Trinkwasser. Vor allem aber stand die strategische Planung des ganzen Unternehmens von Anfang an unter dem dunklen Stern der langsamen Kommunikation des Zeitalters. Eine direkte Koordination mit Alba und seiner Armee war nicht möglich. So kam es, dass die Invasionsstreitmacht sich überhaupt nicht in ihren Booten befand, als die Armada im Kanal ankerte. Schlimmer noch: Die niederländischen Rebellen blockierten mit kleinen, wendigen Booten den Hafen von Dünkirchen, von wo aus Alba übersetzen wollte. Die Invasion Englands würde ein frommer Wunsch bleiben – möglicherweise zur klammheimlichen Freude von Papst Sixtus V., der seinen Glaubensbruder Philipp zwar verbal unterstützte und den spanischen Soldaten und Matrosen Ablassbriefe für ihre sicher reichlich begangenen Sünden ausstellte, sich mit pekuniären Subsidien jedoch zurückhielt. Dem spanischen Diplomaten am Vatikan, der um die zunehmenden Geldnöte seines Königs wusste, versprach er schließlich eine Million Golddukaten. Allerdings unter der kleinen Bedingung, dass die Summe nur ausgezahlt würde, wenn spanische Truppen auf englischem Boden standen.

Dass Sixtus keine schlaflosen Nächte über einen solchen finanziellen Aderlass würde verbringen müssen, lag an der englischen Marine und am Spätsommerwetter des Jahres 1588 über Nordsee und Atlantik. Am 31. Juli 1588 kam es unweit von Plymouth zu einem ersten Seegefecht, bei dem keine Seite der anderen nennenswerten Schaden zufügen konnte. Die Spanier wurden weiterhin vom Pech verfolgt: Zwei ihrer Schiffe kollidierten und wurden aufgegeben. Francis Drake enterte nachts die verlassenen Schiffe und erbeutete nicht nur reichlich Pulver (an dem die Engländer knapp waren), sondern angeblich auch 50 000 Golddukaten: Von Panik erfasst hatte die spanische Besatzung diese schier unvorstellbare Summe zurückgelassen hatte, und eine Kiste mit juwelenbesetzten Schwertern. Sie waren von Philipp als Geschenke für die bedeutendsten katholischen Familien Englands gedacht gewesen, denen im künftigen Inglaterra wohl die Rolle von Satrapen, um nicht zu sagen von Quislingen, zukommen sollte.

Nach weiteren folgenlosen Gefechten sammelte sich die Armada vor Calais, wo die Engländer in der Nacht des 7. August 1588 (neuerer Zeitrechnung) den berühmtesten Angriff starteten: mit acht Feuerschiffen, die vom Wind in Richtung Armada getrieben wurden. Bei den Spaniern brach Panik aus. Zwar wurde keines ihrer Schiffe in Brand gesetzt, doch viele Kapitäne ließen die Ankertrosse kappen. Die klassische halbmondförmige Formation befand sich in Auflösung. Am nächsten Morgen konnte die Royal Navy die immer noch desorganisierten Spanier angreifen. Der englische Oberbefehlshaber Lord Howard of Effingham meldete an Sir Francis Walsingham, den Spionagechef Elizabeths, mit treffender Bildhaftigkeit: »Ihre Kräfte sind wundersam groß und stark, und dennoch rupfen wir ihnen die Federn, einer nach der anderen.«[2] Die äußerst beweglichen englischen Schiffe setzten der Armada massiv zu; zeitweise griffen siebzehn der kleineren Einheiten der Royal Navy die beiden rund 800 Tonnen großen *San Felipe* und *San Pedro* an. Auch das Flaggschiff Medina Sidonias, die *San Martin*, erhielt Treffer um Treffer. Es war nicht nur ein Kampf gegen den Feind, sondern auch gegen die Tücken der Untiefen, wie ein Mönch an Bord schrieb: »Den ganzen Tag haben wir mit unserem Bug dem Wetter getrotzt, um nicht auf Grund zu laufen, doch konnten wir so unsere Artillerie nicht wie gewünscht einsetzen.« Mit wenig christlicher Nächstenliebe fuhr er fort: »Einige der Männer auf unserem Schiff starben, aber sie waren nicht von Bedeutung. Es ist ein Wunder, dass dem Herzog nichts geschah.«[3]

In dieser Seeschlacht, die den Namen der flandrischen Küstenstadt Gravelines trägt, verloren die Spanier 5 Schiffe, zahlreiche andere wurden schwer beschädigt. Medina Sidonia gab einer Invasion Englands nun keine Chance mehr. Der Wind hatte gedreht, war er bislang – sehr zum Vorteil der Engländer – aus südwestlicher Richtung gekommen, wehte er jetzt aus Süden. Medina Sidonia berief einen Kriegsrat ein, bei dem man sich entschloss, nur dann in den Kanal zurückzukehren »… wenn das Wetter es zulässt. Wenn nicht, sollte man dem Wind folgen und über die Nordsee nach Spanien zurücksegeln. Man muss berücksichtigen, dass es der Armada am Notwendigsten fehlt, und dass Schiffe, die bis jetzt Widerstand geleistet hatten, schwer angeschlagen sind.« Es gab indes auch mahnende Stimmen wie jene eines Offiziers, wonach die Umrundung der britischen Inseln eine Reise von rund 4000 Kilometer »durch stürmische See, die uns weitgehend unbekannt ist« bis Erreichen von La Coruna bedeute.[4]

Die Warnung vor der stürmischen See sollte sich als realistisch erweisen. Nicht nur mussten die Schiffe durch regnerische Sturmböen segeln; als große Teile der Flotte bis zu den Hebriden abgetrieben wurden, hielten Winde aus Süden für ungefähr 15 Tage an, was ein Fortkommen der Schiffe in die geplante Richtung unmöglich machte. Es war ein Seeaufenthalt, den die Planer nicht erwartet hatten und für den bei weitem nicht genug Proviant an Bord war. Als es schließlich den Schiffen – die längst nicht mehr in einem geschlossenen Verband fuhren – gelang, Schottland und dann auch die Nordküste Irlands zu umsegeln, wurden sie von den nächsten, aus westlicher Richtung kommenden Stürmen getroffen. Es waren wiederholt ungewöhnlich ausgeprägte arktische Hochdruckgebiete, die das Wetter über Nordeuropa bis hinein nach Dänemark bestimmten. Dort nahm der berühmte Astronom Tycho Brahe Messungen vor und hinterließ Aufzeichnungen, welche die Angaben zum Wetter in den historischen Quellen im Verlauf der Armada-Exkursion bestätigen.[5]

Medina Sidonia schrieb am 21. August an Philipp und endete mit den geradezu seherischen Worten: »Gott gebe uns schönes Wetter, so dass wir die Häfen erreichen, denn davon hängt die Rettung dieser Armee und Marine ab.«[6] Stattdessen waren es Nebelbänke vor Schottland, dann neuerliche Regensturmböen, dann regelrechte Orkanböen, die der Armada harrten. Mindestens 27 Schiffe wurden an Klippen zerschlagen, liefen auf Sandbänke oder sanken. Die schlimmste Einzelkatastrophe erlitt die Galeasse *Girona*, die in County Antrim im heutigen Nordirland von einem Sturm auf zwei Felsformationen geschleudert wurde. Sie zerbrach in zwei Teile; von den rund tausend Mann an Bord (darunter 300 Sklaven) überlebten nur neun Personen. Mehr als zweihundert Besatzungsmitglieder ertranken, als die mit fast 1200 Tonnen für damalige Verhältnisse riesige *El Gran Cin* an der Küste von County Mayo sank. Am 25. September erlitten gleich drei Segler Schiffbruch, diesmal in Donegal Bay. Ein Überlebender erinnerte sich: »Eine riesige Sturmbö traf uns mit voller Breitseite; die Wellen erreichten den Himmel. Die Ankerseile konnten uns nicht halten, die Segel waren nutzlos, so dass wir mit allen drei Schiffen auf einen Strand mit sehr feinem Sand, umgeben von gigantischen Felsen, geworfen wurden.«[7] Der Sand mag »fein« gewesen sein, die Einheimischen waren es nicht: Rund 1000 gestrandete Spanier sollen in Irland umgebracht worden sein.

Medina Sidonia kehrte heim, nicht aber der Großteil seiner Besatzung. Am 21. September erreichte er Santander und schrieb seinem König betrübt: »Die Schwierigkeiten und die Qualen, die wir erlitten haben, entziehen sich der Beschreibung. Sie waren größer als alles, was Schiffe jemals auf einer Reise ertragen mussten. Auf einigen Schiffen gab es zwei Wochen lang keinen Tropfen Wasser zu trinken. Auf dem Flaggschiff sind 180 Männer umgekommen, drei der vier Lotsen an Bord sind gestorben und der gesamte Rest der Männer ist krank.«[8] Von den 129 Schiffen gingen mindestens 50 verloren. Die Zahl der durch Unwetter und Schiffbrüche – nicht aufgrund von Kampfhandlungen mit den Engländern – umgekommenen Spanier wird auf rund 5400 geschätzt. England verlor bei der Auseinandersetzung kein einziges Schiff (sieht man von den acht zu Brandern umgestalteten Fahrzeugen ab) und hatte rund 150 Tote zu beklagen. Was die königliche Kasse oder die Schiffsbesitzer für Reparaturen nach den Gefechten aufbringen mussten, lag unter jener Summe, die zuvor für die Instandsetzung zahlreicher Schiffe entrichtet werden musste. Der Sieg war total, und ließ Philipp klagen: »Ich schickte meine Flotte gegen Männer aus, nicht gegen den Wind und die Wellen.« Diese Einschätzung war auch auf Gedenkmünzen festgehalten, die in England (und in anderen protestantischen Ländern) geprägt wurden und die Aufschrift trugen: Flavit Jehova et dissipate sunt – Gott blies und zerstreute sie. Der Protestantische Wind, wie er bald genannt wurde, erwies sich bei zwei weiteren Versuchen Philipps, seine Flotte gen England zu schicken, als verlässlicher Verbündeter: Im Oktober 1596 zerstörte ein Orkan 30 Schiffe unweit der Küste von Galizien und zwang diese neue Armada zur Umkehr, kaum dass sie ausgelaufen war. Im Jahr darauf schaffte es eine spanische Flotte bis etwa 50 Kilometer vor die südwestliche Küste von Cornwall, als sich die jüngste Geschichte wiederholte: 29 Schiffe sanken in einem Sturm; auch diese Armada musste umkehren.

Mit dem Sieg über Philipps Armada 1588 und den weiteren Rückschlägen für die spanische Marine war der Weg für Englands Aufstieg zu einer die Meere dominierenden Groß- und später auch Weltmacht vorgezeichnet. Im nördlichen Teil der Neuen Welt würde man bald nach der Gründung der ersten dauerhaften englischen Kolonie, die man der »jungfräulichen Königin« Elizabeth zu Ehren Virginia nannte, Englisch sprechen. Es war jene Sprache, die in Dichtkunst und auf der Bühne noch während der Regierungszeit der Königin (sie starb 1603) eine Blüte erreichte und heute die unbestrittene Weltsprache ist. Wie nur wenige trug zu dieser Blüte der Mann mit der Feder bei, der den Naturgewalten danken konnte, als er in seinem »Sturm« dem König von

Neapel auf hoher See ein gnädigeres Schicksal zuteil werden ließ als den Tausenden an englischen und irischen Küsten umgekommenen spanischen Seeleuten:

Jetzt wollt' ich von Herzen gerne tausend Meilen See für eine Jauchart dürren Bodwen geben, Heidekraut, Genister, was man wollte – der Wille des Himmels geschehe! Doch wollt' ich lieber eines trocknen Todes sterben![9]

Beeindruckendes Schlachtgetümmel – doch die Stürme forderten der spanischen Armada mehr Opfer ab als die britischen Kriegsschiffe

»The coldest winter in memory ...«

Die verlorene Stadt Dunwich

Der Hinweis auf *the lost town of Dunwich* in Al Stewarts Tribut an den Winter 1709 gilt einer Stadt, die einst einem König als Residenz diente und dann Wetterkatastrophen zum Opfer fiel, bis nur noch ein zwar pittoreskes, aber bescheidenes Dorf zurück blieb. Das an der Küste von Suffolk gelegene Dunwich, mit seinen heute rund 800 Einwohnern war einst Hauptstadt des Königreiches East Anglia. Im 6. Jahrhundert gegründet, ging es anno 918 im Königreich England auf. Gegen Ende des 11. Jahrhunderts lebten rund 3000 Menschen in Dunwich, einer florierenden Hafenstadt, die in ihrer Glanzzeit fast so groß war wie das damalige London. Es waren zunächst mehrere Sturmfluten im 13. Jahrhundert, die dieser Blütezeit ein Ende setzten: Am 1. Januar 1286 wurden weite Teile der Stadt zerstört, im Februar und Dezember des darauf folgenden Jahres schlugen die Elemente erneut unbarmherzig zu. Eine Sturmflut, die als Zweite Marcellusflut in die Annalen einging, zerstörte am 16. Januar 1362, was inzwischen wieder aufgebaut worden war. Alle acht Kirchen von Dunwich wurden im 14. Jahrhundert ein Opfer der Sturmwellen und der Küstenerosion.

In den letzten Jahren sind mit den Methoden der modernen Unterwasserarchäologie Spuren des alten Dunwich im schlammigen Meeresgrund der Küste in drei bis zehn Metern Tiefe nachgewiesen worden. Zu den dabei entdeckten Grundmauern gehören auch die einer Kirche, der St. Katherine Church. Dunwich gilt als eine Art Menetekel – ein Hinweis auf das Unheil, das Küstenregionen in Zeiten klimatischer oder wetterbedingter Extreme drohen kann. Der Ort wird auch mit typisch britischer Ironie als »Englands Atlantis« bezeichnet.

In den späten 1970er und frühen 1980er Jahren war der schottische Sänger und Gitarrist Al Stewart ein Superstar der Pop- und Rockmusik, seine Hits wie »The Year of the Cat« und »Time Passages« wurden weltweit zu Ohrwürmern. Was den Folk-Rock-Musiker von anderen Künstlern der Ära unterschied, war sein offensichtliches Faible für Geschichte in seinen Lyrics. In »Year of the Cat« spielt der englische Flottenkommandant Lord Grenville eine Rolle, durch seinen »Palace of Versailles« zieht der Rauch von der Bastille, und »Ellis Island« ist eine Hymne auf jene Generationen, die in der Neuen Welt eine bessere Zukunft suchten. Stewart ist seinem Sujet treu geblieben und in jüngster Vergangenheit würdigte der rüstige Musiker in einem seiner Songs ein bemerkenswertes meteorologisches Ereignis:

> *The coldest winter in memory was 1709*
> *The sea froze off the coast of France all along the Neptune*
>   *line*
> *By the lost town of Dunwich the shore was washed away*
> *They say you hear the church bells still as they toll beneath*
>   *the waves*

Die Geschichte des »Coldest winter in memory« wird aus der Perspektive eines schwedischen Soldaten erzählt, der mit seinem König Karl XII. auf den Feldzug in die unendlichen Weiten Russlands zieht. Sie fallen (wie später zwei andere Invasoren, von denen noch die Rede sein wird) dem russischen Winter zum Opfer: *And the arms of winter took us as we fired against the wind.* Hier ist ein wenig dichterische Freiheit im Spiel: Natürlich litt auch die schwedische Armee unter den harschen Witterungsverhältnissen im schier unendlichen Feindesland, doch scheiterte Karl XII. letztlich eher an den unüberwindlichen logistischen Problemen, der russischen Übermacht und seiner eigenen Hybris. Die entscheidende Schlacht von Poltawa (in der heutigen Ukraine), mit der Schwedens Zeit als europäische Großmacht endete, fand denn auch keineswegs im Winter, sondern mitten im Hochsommer statt, am 8. Juli 1709.

Doch Stewart liegt ansonsten richtig, vor allem mit dem Titel der schönen Ballade. Für die Menschen zu dieser Zeit war der Winter zu Beginn des Jahres 1709 extrem kalt, bisher hatten nur wenig ähnlich strenge Winter Mitteleuropa heimgesucht. Im 20. Jahrhundert war der Februar 1956 ein Rekordwintermonat und – vielleicht einigen Lesern noch in Erinnerung – in den ersten Tagen des Jahres 1979 herrschten ebenfalls eisige Temperaturen. Der Temperatursturz um 25 Grad oder mehr in der Neujahrsnacht 1979, der weite Teile Deutschlands erfasste, ist nach den Forschungen von Wolfgang Rammacher in den letzten zwei Jahrhunderten wahrscheinlich unübertroffen.[1] Es kam damals zu einem »Doppelschlag«: Der ersten massiven Kaltluftfront folgte binnen sechs Wochen eine zweite, die vor allem in Norddeutschland mit ungewöhnlich ergiebigen Schneefällen einherging. Wer in seiner gut geheizten Wohnung die amerikanischen oder britischen Charts hörte, konnte sich hingegen an der neuen Single »Song on the radio« von Al Stewart erfreuen.

Im Gegensatz zu früheren extremen Wetterereignissen gab es im Winter 1708/09, als erneut extreme Wetterverhältnisse die Menschen bedrohten, schon so etwas wie eine *scientific community*, die Veränderungen nicht nur beobachtete und dokumentierte, sondern auch einzuordnen und zu quantifizieren versuchte. Mit Thermometern, die noch nicht aufeinander abgestimmt waren und noch keine einheitliche Skalierung (z. B. nach Celsius, Fahrenheit) aufwiesen, wurden Messungen vorgenommen, Journale machten die Besonderheiten (oder die Normalitäten) des Wetters öffentlich. Zu diesen Forschern gehörten auch der in Berlin lebende Astronom Gottfried Kirch und seine Frau Maria-Margaretha, Wilhelm Wilke aus Danzig, Albert Meyer aus Bremen, Professor Mentzer aus Hamburg, Georg Remus aus Halle und ein Doktorand des Mathematikprofessors Christian Wolff. Nicht immer waren ihre Instrumente, damals Wettergläser genannt, zuverlässig, wie eine Eintragung Maria-Margaretha Kirchs am 22. März 1709 zeigt, die bei Eintreten von Tauwetter feststellen musste, dass die vorausgegangene Jahrhundertkälte ihrem Gerät den Garaus gemacht hatte: »Es gefreuret nicht obschon unser Wetterglaß 16 zeiget. Es mag wol in der großen Kälte haben Schaden gelitten, weil es schon lange Zeit in der Mitten ein kleines Rißchen gehabt.« Die minutiöse Zusammentragung solcher Kommentare und der zahlreichen Messungen aus dem deutschen Sprachraum, den Niederlanden, Frankreich, England und von Beobachtern an anderen Orten verdanken wir Walter Lenke, der vor mehr als einem halben Jahrhundert die Dokumentation über den Winter von 1709 in der Reihe »Berichte des Deutschen Wetterdienstes« veröffentlicht hat.[2]

Lenke beschrieb das Gefühl, Zeuge von etwas Außergewöhnlichem zu sein, das die Beobachter in jenen Monaten beherrschte: »Bereits die damaligen Wissenschaftler haben erkannt, dass der Winter 1708/09 dadurch in der Geschichte der Meteorologie eine besondere Stellung einnimmt, weil an mehreren Orten – wenn auch unter den erwähnten Schwierigkeiten und Einschränkungen – das Ausmaß der Kälte erstmalig annähernd festgehalten wurde. Aus den … Schilderungen des Witterungsablaufs geht hervor, dass Beginn und Ende der Frostperioden verbreitet und mit wenigen Tagen Unterschied einsetzten. Das besondere Kennzeichen des Winters 1708/09 war ferner seine Ausdehnung über große Teile Europas. Die Vereisung der Ostsee begann schon im Dezember 1708. Später konnte man mit dem Schlitten von Kopenhagen bis Bornholm fahren. Es muss also fast die gesamte Ostsee mit Eis bedeckt gewesen sein. Der Bodensee war größtenteils zugefroren. Der Frost erfasste mit seinen extremen Auswirkungen auch Teile des Mittelmeerraumes, wo z. B. auf der Insel Korsika tausend Ölbäume erfroren.«[3]

Der Winter stellte sich früh ein. Am 15. Oktober 1708 wurden morgens in Berlin (umgerechnet) -4°C gemessen, fünf Tage später war es in Halle -7,5°C kalt. Der November war dann allerdings deutlich milder, in Berlin lagen die Tagesmittelwerte zwischen 8°C und 9°C, im niederländischen Delft waren sie mit bis zu 10 Grad noch ein wenig höher. Der Dezember begann wie bei anderen extremen Wintern der Neuzeit mit einer bereits recht kalten Witterung mit stürmischen westlichen Winden in weiten Teilen Deutschlands und einem Gemisch aus Regen und Schnee. Am 15. Dezember sank in Berlin und Halle das Thermometer auf -7°C; eine zeitgleiche Messung aus Zeitz von -19°C dürfte auf der relativen Unzuverlässigkeit damaliger Instrumente beruhen. Über Weihnachten wurden wieder Plusgrade erreicht, so

dass in Berlin »der wenige Schnee heut vollends weg ge-
tauet«.[4]

Am 4. Januar 1709 erreichte die erste massive arktische
Kaltluftfront Zentraleuropa. An diesem Tag wurden in Danzig −18°C gemessen, einen Tag später erlebte Berlin einen
Temperatursturz um rund 10 Grad, von −11,4°C auf −21°C. In
den ersten Tagen des Jahres noch regnerisch, wurde es in der
Nacht auf den 7. Januar in Frankfurt am Main so kalt, dass
»fast alle Bäume, insbesondere die Abricosen, Persich und
dergleichen Bäume erfrohren.«[5] Die Kaltluftwelle erreichte
in der Nacht auf den 7. Januar Montpellier in Frankreich
und am 8. Januar Portugal, wo die Mündung des Tejo für
einige Tage zugefroren gewesen sein soll. Auch Südosteuropa
blieb nicht verschont. Ein Tagebuchschreiber aus Siebenbür-
gen notierte, dass Reisende, die nicht rechtzeitig Unterkunft
fanden, auf freier Strecke erfroren und ganze Schafherden
auf den Feldern verendeten.

In Berlin maß der Astronom Kirch einen Rekordwert von
−21 Grad, der Wind nahm an Stärke zu und brachte Schnee
mit sich, ohne dass die Temperaturen wesentlich zurückgin-
gen. Seine Gattin Maria-Margaretha notierte am 10. Januar
in ihrem Tagebuch: »Sehr grausamer Frost. Früh Wetterglaß
nur 5 Grad *[keine Celsiusangabe!]*. Also haben wir es nie-
mals gehabt. Als wir noch in Guben gewohnet, ists einmal
8 Grad gewesen und das hieß heftig kalt. Diese Nacht ist uns
eine Henne erfrohren und dem Hahne war der Bart und der
Kamm erfroren. Es war Nachts heller Himmel, auch noch
diesen Morgen.«[6] Die Wetterglaswerte der Kirchs an diesem
Tag ergeben nach Umrechnung Temperaturen von −30 Grad
um 8 Uhr morgens und von −19 Grad in den frühen Abendstunden. In Frankreich sah es nicht viel besser aus: In Paris
fiel die Temperatur am 10. Januar auf −18°C und in Montpellier am nächsten Tag auf −15,5°C. Am 13. Januar erreichte Pa-

ris in den frühen Morgenstunden mit −21,3°C seinen tiefsten
Wert in diesem Winter. Sämtliche wichtigen Flüsse Frankreichs waren zugefroren, ebenso die Kanäle Venedigs und
der Sund zwischen Helsingör (Dänemark) und Hälsingborg
(Schweden). In Berlin, wo das Reglement des preußischen
Militärs von legendärer Rigidität war, zeigte man sich human und ließ die Wachen bereits nach einer Stunde und
nicht wie sonst nach zwei Stunden wechseln, da man Erfrierungen bei den Soldaten befürchtete.

In den nächsten Tagen fiel vielerorts reichlich Schnee bei
nur leichtem Temperaturanstieg; von Monatsmitte bis etwa
zum 24. Januar zog schon die nächste Kältewelle über den
Kontinent. In Stockholm kolportierte ein aufmerksamer
Zeitzeuge, dass der Speichel eines Mannes, der aus einem
Fenster im sechsten Stock spieh, bei der Ankunft auf dem
Boden gefroren in kleine Teile zersplitterte – was wohl ein
wenig übertrieben sein mag. In den letzten Tagen des Januar setzte Tauwetter ein, doch schon um den 6. Februar
hielt die nächste Frostperiode Einzug. Von Wien bis nach
Berlin, wo die Thermometer abermals auf etwa −15°C fielen,
musste man vergleichbare Temperaturen ertragen. Mitte
Februar glaubte man schon, das Schlimmste hinter sich zu
haben – es taute und zwar in einem Maße, dass einige Bäche
und Flüsse über die Ufer traten. Es war indes nur eine kurze
Atempause, schon am 17. Februar notierte Maria-Margaretha
Kirch: »So geschwind als es gantz auftauete, so geschwind
friehrt es auch wieder.«[7] Frost und eiskalte, den Schnee vor
sich hertreibende Winde gehöhrten weiterhin in vielen europäischen Städten zum alltäglichen Leben, und vielfach
war es auch ein Kampf ums Überleben. »Große Noth« sah
Maria-Margaretha Kirch noch um den 17. März, da kurz vor
dem kalendarischen Frühlingsbeginn in Berlin noch einmal
Minustemperaturen von 12 Grad herrschten. Am 19. März

fiel in der preußischen Hauptstadt noch einmal Schnee, der dann in Regen überging – man vermeinte, die erste Lerche gehört zu haben. Der allmähliche Temperaturanstieg reichte jedoch nicht aus, um die Straßen binnen kurzem eis- und schneefrei zu machen. In manchen Ostseehäfen war noch bis weit in den April hinein die Schifffahrt durch eine Eisdecke und Eisschollen behindert. Maria-Margaretha Kirch indes verspürte am 21. März 1709 das erhebende Gefühl, dass das Schlimmste überstanden war: »Gar ein lieblicher Tag, mit Wolcken und Sonnenschein. Es hat gar fein getaut, doch liegt noch Schnee und Eiß genug. Der Wind hat sich nun aus Westen gewendet, welcher bis daher stets nördlich und östlich gewesen.«[8] Es dauerte noch bis zum 30. April, bis in Berlin die ersten Bäume blühten.

Der Winter von 1709 war ein extremes Ereignis innerhalb der an Jahren mit Tiefsttemperaturen so reichen Kleinen Eiszeit. Für diese Wetterepisode werden die extrem geringe Sonnenfleckenaktivität zu dieser Zeit, dem so genannten *Maunder-Minimum,* und die Vulkaneruptionen in den Jahren 1707 und 1708 (darunter der Fujijama in Japan und Santorin im Mittelmeer) verantwortlich gemacht. Bei diesen Ausbrüchen wurden Unmengen von Staub, Schwefelverbindungen und anderes Material in die oberen Atmosphäreschichten geschleudert, ähnlich wie bei der Eruption des Mount Tambora, der 1816 ein »Jahr ohne Sommer« folgte. Wie dieses zog auch der Winter von 1709 Lebensmittelknappheit und Hungersnot sowie in deren Folgen soziale Unruhen nach sich. Flüchtlinge aus verelendeten ländlichen Regionen drängten in die Städte, wo die auf engem Raum zusammenlebenden, unterernährten Menschen wenig Widerstandskraft gegen die eingeschleppten Infektionen besaßen. Typhus und Grippe breiteten sich epidemisch aus. Allein in Frankreich wird die Zahl derer, die direkt oder indirekt durch den strengen Winter umkamen, auf mehr als eine halbe Million geschätzt. Am Hof des Sonnenkönigs zu Versailles erfror und verhungerte natürlich niemand. Die Beklemmung, die der von den Nöten der einfachen Menschen Welten entfernte Hochadel erlebte, erscheint vor dem Hintergrund eines solchen Massensterbens höchst banal, und so hält sich bei der Lektüre eines Briefes von Lieselotte von der Pfalz, der Herzogin von Orleans, aus dem gigantischen und schlecht zu heizenden Palast vom 10. Januar 1709 auch das Mitgefühl des heutigen Lebens wohl in Grenzen: »Es ist eine solche grimmige Kälte, dass es nicht auszusprechen ist. Ich sitze bei einem großen Feuer, habe einen Schirm vor den Türen, so zu sein, einen Zobel auf dem Hals, einen Bärensack auf den Füssen und allebenwohl zittere ich vor Kälte und kann kaum die Feder halten. Mein Tag des Lebens habe ich keinen solchen rauen Winter erlebt wie diesen; der Wein erfriert in den Bouteillen.«[9] Die alte Heimat der Autorin litt besonders in jenem Winter: Er gilt als Katalysator der großen Auswanderungswelle aus der Pfalz nach Großbritannien und Amerika in jenem Jahr.

Die Fortune des George Washington

Alljährlich feiern die Vereinigten Staaten von Amerika am 4. Juli ihren Independence Day, den Jahrestag der Unabhängigkeitserklärung an einem warmen Sommertag des Jahres 1776 im Pennsylvania State House, heute als Independence Hall ein Schrein amerikanischer Geschichte. Doch beinahe hätte es nichts zu feiern gegeben – und die Vereinigten Staaten würde es gar nicht geben. Denn nur wenige Wochen später, noch im gleichen Sommer, hatten es die Streitkräfte des britischen Königs in der Hand, die Rebellion ihrer bisherigen Kolonisten im Keim zu ersticken.

Die lange schwelenden Konflikte zwischen den dreizehn britischen Kolonien und der Regierung in London hatten sich im April 1775 in der ersten Schlacht des nun beginnenden Amerikanischen Unabhängigkeitskrieges bei Lexington und Concord unweit von Boston entladen. Die Kolonien, die Emissäre nach Philadelphia gesandt hatten, um das weitere Vorgehen in der Auseinandersetzung mit der Krone abzustimmen, ernannten die einzige Persönlichkeit aus ihrer Mitte mit nennenswerten militärischen Erfahrungen zum Oberkommandierenden der Kontinentalarmee, einer Streitmacht, die aus unerfahrenen Bürgerwehren (*militias*) und noch unerfahreneren Freiwilligen bestand. Es war der 43-jährige Pflanzer aus Virginia, George Washington.

Washington nahm den Auftrag an, wohl wissend, dass ihm wie all den anderen Gründervätern, darunter die späteren Präsidenten John Adams und Thomas Jefferson sowie der vielseitig begabte Benjamin Franklin, nicht nur der Verlust seines umfangreichen Vermögens, sondern auch der Strick drohte, wenn sie als »Rebellen« in die Hand der englischen Staatsmacht fallen sollten. Auf dieses durchaus mögliche Schicksal spielte Franklin mit seinem Bonmot an, bevor er seine Unterschrift unter die Unabhängigkeitserklärung setzte: *We must, indeed, all hang together, or most assuredly we shall all hang separately.*

Washington hatte mit Befriedigung den Abzug der britischen Truppen aus dem von ihm belagerten Boston, dem Schauplatz der ersten Kampfhandlungen, verfolgt und konnte sich ausrechnen, dass New York das nächste Ziel der Engländer unter dem Befehl des Brüderpaares General Sir William Howe (British Army) und Admiral Lord Richard Howe (Royal Navy) sein würde. Mit seinen rund 23 000 Mann, viele von ihnen untrainiert, nahm Washington eine Position am Ende der Insel Long Island im Gebiet Brooklyn Heights ein – damals ein Ort weit außerhalb der auf die südliche Hälfte von Manhattan beschränkten Stadt New York, heute eines der fünf *boroughs*, der Stadtbezirke der Metropole. Die bisherige Kolonialmacht setzte alles auf ihre massive militärische Stärke, um das erst sieben Wochen alte Unabhängigkeitsexperiment im Keim zu ersticken. Mehr als 70 Kriegs- und Transportschiffe tauchten am Horizont auf. Unter den 32 000 professionell ausgebildeten und bestens ausgerüsteten Soldaten unter Howes Kommando befanden sich auch 8000 Hessen, welche die dortigen Fürsten als Söldner gegen klingende Münze der britischen Regierung zur Verfügung gestellt hatten. Es braute sich etwas zusammen, das mit der passenden Natursymbolik einherging. Ein Major in Washingtons Armee beschrieb das fast apokalyptisch stimmende Gewitter, als die Amerikaner das weitere Vorgehen der Briten abwarteten: »In ein paar Minuten war der ganze Himmel so schwarz wie Tinte geworden, von Horizont bis Horizont schien er durch die Blitze in Flammen zu stehen. Diese Blitze fielen wie Feuerschlünde zur Erde und schlugen ohne Unterlass auf allen Seiten ein.«[1]

Als sich am anderen Tag die Gewitterwolken verzogen hatten, landeten britische und hessische Truppen auf Long Island. Washington hielt es zunächst für eine Ablenkung und rechnete mit einer gegnerischen Streitmacht in der Größenordnung von etwa 8000 Mann. Als General Howe am frühen Morgen des 27. August 1776 seinen Truppen den Befehl zum Angriff gab, erkannte Washington, wie sehr ihm der Gegner überlegen war – zahlenmäßig und professionell. Die Briten hatten eine kaum gesicherte Flanke der Amerikaner entdeckt und griffen hier an. Große Teile der Armee Washingtons versuchten sich zu retten, andere wie ein Regiment aus Maryland, die »Maryland 400«, opferten sich in einem an Leonidas bei den Thermopylen erinnernden »last stand«. Es war keineswegs ein Krieg unter Gentlemen. Vor allem die hessischen Soldaten verbreiteten Schrecken, als sie amerikanische Soldaten, die sich ergeben hatten, bajonettierten. »Wir waren ungemein geschockt«, so schrieb selbst ein englischer Offizier, »von den Massakern, welche die Hessen und die Highlander verübten, lange nachdem unser Sieg feststand.«[2]

Es war in der Tat ein überzeugender britischer Sieg, und Washingtons Armee stand nun vor der völligen Vernichtung, als sich die Gegner immer näher an die amerikanischen Verteidigungslinien auf Brooklyn Heights heranarbeiteten. Washington hatte in der Schlacht von Long Island einsehen müssen, dass ihm noch die Erfahrung fehlte, eine Streitmacht von rund 20 000 Mann zu führen – er lernte in der Folgezeit schnell –, und dass er an taktischem Geschick noch nicht mit Generälen wie Howe und Lord Cornwallis konkurrieren konnte. Doch in seinem Verständnis der strategischen und politischen Lage war er den gegnerischen wie den eigenen Generälen weit voraus. Die Briten standen vor der Aufgabe, ein, gemessen an europäischen Dimensionen, riesiges Gebiet, die 13 Ex-Kolonien vom späteren Maine im Norden (das damals noch zu Massachusetts gehörte) bis hinter Savannah in Georgia tief im Süden, zu unterwerfen. Washington sah deutlich, dass es ihnen nichts nützen würde, New York zu erobern – oder Philadelphia, die provisorische Hauptstadt (das gelang den Engländern im darauffolgenden Jahr). Oder Charleston in South Carolina. Oder Boston. Nein, Georg III. und die Seinen konnten den Unabhängigkeitskrieg nur gewinnen, wenn sie die Kontinentalarmee zerschlugen. Diese musste gerettet werden, wenn die junge, noch in keinerlei Weise organisierte Nation ihre ersten Monate überleben sollte.

Washington fasste den aus dieser Perspektive einzig möglichen Entschluss. Gegen vier Uhr nachmittags am 29. August bestellte er seine leitenden Offiziere zu einer Lagebesprechung in einem Wohnhaus in Brooklyn ein. In der kommenden Nacht, so seine Entscheidung, sollte man die verbleibenden Truppen mit Booten über den East River nach Manhattan evakuieren, dem einzigen möglichen Rückzugsweg, den die Briten noch offen gelassen hatten. Den Soldaten wurde befohlen, absolute Stille zu halten, in ihren Stellungen wurden Lagerfeuer entfacht, die den Eindruck von Normalität vortäuschen sollten. Die Amerikaner setzten jedes verfügbare Boot ein; manche waren durch die

Soldaten, ihre Pferde und ihre Ausrüstung so voll beladen, dass sie gefährlich tief im Wasser lagen.

Doch es ging bei weitem nicht so schnell voran wie geplant. Als die Sonne aufging und die Briten in Brooklyn bemerkten, dass sich große Teile der gegnerischen Armee abgesetzt hatten, befanden sich immer noch zahlreiche Angehörige der Kontinentalarmee ebenso wie ihr Befehlshaber in den Stellungen von Brooklyn. Doch mit dem Sonnenaufgang kam Nebel auf, so dicht, dass man nach den Worten von Washingtons »Geheimdienstchef« Major Benjamin Tallmadge »kaum einen Mann in sechs Yards Entfernung bemerken konnte.«[3]

Es war nicht der Nebel allein, der Washingtons Armee rettete, aber er spielte eine wichtige Rolle. Das Versäumnis der Engländer, den East River mit ihrer überlegenen Flotte zu blockieren, begünstigte die Evakuierung, bei der die Kontinentalarmee keinen einzigen Mann verlor, ebenso wie die Unaufmerksamkeit der britischen Soldaten, die in Sicht- und Hörweite der sich zurückziehenden Amerikaner in ihren Stellungen lagen. Doch ohne den Nebel hätten die jungen Vereinigten Staaten nicht nur einen Teil ihrer Streitkräfte verloren, sondern auch den Mann, der in der Folgezeit zur Verkörperung der neu geborenen Nation, zu ihrer unumstrittenen Führungspersönlichkeit werden sollte. Wie er es seinen Soldaten versprochen hatte, bestieg George Washington am Morgen des 30. August das letzte Boot. Als das Gefährt vom Ufer abgelegt hatte und gen Manhattan driftete, schlugen in seiner Nähe die ersten Kugeln im Wasser ein – die Briten hatten den Rückzug des Gegners schließlich bemerkt und feuerten in den Nebel hinein.

In den nächsten Wochen und Monaten blieb Rückzug die Strategie des George Washington. Er räumte mit seinen Truppen New York und wurde von den Briten quer durch

New Jersey verfolgt. Wo es zu Gefechten kam, siegten die Briten. Geradezu demütigend für die amerikanische Armee war die Gefangennahme eines ihrer erfahrensten Generäle, Charles Lee, den ein britisches Kommando in einer Taverne überraschte und der sich in Nachthemd und Pantoffeln ergeben musste. Mit seinen zunehmend demoralisierten Soldaten überquerte Washington den Delaware und ging auf der anderen Seite des Flusses, in Pennsylvania, in Stellung. Der Kongress verließ Philadelphia, dessen Einnahme durch die Briten bevorzustehen schien, in Richtung Baltimore. General Howe indes, der die Stadt Trenton, heute die Hauptstadt New Jerseys, eingenommen hatte, ließ einige Artilleriesalven über den Fluss feuern und zog sich dann in sein Winterquartier in New York City zurück. Zurück ließ er rund 1400 Mann hessische Truppen unter dem Kommando von Oberst Johann Gottlieb Rall.

Washington stand unter Zugzwang. Die Dienstzeiten zahlreicher seiner Soldaten endeten am 31. Dezember. Die Vereinigten Staaten benötigten dringend einen Sieg, einen Impuls, der Hoffnung für die Zukunft gab. Der große politische Schriftsteller Thomas Paine brachte in diesen Dezembertagen seine Pamphletsammlung *The Crisis* heraus, in dem der berühmte und auf die Situation bestens zutreffende Satz steht: *These are the times that try men's souls.* Washington fasste einen kühnen Entschluss, um die Seelen der Patrioten zu beglücken. Im Bewusstsein der Amerikaner ist seine Handlung besonders eng mit dem Wetter verbunden, vielleicht mehr als jedes andere gefeierte Ereignis der amerikanischen Geschichte. Dazu hat das berühmteste historische Bildnis der Nation beigetragen, das um 1850 von dem Deutsch-Amerikaner Emanuel Leutze geschaffene *Washington Crossing the Delaware*.

Nach einem kalten und sonnigen Weihnachtstag 1776

bestiegen die Amerikaner erneut flache Boote, die sie in der Nacht über einen Fluss bringen sollten – diesmal aber für einen Angriff. Rund 2400 Mann, dazu Pferde und Kanonen wurden nach Einbruch der Dunkelheit über den Eisschollen tragenden Delaware River und auf das nördliche Ufer, einige Kilometer von Trenton entfernt, übergesetzt. Die Passage, für die die Boote mehrfach hin- und zurück fahren mussten, wurde durch eisigen Schneeregen zu einer Pein für die oft dicht gedrängt in den Booten stehenden Männer. Gegen elf Uhr abends zog ein *Northeaster* auf, jener aus einem Tiefdruckgebiet vor der Atlantikküste resultierende Sturm aus nordöstlicher Richtung, der häufig den Nordosten der USA und Kanada mit seinen massiven Niederschlägen heimsucht. Der berühmteste dieser Stürme war der Great Blizzard of 1888, der im März jenes Jahres New York City unter Schneemassen versinken ließ. Die damals entstandenen Schwarz-Weiß-Fotografien werden in den USA heute noch gern bei Wetterkatastrophen erneut publiziert.

Ganz so schlimm war der weihnachtliche *Northeaster* über dem Delaware nicht, der zu rauem Wellengang führte und die voll beladenen Boote kräftig durchschüttelte. Doch viele Soldaten waren bei ihrer Ankunft auf dem Ufer New Jersey nicht nur durchgefroren, sondern bereits völlig erschöpft und demoralisiert – dabei lagen noch rund 15 Kilometer Fußmarsch bis Trenton vor ihnen. Der Weg dahin war gefroren und stellenweise glatt; an einer Passage fing George Washingtons Pferd an, einen Abhang hinabzugleiten, und der General musste all sein Geschick als Reiter aufbringen, um sich und sein Pferd vor einem Sturz zu bewahren. Doch der Sturm hatte auch sein Gutes: Er hielt die Hessen davon ab, Patrouillen auszusenden. Mag sein, dass es sich nur um eine Legende handelt, nach der die Deutschen ausgiebig Weihnachten gefeiert hatten und ihren Rausch an diesen frühen Morgenstunden des 26. Dezember 1776 ausschliefen. Gefangene hessische Offiziere gaben jedenfalls später an, dass sie die Amerikaner für völlig unfähig gehalten hatten, einen solchen Überraschungsangriff zu führen. Die Schlacht von Trenton (eher ein Scharmützel) dauerte kaum eine Stunde und der Blutzoll war, gemessen an zeitgenössischen und erst recht an späteren Kriegen, gering. Auf hessischer Seite fielen 22 Mann, darunter Oberst Rall; rund 900 Hessen gingen in Gefangenschaft (dem Rest gelang es, zu entkommen). Die Amerikaner hatten wahrscheinlich nur zwei Tote zu beklagen – durch Erfrieren, nicht durch Feindeinwirkung. Ein junger amerikanischer Leutnant erlitt durch eine Musketenkugel in der Schulter eine lebensgefährliche Blutung, doch er hatte das Glück, dass ein Militärchirurg in der Nähe war und sie rechtzeitig stillen konnte – der Leutnant namens James Monroe würde einst der fünfte Präsident der USA werden. Für die Moral der Vereinigten Staaten und, vielleicht noch wichtiger, für das Ansehen der »Rebellen« in Übersee und damit bei potenziellen Verbündeten wie Frankreich war der Sieg immens wichtig. »Es ist kaum zu glauben«, so schrieb der britische Historiker George Trevelyan, »wie eine so kleine Zahl von Männern, über eine so kurze Zeit eingesetzt einen größeren und dauerhafteren Effekt auf die Geschichte der Welt haben konnte«[4]

Es war nicht das letzte Mal, dass George Washington mit dem Wetter im Bunde schien. Als er am 30. April 1789 zum ersten Präsidenten der USA vereidigt wurde, war es kalt – doch die Sonne schien von einem blauen Himmel auf den »Vater der Nation«.

13. Juli 1788 bis 14. Juli 1789

Hagel – das Totenglöcklein
des Ancien Régime

Für das Europa der Aufklärung war Frankreich das Land
der Träume. Angehörige der aristokratischen und der bür-
gerlichen Oberschicht und Exponenten des Bildungsbürger-
tums in den von der Aufklärung beeinflussten und geprägten
Gesellschaften – vornehmlich im Westen und in der Mitte
des Kontinents, weniger im Süden –, denen die Lektüre der
französischen Autoren wie Rousseau, Montesquieu und des
unvergleichlichen Voltaires zugänglich war, konnten sich für
die fortschrittlichen Gedanken dieser Denker begeistern.
In den Schriften dieser Wegbereiter der Moderne, vor allem aber in der *Encyclopédie* von Denis Diderot, wehte ein
Geist, der häufig in Opposition zu den bestehenden Herr-
schaftsverhältnissen stand. Denn fast überall – abgesehen
von einigen wenigen Republiken wie zum Beispiel Genf, den
Niederlanden und einigen kleineren Territorien – herrschten
gekrönte Häupter, und mit ihnen Zensur und Repression.
Vereinzelt hatte dieser Geist der *philosophes* auch den einen
oder anderen Herrscher erreicht, wie den preußischen König
Friedrich II., der die Folter in seinem Land abschaffte und
verkündete »die Gazetten [dürften] nicht geniret werden« –
eine Art embryonaler Pressefreiheit, die freilich nur so lange
galt, wie sich die Presse an die Vorgaben des Hofes hielt.

Französisch war die Sprache der Gebildeten und der Herrschenden sowie der Diplomatie. Auf den Bühnen wurden französische Stücke aufgeführt, französische Mode war tonangebend. Das Herrschaftsgebaren und der Lebensstil der Bourbonen, zunächst Ludwigs XIV., des Sonnenkönigs, dann Ludwigs XV. und schließlich des 1774 auf den Thron gekommenen Ludwig XVI., waren für zahlreiche Fürsten Europas das Vorbild schlechthin. Man versuchte die verschwenderische Hofhaltung von Versailles zu imitieren, dessen Architektur und auch die Stadtplanung. Wer heute durch Karlsruhe geht, schreitet über Straßen, die sonnenstrahlförmig vom Schloss weg laufen. Markgraf Karl Wilhelm schuf sich hier 1715 sein Mini-Versailles.

Aber Frankreich war nicht nur Vorbild, sondern auch ein Schwergewicht im Konzert der europäischen Mächte. Die Niederlage im Siebenjährigen Krieg (1756–1763) hatte das Land seinen größten überseeischen Besitz, das heutige Kanada, gekostet. Doch auf dem europäischen Kontinent blieb es ein Machtfaktor, allein schon aufgrund seiner Demografie: Die Bevölkerung war von 18 Millionen im Jahr 1715 (als der Sonnenkönig das Zeitliche segnete) auf rund 28 Millionen im Jahr 1785 angestiegen. Ein Bevölkerungswachstum, wenngleich nicht in dieser Größenordnung, verzeichneten auch andere europäische Länder. Im 18. Jahrhundert blieben die ganz großen Seuchen aus, der Handel florierte und die Produktivität der Landwirtschaft konnte gesteigert werden. Die moderne Medizin erlebte eine frühe Blüte; vor allem durch die Prävention gegen Pocken, zunächst durch Inokulation (besser: »Variolation«), dem »Animpfen« mit echten Menschenpockenviren, gegen Ende des Jahrhunderts durch die von Edward Jenner propagierte Impfung mit Kuhpockenviren. Doch Frankreichs König Ludwig XV. nützten diese Neuerungen nichts, er stirbt 1774 an dieser, auch Blattern genannten Virusinfektion. Auch die Ernährung war abwechslungsreicher und besser geworden und führte bei den Zeitgenossen zu einem gestärkten Immunsystem. In Frankreich erhöhte sich der Fleischkonsum, der hundert Jahre zuvor fast ausschließlich der Oberschicht vorbehalten war. Noch entscheidender für das Bevölkerungswachstum und die höhere durchschnittliche Lebenserwartung der West- und Mitteleuropäer waren zwei weitere positive Entwicklungen. Die an sich nicht wenigen Kriege des Jahrhunderts wurden überwiegend zwischen den Heeren und den Flotten der Kontrahenten ausgefochten; Verheerungen ganzer Länder wie während des Dreißigjährigen Krieges blieben den Menschen weitgehend erspart. Und es kam zu keinen wirklich katastrophalen Hungersnöten. Allerdings barg der rasante Bevölkerungsanstieg auch Gefahren: Bei Ernteausfällen und Missernten konnten eine so große Anzahl an Menschen nicht mehr ausreichend versorgt werden – und Hunger sowie sein Vorbote, die Teuerung der Grundnahrungsmittel, würden wieder Einzug halten.

Die Statistiken lenken indes von den fundamentalen Problemen Frankreichs ab. Die soziale Kluft zwischen den oberen ein bis zwei Prozent und der Masse der Bevölkerung war tief, die Ungerechtigkeit der Klassengesellschaft des Ancien Régime himmelschreiend. Da die beiden ersten Stände – Adel und Klerus – keine Steuern zahlen mussten, trug die überwältigende Mehrheit der Bevölkerung, der dritte Stand – die Bürger und Bauern – die gesamte Steuerlast. Die Aristokraten und die Herren in den Talaren der Mutter Kirche wehrten über Jahrzehnte jeden Versuch von Reformpolitikern wie Anne Robert Turgot und Jacques Necker, dieses archaische System auch nur ein wenig zu verbessern, erfolgreich ab, was zu einer sich stetig steigernden Wut im Volk führte. Und der französische Staat brauchte

Geld, Geld, Geld. Die Monarchie war in geradezu astronomischem Ausmaß verschuldet, und das seit Jahrzehnten. Als 1783 Charles Alexandre de Calonne den Posten des Finanzministers – einen wahren Schleudersitz – übernahm, wurde er mit einem Staatshaushalt konfrontiert, in dem 60 Prozent der Gesamteinnahmen für den Schuldendienst aufgebracht werden mussten. Auch Calonne scheiterte an einer Reform; 1787 musste er gehen, da der schwache König Ludwig XVI. abermals kein Rückgrat hatte, um den Widerstand der Notablen, einem aus Adeligen bestehenden Gremium, zu überwinden. Ironischerweise war ein Teil der Schulden durch ein außenpolitisches Unternehmen Frankreichs entstanden, mit dem man einer republikanischen Staatsform zum Sieg über einen anderen Monarchen verholfen hatte: dem militärischen Engagement auf Seiten der amerikanischen (Ex-)Kolonisten gegen die britische Krone.

Auch die Bevölkerungsstruktur macht deutlich, vor welch gewaltigen Problemen Frankreich stand. Im Jahr 1789 waren rund 36 Prozent der Bevölkerung unter 20 Jahre alt; ein großes Segment, das Arbeit und Brot suchte. Und Letzteres war nicht nur das wichtigste Nahrungsmittel, sondern auch der Hauptposten im Budget einer normalen französischen Familie. In guten Zeiten gingen etwa 50 Prozent des Einkommens für Brot drauf, in Zeiten von Mangel und Teuerung sogar rund 80 Prozent. Zahlreiche junge, unzufriedene Menschen und ein wesentlich besser gebildetes Bürgertum als je zuvor in einer auf mehr als 600 000 Einwohner angewachsenen Metropole Paris waren eine explosive Mischung. In Paris hatten sich Lesezirkel und Debattierclubs gebildet, in denen freiheitliches, oft geradezu radikales Gedankengut die Runde machte. Im Mai 1789 ließ der zunehmend ratlose König die Generalstände einberufen, eine Versammlung, zu der jeder der drei Stände die gleich große Zahl, nämlich dreihundert, an Deputierten entsenden konnte – ungeachtet der Tatsache, dass der dritte Stand fast ganz Frankreich repräsentierte. Das Selbstbewusstsein vor allem des zu diesem Stand gehörenden Besitz- und Bildungsbürgertum war enorm gestiegen und kam in der Flugschrift »Was ist der Dritte Stand ?«, einem der einflussreichsten Pamphlete der Französischen Revolution aus der Feder des Abbé Sieyès, zum Ausdruck. Außerdem bestand die Möglichkeit, sich in *cahiers de doléances*, Beschwerdeheften, die Sorgen von der Seele zu schreiben. Der marxistische Historiker Francois Furet nannte es die größte Volksbefragung der modernen Geschichte.

Es gärte beträchtlich, und das nicht nur in Paris. In Grenoble kam es im Juni 1788 zu einem Aufstand; als Militär einrückte (welches nicht schießen durfte) wurden die Soldaten mit Dachziegeln beworfen – der »Tag der Ziegeln« war ein provinzielles Präludium zu den folgenschweren gewaltsamen Ausschreitungen, zu denen es mehr als ein Jahr darauf in Paris kommen sollte. Es war offensichtlich, dass das Ancien Régime 1788/1789 vor seiner Auflösung stand, eine Revolution welchen Verlaufs auch immer schien unvermeidlich. Das Wetter war zwar keine Ursache der Revolution, aber es war ein Katalysator, der Ereignisse mit auf den Weg brachte, die sonst möglicherweise in anderer Abfolge und in einem anderen Zeitrahmen stattgefunden hätten. Die französische Wirtschaft steckte ohnehin in einer Rezession, als ein extrem warmer Frühling und Frühsommer 1788 zu anhaltender Trockenheit führte. Exakt 100 Jahre zuvor hatte man im astronomischen Observatorium von Paris begonnen, Wetterdaten wie Temperatur und Niederschlagsmenge zu erheben; in den nächsten Jahrzehnten kamen Wetterstationen in anderen Landesteilen hinzu. Dadurch ist dokumentiert, dass beispielsweise im April 1788 in Paris die

Gesamtniederschlagsmenge bei nur 12 mm lag; im gleichen Monat des Jahres zuvor waren es 67 mm gewesen. Ähnlich sah es in Montdidier an der Somme aus: 23 mm gegenüber 52 mm im Jahr 1787. In Laon an der Aisne gingen im April 1788 nur 23 mm Regen nieder (1787: 78), im Mai waren es 34 mm (1787: 83). Zu den geringen Niederschlägen kamen ungewöhnlich hohe Temperaturen. In Lille war es im April und Mai im Schnitt um 2 Grad Celsius wärmer als im Durchschnitt der Jahre 1783–1789, im Juni lag die Temperatur ein Grad über dem Durchschnitt. Während der Frühling im elsässischen Haguenau normal oder gar ein wenig kälter war als in den Beobachtungsjahren 1780–1791, lagen in Montdidier die Temperaturen deutlich über der Norm: um 1,1 Grad im April, um 2,2 Grad im Mai und um 1,8 Grad im Juni 1788.

Diese Dürre war nicht das einzige klimatische Ereignis, das die Versorgungslage der Bevölkerung gefährdete. Am 13. Juli 1788 – exakt ein Jahr und einen Tag vor dem Sturm auf die Bastille – zog ein Hagelunwetter über weite Teile Frankreichs hinweg, wie es die Zeitgenossen noch nicht erlebt hatten. Getreidefelder wurden vernichtet, Weinreben und alle Arten von Früchten wie die grünen Äpfel, aus denen Calvados hergestellt wird, sowie Orangen und Oliven zerstört. Der englische Botschafter Lord Dorset verfasste vier Tage später einen Bericht an seinen Außenminister, in dem er den Umfang einiger Hagel »Körner« mit rund 40 Zentimeter beschreibt. Sollte dies auch nur annähernd stimmen, wundert es nicht, dass mancherorts das Geflügel auf den Höfen erschlagen wurde. Lord Dorset schrieb unter anderem: »Die Umgebung von Paris erlebte einen Sturm mit Donner, Blitz und Hagel am letzten Sonntagmorgen von einer ganz ungewöhnlichen Gewalt. Um 9 Uhr an diesem Morgen war der Himmel über Paris völlig dunkel;

die Sturmwolken haben sich bald verzogen, um in anderen Teilen des Landes ihre Kraft auszuüben. Die Beschreibungen aus diesen Gegenden geben einen melancholischen Eindruck von der Wirkung des Hurrikans. Seine Majestät war auf der Rückkehr nach Versailles (am Tag zuvor war auf dem Lande zur Jagd unterwegs) gezwungen, in einem Farmhaus Schutz zu suchen. Die Hagelsteine waren von einer Größe und einem Gewicht, wie sie dieses Land noch nicht gesehen hat. Einige waren 16 Inches vom Umfang her, es sollen an manchen Stellen sogar noch größere gefunden worden sein. Nicht weit von St. Germain hat man zwei Männer tot auf der Straße gefunden sowie ein so schwer verletztes Pferd, das man aus Mitleid getötet hat, um es aus seinem Elend zu erlösen. Einige der größten Bäume waren an ihren Wurzeln aus dem Boden gerissen, alles Getreide und aller Wein sind zerstört; die Fenster sind zerschlagen und manch ein Haus zerstört worden. Im Umkreis von 30 Meilen ist alles zur Ödnis geworden und man kann mit Gewissheit sagen, dass 400 bis 500 Dörfer so in Mitleidenschaft gezogen worden sind, dass die Einwohner umkommen werden, wenn nicht schnelle Hilfe von der Regierung kommt. Die unglücklichen Opfer haben nicht nur die Ernte dieses Jahres verloren, sondern auch die der nächsten drei bis vier Jahre.«[1]

Dem Hagel folgte eine erneute Dürre und schließlich ein Winter, der kälter war als alles, was die Menschen seit dem Rekordwinter von 1709 erlebt hatten. An gefrorenen Flüssen konnten die Mühlen das ohnehin wenige Getreide nicht mehr mahlen; der Transport von Lebensmitteln mit Flussschiffen kam zum Erliegen. Die Regierung versuchte mit Getreidelieferungen zu helfen, was vielerorts an der kollabierten Infrastruktur scheiterte. Der spätere Revolutionär Mirabeau beobachtete: »Alle Plagen sind hereingebrochen. Überall fand ich Erfrorene und Verhungerte vor, denn es mangelt trotz Weizen an Mehl, weil alle Mühlen eingefroren sind.«[2]

Der Brotpreis stieg auf den höchsten Wert des Jahrhunderts, das Grundnahrungsmittel verschlang nun 88 Prozent des Normalerwerbs – ein unhaltsamer Zustand. »Am Vorabend der Revolution«, so der Historiker Georges Lefebvre, »war Hunger der große Feind der Mehrheit der Franzosen.«[3] Und sein Kollege Alfred Cobban diagnostizierte: »Die schlimmste Zeit nach einer schlechten Ernte war stets der frühe nächste Sommer, wenn die Erträge der vorherigen Ernte aufgebraucht sind und die neue Ernte noch nicht eingefahren ist.«[4] Ein solcher früher Sommertag würde der 14. Juli 1789, der heutige Nationalfeiertag eines republikanischen Frankreich, sein – die Götterdämmerung der Monarchie.

27./28. Juli 1794

»Regen ist konterrevolutionär!«

Die Französische Revolution, die mit dem Sturm auf die
Bastille am 14. Juni 1789 begann, ist eine der ganz entscheidenden Wendemarken der europäischen Geschichte. Sie
mündete in den Sturz eines feudalabsolutistischen Regimes,
das zu drückenden sozialen Missständen und aufgrund seiner völligen Reformunfähigkeit zu einer ausufernden Fi-
nanz- und Staatskrise geführt hatte. Für viele vom Geist der
Aufklärung beseelte Beobachter in Europa war die Revolution ein Freiheitsfanal – zumindest in ihrer ersten Phase. Die
Erklärung der Menschenrechte am 26. August 1789 und die
Schaffung einer Konstitution durch die Nationalversammlung mit einem Wahlrecht für Männer, die mindestens
3 Livres Steuern bezahlten (was ungefähr dem Tagesver-
dienst eines Vorarbeiters entsprach), waren Sternstunden
der Französischen Revolution.

Zum Symbol der großen Umwälzung wurde indes nicht
die in Stein gemeißelten oder auf Pergamentbögen gedruckten *Droits de l'homme et du citoyen*, sondern etwas anderes:
die Guillotine. Die Tötungsmaschine arbeitete auf der Place
de la Revolution in Paris und in den Provinzen in immer höherer Taktung, je mehr sich die Revolution radikalisierte und
je größer die Paranoia unter den Revolutionsführern wurde.

Dem ehemaligen König Ludwig XVI. wurde am 21. Januar 1793 mit dieser Erfindung des Arztes Joseph-Ignace Guillotin der Kopf vom Körper getrennt wurde – eine Konstruktion, die das Töten humanisieren sollte und über die der gute Doktor sagte: »Die Guillotine ist eine Maschine, die den Kopf im Handumdrehen entfernt und das Opfer nichts anderes spüren lässt als ein Gefühl erfrischender Kühle.« Dann fraß die Revolution ihre eigenen Kinder. Zunächst wurden die gemäßigten Girondisten entmachtet, viele von ihnen hingerichtet, und bald war niemand mehr vor der Verfolgung sicher. Es begann *la Terreur*, die Schreckensherrschaft. Von Juni 1793 bis zu den letzten heißen Julitagen des Jahres 1794 fuhren die Karren mit den zum Tode Verurteilten immer häufiger, immer dichter besetzt zur Richtstätte. Paris war der bekannteste Schauplatz des Terrors, doch in manchen Provinzstädten wüteten die Jakobiner, die das Heft in die Hand genommen hatten, noch erbarmungsloser. In Lyon wurden mehr als 2000 Menschen hingerichtet; in Nantes wurden unter der Leitung des fanatischen und offenbar auch sadistischen Jean-Baptiste Carrier Tausende von »Volksfeinden« von speziell zu diesem Zweck konstruierten Booten in der Loire ertränkt. Den Massenmord – die Schätzungen schwanken zwischen 5000 und mehr als 15000 Toten – nannte Carrier zynisch »republikanische Taufe«. In der Provinz Vendée kamen bei einem Aufstand gegen die Revolutionsregierung und dessen Niederschlagung wahrscheinlich mehr als 200000 Menschen um.

Doch es war Paris, auf das die Welt blickte – radikale Sympathisanten mit Bewunderung, andere Beobachter mit zunehmender Abscheu. Der Mann, der die Hinrichtungen für das Überleben der inzwischen mit mehreren europäischen Staaten im Krieg befindlichen Republik als notwendig betrachtete, gar als Ausdruck republikanischer Tugend rechtfertigte, gewann immer mehr an Einfluss: Maximilien Marie Isidore de Robespierre. Während der Schreckensherrschaft übernahm er die Macht und wurde zu deren Symbolfigur.

Robespierre, Anwalt aus Arras, war Mitglied der Generalstände gewesen, die Ludwig XVI. wenige Wochen vor Ausbruch der Revolution einberufen hatte. Robespierre, der der radikalen Gruppierung der Jakobiner (benannt nach einem frühen Tagungsort, dem Kloster Saint-Jacques) angehörte, wurde in die Nationalversammlung und ab 1792 in den Nationalkonvent gewählt. Seine Rhetorik war kühl und messerscharf, »Tugend« war sein Lieblingswort, und mit seiner untadeligen Lebens- und Amtsführung hatte er sich den Beinamen »der Unbestechliche« erworben. »Der Erbarmungslose« hätte ebensogut gepasst. Ab Juli 1793 gehörte er dem zwölfköpfigen Wohlfahrtsausschuss an, zu dessen führendem Repräsentanten er schnell aufstieg. Robespierre sah die Revolution durch äußere, vor allem aber durch innere Feinde bedroht. Sein Allheilmittel war die Guillotine. Als am 5. April 1794 die neben Robespierre wohl charismatischste Gestalt dieser Revolutionsphase, Georges Jacques Danton, zusammen mit seinen Anhängern das Gerüst besteigen musste, auf dem die Guillotine wartete, wurde deutlich, dass nun auch die überzeugtesten Revolutionäre nicht mehr sicher sein konnten. Als hätte es dafür noch eines Beweises bedurft, erließ der Wohlfahrtsausschuss das Prairial-Dekret. Benannt nach einem Monat des von den Revolutionären umgestalteten Kalenders, wurden Verhaftungen und schnellstmögliche Hinrichtungen weiter erleichtert und das Recht auf einen Anwalt aufgehoben. Die einfache Anklage als »Volksfeind« reichte nun bereits aus, um den Gang zur Guillotine anzutreten. In Paris ging nun die nackte Angst um. Dem Prairial-Dekret war eine Lebensdauer von sieben

Wochen beschieden – genau wie seinem Schöpfer, Maximilien Robespierre. In diesen Wochen wurden mehr als 1300 Menschen guillotiniert, fast so viele wie in den vorausgegangenen fünfzehn Monaten.

Am 26. Juli 1794 hielt Robespierre, den eine Aura eiskalter Unangreifbarkeit umgab, eine zweistündige Rede vor dem Nationalkonvent, die zahlreichen Deputierten das Blut in den Adern gefrieren ließ. Der Unbestechliche verkündete, Verräter seien überall, auch in dieser Versammlung am Werke und würden bald ihrer gerechten Strafe zugeführt werden. Drohend deutete er die Existenz einer geheimen Liste an – einer Liste, auf der sich ein jeder seiner Zuhörer wiederfinden konnte. Einige der Männer beschlossen, ihrer eigenen möglichen Hinrichtung zuvorzukommen, und planten den Sturz Robespierres. Im Revolutionskalender war es der Sommermonat Thermidor, und am Neunten dieses Monats, dem 27. Juli, entschlossen sie sich, zu handeln. Als Robespierres engster Vertrauter, Antoine de Saint-Just, im Konvent ans Rednerpult trat, wurde er von Zwischenrufen unterbrochen und vom Podium gedrängt. Robespierre, gesundheitlich nicht in bester Verfassung, wollte das Wort ergreifen, doch seine Stimme brach – was Zurufe auslöste, der Tugendhafte ersticke gerade am Blut Dantons. Dann erhob sich ein Abgeordneter, der bislang nicht durch Heldenmut aufgefallen war, und beantragte die Verhaftung Robespierres. Die überwältigende Mehrheit stimmte zu; Robespierre soll leichenblass geworden sein.

Der Beschluss wurde jedoch nicht umgesetzt. Robespierre war nach kurzer Festnahme schnell wieder auf freiem Fuß und bestimmte in den nächsten Stunden nach wie vor sein eigenes Schicksal. Die Gründe dafür sind nicht ganz klar. Am Abend dieses neunten Thermidor befand sich der Unbestechliche mit seinen Getreuen jedenfalls im Hotel de

Ville, dem Rathaus von Paris. Aus den einzelnen Stadtbezirken kamen Mitglieder der jeweiligen *commune*, zum Teil bewaffnet, zum Rathaus. Die meisten dieser Aktivisten waren normalerweise eine verlässliche Stütze Robespierres. Es kam zu einzelnen Ausschreitungen, Geschäfte wurden geplündert. Robespierre hatte sich, ähnlich wie der radikale Vordenker der Revolution, der 1793 ermordete Jean Paul Marat, stets meisterhaft dieses Mobs bedient. Sie warteten auf eine flammende Rede ihres Idols, die sie zweifellos zum Sturm auf den Konvent und zum Schlag gegen die Verschwörer, die Thermidorianer, bewogen hätte. Doch an diesem heißen und schwülen Tag war Robespierre nicht in Bestform. Zeugen hatten beobachtet, dass er sich ein Taschentuch vor das Gesicht hielt, als er nachmittags im Hotel de Ville eingetroffen war. Die drückende Hitze schien ihm zugesetzt zu haben, vielleicht war er auch krank. So kam es, dass er an diesem Abend zögerte, nicht ans Fenster trat und keine flammenden Worte fand. Die Menge wurde unruhig – nicht nur, weil sich Enttäuschung über Robespierres Zögern breitmachte, sondern auch weil die Nachricht die Runde machte, der Nationalkonvent habe Robespierre und die Seinen zu Gesetzlosen erklärt, auf die nun das Prairial-Dekret angewendet werden konnte. Außerdem hatten sich die Führungskräfte zahlreicher Stadtteile hinter den Konvent und die Thermidorianer gestellt. Dann trat etwas ein, was die unruhige, unentschlossene Menge auseinandertrieb. Die tagelange Sommerhitze mit ihrer hohen Luftfeuchtigkeit entlud sich kurz nach Mitternacht, als der zehnte Thermidor, der 28. Juli 1794, angebrochen war, in einem außergewöhnlich heftigen Gewitter. Binnen weniger Minuten rann das Wasser sturzbachartig durch die alles andere als sauberen Gassen von Paris. Was immer an revolutionärem Enthusiasmus in der Menge gärte – dieses Feuer wurde von den Wassermassen schnell gelöscht. Sie liefen auseinander, um Schutz vor dem Unwetter zu suchen.

Es donnerte und regnete mehr als eine Stunde lang. Als Robespierre gegen zwei Uhr nachts aus dem Rathausfenster blickte, fand er die Place de Greves, den Rathausplatz, menschenleer vor. Er hatte seine letzte Chance verpasst. Der von ihm begonnene Aufruf an die Kommunen wurde nie vollendet. Von seiner Unterschrift finden sich nur die Buchstaben »Ro« – und Blutflecken, die wahrscheinlich von ihm selbst stammen. Der genaue Ablauf der Ereignisse ist unklar, als konventtreue Gendarmen und Soldaten unter dem Kommando von Paul Barras (der als Präsident des Direktoriums Frankreich de facto in den Jahren 1795 bis 1799 regieren würde) in das Zimmer stürmten. Einige Historiker vermuten, Robespierre habe Selbstmord zu begehen versucht; anderen Darstellungen zufolge feuerte ein Gendarm namens Méda oder Merda aus kürzester Entfernung auf ihn. Unstrittig ist, dass ihm eine Pistolenkugel den linken Unterkiefer zerfetzte. Notdürftig verbunden wurde der einst so Mächtige auf einer Holzplanke in einen Raum des Sicherheitsausschusses transportiert. Am nächsten Tag wurde im Konvent unter allgemeinem Jubel verkündet, der Verräter Robespierre werde zum Place de la Revolution gebracht.

Am Nachmittag des 28. Juli wurden Robespierre, sein Bruder Augustin, Saint-Just und etwa zwanzig Gleichgesinnte einer Zuschauermenge von rund 8000 Menschen auf der Richtstätte vorgeführt. Der kraftlose Robespierre wurde auf das Gerüst getragen. Als ihm ein Henkersknecht grob den Verband abriss, stieß Robespierre einen grässlichen Schmerzensschrei aus. Es war seine letzte öffentliche Äußerung. Der Kopf des Unbestechlichen fiel in den Korb, wie es das Schicksal so vieler gewesen war. Der Terror hörte binnen Kurzem auf – nachdem er allerdings über die nächsten Tage und Wochen noch zahlreiche Jakobiner verschlungen hatte. Einer der letzten, der von der »Klinge des Volkes rasiert wurde«, der »durchs republikanische Fenster schaute« (eine damals gebräuchliche Formulierung für das Ende unter der Guillotine) war Jean-Baptiste Carrier, der Massenmörder von Nantes, der am 16. Dezember 1794 hingerichtet wurde.

Der wohl bekannteste Überlebenskünstler jener bewegten Jahre war Charles Maurice de Talleyrand-Périgord, der vier Systemen in hohen Positionen diente: dem Ancien Régime, der Revolution, Napoleon und dem 1814 wiedererrichteten Königtum. Der wetterwendische Diplomat und Politiker, den Napoleon nach Talleyrands acht Amtsjahren als sein Außenminister wenig charmant als ein Stück Scheiße in seidenen Strümpfen bezeichnete, urteilte über die Nachtstunde vom neunten auf den zehnten Thermidor kurz und bündig: »Regen ist konterrevolutionär!«

Gefangennahme Robespierres

Die festgefrorene Flotte

Die Schlacht bei Trafalgar im Oktober 1805 gilt als das bedeutendste Seegefecht im Zeitalter der Segelschiffe. Während sich die Armadaschlacht von 1588 über mehrere Tage hinwegzog, kam es bei dieser militärischen Auseinandersetzung binnen weniger Stunden zu einer richtungsweisenden Entscheidung. Bei Trafalgar wurde Englands Seeherrschaft kraftvoll untermauert und Napoleons Expansionsstreben auf das europäische Festland eingeschränkt. Admiral Lord Neslon bezahlte diesen Sieg allerdings mit seinem Leben.

Gut zehn Jahre zuvor hatte Frankreich indes gegen einen potenziellen maritimen Rivalen eine Entscheidung erzwungen, die in der Geschichte der Auseinandersetzungen zur See einzigartig ist. Dass offenbar kein Blut dabei floss, lässt die *bataille* in der Nachbetrachtung geradezu sympathisch erscheinen. Wirklich einmalig war indes das Aufeinandertreffen einer Seestreitmacht mit einer Kavallerieeinheit, das mit dem totalen Triumph der Reitertruppe endete.

»La Hollande est maintenant solide«, schrieb der niederländische Patriot Herman Willem Daendels an den General Jean-Charles Pichegru, den Kommandanten der Rheinarmee des revolutionären Frankreich. Als »Patrioten« galten in den Niederlanden Angehörige jener politischen Gruppierung, die sich in der nun untergehenden Republik (den Generalstaaten) demokratische Reformen erhofften, die das überkommene Regime der Stadthalter in die Schranken weisen sollten. Eine Revolte der Patrioten gegen das Haus Oranien wurde 1787 von einmarschierenden preußischen Truppen erstickt. Es war kein Wunder, dass zahlreiche Patrioten mit Bewunderung nach Frankreich blickten, das sich seiner überkommenen Ordnung in einer großen Revolution entledigte, die es ab 1792 mit zunehmendem Eifer zu exportieren suchte. Zahlreiche Patrioten wie Herman Daendels, der auf französischer Seite bei der Schlacht von Valmy am 20. September 1792 mitfocht, flohen nach Frankreich und schlossen sich der Revolution an. Es war diese Schlacht, von der Goethe, der im Stab des Herzogs von Sachsen-Weimar mitreiste, schwärmte: »Von hier und heute geht eine neue Epoche der Weltgeschichte aus, und ihr könnt sagen, ihr seid dabeigewesen.«

Im Winter 1794/95 kehrte Daendels als General der Rheinarmee unter Pichegru in sein Heimatland zurück, in der Hoffnung, dass dort mit Hilfe französischer Waffen ein neues Zeitalter anbrechen würde. In einem der kältesten Winter der ohnehin von tiefen Temperaturen beherrschten Kleinen Eiszeit fand Daendels seine Heimat *solide* zugefroren vor. Der Frost beraubte die Niederländer, die zusammen mit den verbündeten Briten, Preußen und Österreichern den Vormarsch der Franzosen gen Norden aufzuhalten versuchten, ihrer natürlichen Verteidigungslinien. Flüsse, Kanäle, Seen waren alle zugefroren und konnten vom Tross der Revolutionsarmee mühelos überquert werden. Die Briten hatten bei ihrem Rückzug, wo immer möglich, die Brücken niedergebrannt. Mit der Hilfe von Mutter Natur in Gestalt eines weiteren Rekordwinters in dem an diesen so reichen 18. Jahrhundert drangen die revolutionären Infanteristen, die Kavallerie und die Artillerie unter der Trikolore weiter voran.

Selbst die Waal, der größte Arm des sich zu einem Delta aufspaltenden Rheins, war zugefroren und nun kein Hindernis mehr. Am 10. Januar überquerten Pichegrus Truppen den Fluss bei der Stadt Zaltbommel; fünf Tage später beschlossen Preußen und Briten den Rückzug aus den Niederlanden, die ganz offensichtlich nicht länger zu halten waren. Die widrigen Temperaturen konnten das revolutionäre Feuer der Patrioten in Amsterdam nicht bremsen: Sie erhoben sich und riefen am 19. Januar im festen Glauben, in wenigen Tagen französische Truppen und Exilpatrioten in der Metropole begrüßen zu können, die Batavische Republik aus; am Tag darauf marschierten die Franzosen ein. Die Generalstaaten, die Republik der Niederlande, die seit 1581 existierte und im 17. Jahrhundert ihr Goldenes Zeitalter in Kunst und Handel erlebt hatte, war nun Geschichte. Die Batavische Republik würde sich eng an ihr Vorbild, die Republik Frankreich mit seinem Direktorium, anlehnen.

Ein Machtmittel der untergegangen Republik existierte indes noch: ihre Flotte. Zwar waren die Niederlande nicht länger eine große Seemacht wie im 17. Jahrhundert, als man mehrfach Britannien erfolgreich die Stirn geboten hatte, doch mit ihren 14 »Linienschiffen« mit nicht weniger als 850 Geschützen stellten sie immer noch eine beeindruckende Macht dar. Das die Meere beherrschende England wollte sie auf keinen Fall in die Hände des Feindes fallen lassen und hätte die Kolosse gern in seinen eigenen sicheren Häfen gesehen. Die Flotte lag vor Den Helder, unweit der Insel Texel. Auslaufen konnte sie jedoch nicht: Die Schiffe saßen in dick gefrorenem Eis fest. Pichegru sah eine unerwartete Chance – und ergriff sie. Er befahl einem seiner Generäle, mit seinem Husarenregiment umgehend zu dem

Küstenort aufzubrechen. Dieser Befehlshaber kannte die Gegend bestens: Er war Niederländer und in Kampen geboren, jener Stadt am Ijsselmeer, in der Hendrick Avercamp einst seine Winterlandschaften gemalt hatte. Und der General hatte für diesen Feldzug den denkbar passenden Namen: Jan Willem de Winter.

Zusammen mit dem aus Mons im heutigen Belgien stammenden Oberstleutnant Louis Joseph Lahure, mit 780 Infanteristen, 128 Husaren und vier kleinen Kanonen unternahm de Winter den Gewaltmarsch gen Norden. In der Nacht vom 22. auf den 23. Januar 1795 lagerten die Soldaten am Ufer der Marsdiep genannten Meerenge zwischen Texel und Den Helder. Trotz der bitter kalten Nachttemperaturen durften die Soldaten bei ihrem Biwak kein Feuer machen, denn es sollte ein Überraschungsangriff werden. Weder de Winter noch Lahure wussten, dass bei der Flotte in jener Nacht fast zeitgleich die Nachricht vom Umsturz in Amsterdam und die Weisung der neuen Regierung, sich den einmarschierenden Franzosen nicht zu widersetzen, eintrafen.

Von Nebelbänken unsichtbar gemacht, auf Pferden mit zur Lärmvermeidung umhüllten Hufen, drangen Lahure und seine Truppen am 23. Januar über das Eis vor – behutsam zunächst, da niemand sicher sein konnte, dass es die Last tragen würde. Die Szene muss einzigartig gewesen sein: wie die niederländische Admiralität auf die Husaren in ihren prächtigen Uniformen hinab blickten, deren Pferde sich ein wenig unsicher den im Eis eingeschlossenen Linienschiffen näherten. Der Legende nach soll der kommandierende Admiral Lahure auf sein Flaggschiff zur Tafel eingeladen haben, damit man bei Speis und Trank die Lage erörtern könne.

Die niederländische Flotte wurde kampflos übergeben. Lahure, der einige Jahre später zum Baron de L'Empire ernannt wurde, diente nach dem Kaiser noch zwei französischen Königen; sein Name ist im Arc de Triomphe eingemeißelt. Auch an de Winter wird in einem grandiosen Bauwerk erinnert. Der niederländische General in französischen Diensten starb 1812 in Paris; sein Leichnam ruht im Pantheon – bis auf sein Herz, das in einer Kirche in Kampen beigesetzt ist. Beide überlebten die Batavische Republik. Dem revolutionären Staatsgebilde waren nur elf Jahre beschieden, bevor es 1806 ein Königreich wurde – von Napoleons Gnaden und mit seinem Bruder Louis auf dem Thron.

Unaufhaltsam: Französische Revolutionstruppen erobern das Land der Windmühlen

Napoleons Schicksal I:
Russische Wetterextreme

Der Briefschreiber haderte mit den Elementen: »Das Wetter ist sehr regnerisch, die Gewitterstürme in diesem Land sind schrecklich.« Sein Aufenthalt, so seine wohl nicht ganz berechtigte Hoffnung, sei indes vielleicht nicht mehr von langer Dauer: »Gott gebe, dass es zu einem Treffen mit dem Kaiser kommt, denn diese Trennung liegt schwer auf meiner Seele.« Gemeint war die Trennung von der geliebten Gemahlin. Und wie es sich für einen treusorgenden Vater gehört, erkundigte sich der Verfasser nach den Fortschritten des gemeinsamen kleinen Sohnes, den er ebenfalls in der Fremde sehr vermisse, »ob er zu sprechen beginnt, ob er geht.«[1]

Der Familienmensch, der diese Zeilen zu Papier brachte, war Napoleon Bonaparte, seit mehr als acht Jahren Kaiser der Franzosen und Herrscher über weite Teile Kontinentaleuropas. Der Brief an Marie Luise, die Tochter des österreichischen Kaisers, die er im März 1810 geheiratet hatte, trägt das Datum des 1. Juli 1812 und war von Vilnius, der heutigen Hauptstadt Litauens abgeschickt worden. Eine Woche zuvor hatte Napoleon, der seit mehr als zwanzig Jahren fast ununterbrochen Krieg führte, zunächst als Soldat der Revolutionsarmee, dann als Militärdiktator, als Erster Konsul und schließlich als Empereur ein Unternehmen gestartet, das vielen Zeitgenossen den Atem stocken ließ – und der Nachwelt als Paradebeispiel für Hybris und Machtbesessenheit gilt. Der Herrscher, der bis auf wenige Ausnahmen als Heerführer und Politiker fast nur Erfolge, manchmal von epischem Ausmaß wie bei Austerlitz 1805, erzielte, begann einen gigantischen Feldzug, der Quell seines Untergangs wurde – und der entscheidend dazu beitrug, dass es keine napoleonische Dynastie geben sollte. Sein kleiner Sohn, der als kaiserlicher Kronprinz den Titel »König von Rom« trug, würde ihm nicht auf den Thron folgen, sondern ziemlich elend mit 21 Jahren an Tuberkulose sterben. Am 24. Juni 1812 hatte Napoleon mit einer Armee, wie sie die Welt bis dahin nicht gesehen hatte, die Invasion Russlands begonnen.

Dieses Unternehmen, grandios und wahnwitzig, gilt als eine der ganz großen Wendemarken der Geschichte. Napoleon wollte mit der Niederwerfung des letzten ernsthaften Rivalen auf dem europäischen Kontinent, dem Zarenreich, seine Macht endgültig festigen. Wenn er Russland endgültig in sein System hineinzwingen konnte – wie es ihm bereits mit zwei anderen Großmächten, Preußen und Österreich, gelungen war – würde England, sein unerbittlichster Feind, keinen »Festlandsdegen« jenseits des Kanals besitzen. Das Inselreich mit seiner Royal Navy hätte keinen Verbündeten mehr gegen die französischen Invasionspläne. Der Handelsnation England wären alle Eintrittspforten nach Europa verschlossen. Geschichte wiederholt sich: Mit ähnlicher imperialer Logik und in völliger Missachtung der militärischen, logistischen und, ja, auch klimatischen Gegebenheiten Russlands würde ein anderer Gewaltherrscher – weitaus übler als der Kaiser der Franzosen, der unserem Kontinent immerhin einige tiefgreifenden Reformen wie den *Code Napoleon* hin-

terließ – fast auf den Tag genau 129 Jahre später eine zum
Scheitern verurteilte Invasion beginnen.

Die Invasion Russlands durch Napoleon, der Feldzug von
1812, ist vielleicht das berühmteste Ereignis der europäischen
Geschichte, bei welchem dem Wetter die entscheidende, für
den Kaiser und für Hunderttausende seiner Soldaten fatale
Rolle zukommt. Zahlreiche Künstler haben die Dramatik
und das Elend des so typischen »Russischen Winters« bild-
lich darzustellen versucht, mit gegen eisige Winde ankämp-
fenden Kürassieren und einem in seinen grauen Feldmantel
gehüllten, missmutig dreinblickenden Kaiser. Das Wetter
war in der Tat ein entscheidender Faktor – aber bei weitem
nicht der einzige. Und es war auch keineswegs nur der russische Winter, der der Invasionsarmee zusetzte; der ihm vor-
ausgehende russische Sommer forderte ebenfalls Opfer in
hoher Zahl. Die extremen Witterungsverhältnisse wirkten
mit anderen Faktoren zusammen, vor allem den nie gelösten
logistischen Problemen mit der für die Grande Armée verheerenden Folgen: Hunger und Seuchen. Und letztlich stand
Napoleon einem Gegner gegenüber, der nicht nur erbitterten militärischen Widerstand leistete, sondern auch bereit
war, weite Teile des eigenen Landes zu verwüsten, um den
Invasoren keine Lebensmittel, kein Brennholz, keine Zug-
tiere in die Hände fallen zu lassen. Sogar Moskau opferten
die Russen – in einer Feuersbrunst, die Napoleon und seinen Stab zutiefst erschütterte und dem Kaiser spät, zu spät
deutlich machte, dass er diesen Gegner, seine Entschlossenheit und die mit ihm erkennbar im Bunde stehende Natur
weit unterschätzt hatte.

Die Grande Armée, die Napoleon an jenem fatalen Sommertag von der Grenze Polens – besser gesagt: dem Herzogtum Warschau, einem von Napoleon geschaffenen Sa-
tellitenstaat – in Marsch setzte, war die größte Streitmacht,

die bis dahin in Europa zusammengestellt worden war. Die Schätzungen über die Gesamtstärke schwanken, aber wahrscheinlich waren es mehr als 600 000 Mann. Nur etwa die Hälfte waren Franzosen, der Rest bestand aus Söldnerheeren, die von Napoleon bzw. den Herrschern von seinen Gnaden in den Dienst gepresst wurden, vornehmlich Deutsche und Polen. Napoleon ging von einem kurzen Feldzug aus, mit einer Entscheidungsschlacht, in der sein Genius als Feldherr den Ausschlag geben würde. Dann wollte er mit Zar Alexander I. – von diesem »Treffen« träumte er in seinem Brief an Marie Luise – einen Frieden nach seinen Vorstellungen schließen. Moskau wollte er nicht einnehmen, da er davon ausging, dass Russland schnell einlenken würde. Dementsprechend war auch die Logistik des Feldherrn. Bei einer Unterredung mit einem Abgesandten des Zaren mochten Napoleon erste Zweifel gekommen sein. Als er den russischen Offizier halb im Scherz fragte, welches denn der beste Weg nach Moskau (den Napoleon nicht zu gehen hoffte) sei, bekam er die selbstbewusste Antwort, es gebe verschiedene, der Schwedenkönig Karl XII. habe jedenfalls jenen über Poltawa genommen – eine Anspielung auf die letzte gescheiterte Russlandinvasion eines fremden Eindringlings, der bei Poltawa 1709 eine entscheidende Niederlage gegen Russlands Zar Peter dem Großen erlitt. Zwar hatte Napoleon riesige Vorratslager, unter anderem in Danzig und in Ostpreußen, anlegen lassen, und rund 6000 Fuhrwerke, die von Ochsen oder Pferden gezogen wurden, standen bereit. Doch die Vorräte reichten nur für etwa 6 Wochen. Für die mehr als 150 000 Pferde der Großen Armee sollte das herhalten, was man in eroberten russischen Vorratsspeichern zu finden hoffte oder was die Tiere auf besetztem Land abgrasen konnten. Doch beides war entschieden zu wenig und sorgte für Leiden und Tod auch bei

den vierbeinigen Statisten im napoleonischen Großmacht-
denken.

Dass es ein langer, qualvoller Feldzug wurde, lag vor allem
daran, dass die russische Armee keineswegs daran dachte,
Napoleon den Gefallen zu tun, sich baldmöglichst zu einer
Schlacht zu stellen (und diese dann erwartungsgemäß zu
verlieren). Stattdessen zogen sich die Armeen des Zaren
zurück; die Kosaken sorgten dafür, dass die Eroberer nur
vergiftete Brunnen und die sprichwörtliche verbrannte Erde
vorfanden. Zu einer großen Schlacht kam es erst bei Smolensk am 17. und 18. August, die zwar mit einem französischen Sieg endete, doch zu diesem Zeitpunkt hatten die Elemente der Grande Armée bereits schwere Verluste zugefügt.

Die ersten Tage der Invasion gingen unter jenen schweren
Gewittern vor sich, die Napoleon in seinem Brief an Marie
Louise beklagte. Dann, in der ersten Juliwoche, marschierte
die Armee in eine quälende Hitzewelle hinein. Die Truppen
wirbelten auf den ausgetrockneten Wegen so viel Staub auf,
dass die Orientierung schwer fiel. Wetteraufzeichnungen
aus dem weit nördlich der Invasion gelegenen St. Petersburg
belegen, dass im Juli dort überdurchschnittlich hohe Tagestemperaturen herrschten, die auf Tagesmaxima von über
30° Celsius hindeuten – und zweifellos war es weiter südlich, entlang Napoleons Marschroute, noch drückender. Die
Lage der Truppe war jetzt bereits, kaum vier Wochen nach
Beginn des Feldzuges, katastrophal. Die Soldaten hatten
weder genug zu essen noch ausreichend Trinkwasser; Seuchen, vor allem Typhus, breiteten sich aus. Ende Juli waren
nicht weniger als 80 000 Mann den Infektionskrankheiten
erlegen oder so schwer krank, dass sie zurückgelassen werden mussten. Statistisch gesehen hatten sie so immer noch
bessere Überlebenschancen als diejenigen, die gen Osten
weiterzogen. Jeden Tag des insgesamt 175 Tage andauernden

Feldzugs starben im Schnitt 1000 Soldaten, unzählige desertierten oder wurden von den Russen gefangen genommen. Die Pferde verendeten schon in den ersten Wochen zu Tausenden, ihre aufgequollenen Kadaver säumten die Route des Vormarsches.

Die Hitzeperiode schien kein Ende zu nehmen. In St. Petersburg wurde am 4. August eine mittlere Tagestemperatur von 29° registriert, was auf eine Höchsttemperatur an jenem Tag von fast 40° hindeutet. Die Hitzewelle zwang Napoleon im eroberten Witebsk eine Pause einzulegen. Seine Pläne begannen sich nun dramatisch zu ändern. Nun wollte er hier den Winter verbringen, und zur Niederwerfung Russlands veranschlagte er inzwischen drei Jahre. Er erwartete einen Abgesandten des Zaren, der Friedensverhandlungen anbieten würde – doch dieser Bote kam nie.

So zog die Grande Armée weiter. Als es endlich bei Smolensk zu einer Schlacht, gleichwohl keiner entscheidenden kam, verfügte der Empereur nur noch über 175 000 Mann. Bei Borodino siegte Napoleon am 7. September erneut. Doch der Erfolg wurde mit dem Verlust von rund 30 000 Mann, viele davon Deutsche, erkauft. Eine Woche später gab es ein letztes Mal einen Grund zum Feiern, und die Soldaten riefen wieder einmal *Vive l'Empereur!*. Am 14. September war Napoleon in Moskau eingezogen. »Die Stadt ist so groß wie Paris«, schrieb der Kaiser an Marie Louise, »und mit allem Denkbaren versorgt«.[2] Es war Wunschdenken. Noch in derselben Nacht, in der sich Napoleon zu ungewöhnlich früher Stunde im Kreml zur Ruhe begab, brach in verschiedenen Vierteln der Stadt Feuer aus. Ein kräftiger Nordostwind fachte die Feuer an, ließ die Brunst sich über die ganze Stadt ausbreiten und Moskau zu einer verkohlten Ruinenlandschaft werden, in der Napoleon nichts finden würde: keine Lebensmittel, keinen Sieg, keinen Frieden.

Napoleon wartete und erfreute sich eines wunderschö-
nen Herbstwetters. Am 6. Oktober schrieb er Marie Louise,
dass Moskau so warm sei wie Paris in dieser Jahreszeit. Viele
seiner Soldaten hatten unterdessen die in begrenzter Zahl
zur Verfügung stehenden Winteruniformen während der
Hitzewelle der Sommermonate zurückgelassen. Während
Napoleon auf das Friedensangebot des Zaren im weitgehend zerstörten Moskau wartete, ließ er sich von Experten
seines Stabes über die »typischen« Witterungsverhältnisse
in der Stadt informieren. Die Expertisen schienen keinen
Anlass zur Sorge zu geben, wie sich ein Teilnehmer erinnerte: »Keine Information, keine Berechnung zu diesem
Thema wurde außer Acht gelassen, und alle Wahrschein-
lichkeiten waren ermutigend. Es sind erst die Monate Dezember und Januar, in denen der russische Winter streng
ist. Im November sinkt das Thermometer kaum unter sechs
Grad.«[3] Das ließ genügend Zeit für einen geordneten Rückzug, der sich allmählich als unausweichlich abzeichnete.
Möglicherweise trug auch Napoleons Lektüre in Moskau
zu der Entscheidung bei: Voltaires *Geschichte Karls XII.*,
in welcher der französische Philosoph vom gescheiterten
Feldzug des Schwedenkönigs unter Witterungsbedingungen
berichtete, bei denen Singvögel erfroren vom Himmel gefallen seien.

Am 13. Oktober gab Napoleon den Befehl, Moskau zu verlassen; er selbst rückte am 19. Oktober ab. An diesem und
den folgenden vier Tagen regnete es fast ununterbrochen.
Die kaum als Straßen zu bezeichnenden Wege durch die
russische Weite verwandelten sich in Schlammpisten, in denen die Pferde und die wenigen verbliebenen Fahrzeuge stecken blieben. Am 29. Oktober marschierte die zunehmend
demoralisierte Armee am Schlachtfeld von Borodino vorbei – ein fürchterlicher Anblick, lagen doch hier die sterb-

lichen Überreste Tausender, die von Wölfen und Krähen teilweise angefressen waren.

Am 4. November fiel der erste Schnee.

Am nächsten Tag war die Landschaft von Schnee und Eis bedeckt, was die Orientierung erschwerte, da keine Wege oder Wegmarken mehr auszumachen waren. Ein Zeitzeuge schrieb: »Die Armee verlor ihre Moral und militärische Organisation völlig. Die Soldaten hörten nicht mehr auf ihre Offiziere, die Offiziere nicht mehr auf ihre Generäle. Von Hunger gequält, stürzten sie sich auf jedes Pferd, das ermattete, und kämpften wie die Wölfe um die einzelnen Teile.«[4] Nasen, Ohren, schließlich auch Finger und Genitalien starben durch Erfrierungen ab. Menschliches Mitgefühl bliebe auf der Strecke, wie ein italienischer Offizier beobachtete: »Die Soldaten stürzen, ein wenig Blut kommt über ihre Lippen und es ist vorbei. Wenn die Zeichen des bevorstehenden Todes eintreten, stoßen ihre Kameraden sie nicht selten zu Boden und berauben sie ihrer Kleidung, bevor sie tot sind.«[5]

Kurzzeitig setzte Tauwetter ein, welches jedoch ebenfalls eine große Gefahr darstellte. Napoleon musste seine Armee über den Fluss Beresina zurückführen, der durch den kurzen Temperaturanstieg nicht vollends zugefroren, sondern nur mit dünnem Eis bedeckt war. Zum Glück für die Armee hatte der für die Pioniertruppe zuständige General Jean Baptiste Eblé einen früheren Befehl Napoleons, das Brückenbaumaterial zu vernichten, nicht befolgt. Rund 400 niederländische Angehörige dieser Einheit zeigten nun eine ausgeprägte Opferbereitschaft, gingen ins bis an die Schultern reichende eisige Wasser und errichteten zwei Pontonbrücken. »Sie zeigten«, so ein Berichterstatter, »einen unglaublichen Mut. Einige fielen tot um und wurden sofort von der Strömung weggetragen.«[6] Napoleon, der die Arbeiten beobachtete, zeigte sich einmal mehr von seiner herzlosen Seite. Er beklagte sich, dass es nicht schnell genug gehe. »Sire«, entgegnete ihm Eblé, »Sie sehen, dass meine Männer bis zum Hals im Wasser stehen und dass das Eis den Fortgang der Arbeit verzögert. Ich habe weder Essen noch Brandwein, um sie zu wärmen.«[7] Napoleon soll betreten zu Boden geblickt haben. Auch Angehörige anderer europäischer, in den Kriegsdienst gepresster Nationen gaben ihr Äußerstes für den Empereur. Um Zeit für den Übergang über die Beresina zu gewinnen, stellten sich vier aus Schweizern bestehende Infanterieregimenter den nachrückenden Russen entgegen. Nur 300 diese Männer überlebten; doch die von ihnen erkämpften Stunden reichten, um Tausenden Franzosen und anderer Angehöriger einer Armee, an der nichts mehr *grande* war, das Leben inmitten eines bald chaotisch werdenden Übergangs zu retten.

Am 27. November hatten Napoleon und seine Garde den Fluss überquert. Rund um die Beresina fanden wahrscheinlich bis zu 25 000 Franzosen den Tod. Versprengte Nachzügler wurden zu Tausenden von den Kosaken umgebracht, die dabei zwei besondere Methoden wählten: Entweder schlugen sie den Franzosen mit dem Gewehrkolben den Schädel ein oder sie beraubten sie kurzerhand ihrer Kleidung und ließen sie nackt zurück. Bei wieder einbrechender winterlicher Kälte hatte ein ohne Kleidung durch die Weite Irrender keine Chance, zu überleben.

Zum Schnee gesellte sich ein eisiger Sturm, den man in der englischsprachigen Welt als Blizzard bezeichnet. Am 29. November fand Napoleon mit Mühe Unterschlupf in einem Dorf namens Kamen. Sein Diener berichtete: »Ein eiskalter Wind zog durch alle schlecht angebrachten Fenster, deren Scheiben meist zerbrochen waren. Mit Heuballen versuchten wir diese Öffnungen zu verschließen.«[8] Am nächsten Tag wurden –30°C gemessen. Es war so kalt, dass viele

Soldaten gar nicht bemerkten, wie schlecht es um sie stand. Kälte ist, das hatte Napoleons Chefchirurg, Baron Larrey, einige Jahre zuvor nach der Schlacht von Preußisch-Eylau (bei der es »nur« rund −10°C bis −14°C kalt war) beobachtet, ein potentes Lokalanästhetikum. Der Armeearzt Dr. Louis Lagneau beschrieb die Symptome: »Die Haut und die Muskeln schälen sich ab wie bei einer Wachsfigur, bis die Knochen freiliegen. Die vorübergehende Unempfindlichkeit lässt sie weiter marschieren, in der falschen Hoffnung, nach Hause zu kommen.«[9] Ein Offizier des 111. Linienregimentes beobachtete entsetzt einen Soldaten, der sich auf verstümmelten Füßen vorwärts schleppte: »Die Haut war völlig von seinen Füßen gerissen und er zog sie wie eine abgelöste Schuhsohle hinter sich her. Jeder seiner Schritte hinterließ einen blutigen Abdruck auf dem Boden.«[10]

Es sollte noch schlimmer kommen, denn die Not ließ einige Männer noch tiefer sinken. Es traten Fälle von Kannibalismus auf. Ein russischer Offizier beobachtete »eine kleine Gruppe [französischer Soldaten] an einem Feuer, die sich die weicheren Teil eines gestorbenen Kameraden abschnitten.«[11] Auch wenn man Tagebuchaufzeichnungen mit Vorbehalt betrachten muss, solche Schilderungen waren keineswegs selten. Doch es gab auch Anzeichen von Menschlichkeit und Solidarität in dem unbeschreiblichen Elend dieses Winters. Oberst de Fezenac vom 4. Linieninfanterieregiment erinnerte sich: »Nichts bindet Menschen enger an einander als eine Gemeinsamkeit im Leid. Ich fand in ihnen [den Soldaten] die gleiche Anhänglichkeit und die gleiche Sorge, die ich für sie empfand. Nie hatte ein Offizier oder Soldat ein Stück Brot, ohne es mit mir zu teilen.«[12]

Am 5. Dezember ließ Napoleon, inzwischen im weißrussischen Molodechno angekommen, verlauten, allein die »grausame Jahreszeit« sei für das Desaster verantwortlich, ohne dies jedoch näher zu erläutern. Seine Erklärung wurde in Paris am 16. Dezember öffentlich gemacht. Doch die französische Bevölkerung, die in einem Staat mit Personenkult und strenger Zensur zwischen den Zeilen zu lesen gelernt hatte, ahnte wohl, was der Grande Armée tatsächlich zugestoßen war. Nur einige mögen Trost im rhetorischen Highlight des kaiserlichen Reports gefunden haben: »Die Gesundheit Seiner Majestät ist nie besser gewesen!«[13]

Wie viele Opfer der desaströse Feldzug des Kaisers in seiner Armee forderte, ist nicht eindeutig geklärt. Es wird vermutet, dass von mehr als 600 000 Soldaten, die am 24. Juni unter seinem Kommando standen, nur an die 100 000 überlebten. Napoleon war sich bewusst, dass die wahren Ursachen der Tragödie zumindest so lange geheim bleiben mussten, bis er wieder in Paris zurück war, denn er fürchtete ein – bis vor Kurzem noch undenkbaren – Umsturz in seiner Abwesenheit. »Die Franzosen sind wie Frauen«, vertraute er denn auch leutselig seinem Vertrauten, dem Marquis de Coulaincourt an, »man darf sie nicht zu lange allein lassen.«[14] Außerdem wollte er verhindern, dass sich seine bisherigen Verbündeten oder die zum Bündnis gezwungenen Staaten gegen ihn stellten, bevor er wieder handlungsfähig war. Doch einer der Armeeführer kam dem Monarch zuvor: Am 30. Dezember 1812 handelte der preußische Generalleutnant Johann David von Yorck mit dem russischen General Hans Karl von Diebitsch (einem gebürtigen Preußen) in der »Konvention von Tauroggen« einen Waffenstillstand aus. In der Folgezeit bildete sich eine breite Koalition aus mehreren Staaten und Kleinstaaten, die entschlossen war, Napoleon in die Schranken zu weisen. Es war offensichtlich, dass Europa mit diesem Mann an der Spitze seiner Nation keinen Frieden finden würde.

18. Juni 1815

Napoleons Schicksal II: Regen und Schlamm bei Waterloo

Es wirkt wie ein Nachtrag zur Tragödie des tausendfachen Sterbens an der Beresina, den Wochen zuvor und danach, in der eisigen Weite Russlands. Doch das Wetter spielte ein weiteres Mal eine für den französischen Herrscher verhängnisvolle Rolle. Auch bei Napoleons letzter Schlacht muss man allerdings davon ausgehen, dass er sie wohl auch unter besseren Wetterbedingungen verloren hätte – oder, wenn er einen Sieg errungen hätte, in den folgenden Wochen und Monaten von einer weit überlegenen feindlichen Koalition besiegt worden wäre. Doch an jenem Sommertag waren wenige Stunden entscheidend – und es war das Wetter, das Napoleon bei Waterloo zum Verhängnis werden sollte.

Nach seiner Rückkehr aus Russland hatte Napoleon noch weitere eineinhalb Jahre Krieg geführt, bevor er nach der Eroberung von Paris durch die Alliierten (einem Bündnis aus Preußen, einigen deutsche Kleinstaaten, Österreich, Russland und Großbritannien) im April 1814 abdankte und ins Exil auf die Insel Elba ging. Während die gekrönten Häupter, Regierungen und Diplomaten Europas auf dem Wiener Kongress um eine neue Friedensordnung für Europa rangen, kehrte Napoleon im Frühjahr 1815, nach kaum einem Jahr Exil, nach Frankreich zurück. Es gelang ihm, rasch

177

weite Teile der Streitkräfte um sich zu scharen und praktisch kampflos in Paris einzuziehen, wo er unter Jubel empfangen wurde. Sein Appell an den französischen Patriotismus verfing bei vielen, und bald hatte Napoleon erneut eine mehr als ansehnliche Armee unter seinem Kommando.

Napoleon war sich darüber im Klaren, dass die Alliierten seine erneute Usurpation der Macht nicht dulden und gegen ihn ins Feld ziehen würden. Nur ein schneller militärischer Erfolg konnte dies verhindern und die Kabinette in London, St. Petersburg, Wien und Berlin zum Einlenken zwingen. Also wollte er seinen Gegnern einen raschen Schlag versetzen, ehe sich dessen überlegene Kräfte gegen ihn vereinen konnten. Er führte seine neue Armee in das Gebiet des heutigen Belgien, wo zwei feindliche Armeen standen, die britisch-niederländische unter dem Herzog von Wellington in einer Stärke von rund 112 000 Mann und eine preußische Armee unter Feldmarschall Gebhard Leberecht von Blücher von rund 130 000 Mann. Da Napoleons Streitmacht nur über etwa 124 000 Mann verfügte, galt es um jeden Preis zu verhindern, dass sich die Briten den feindlichen Armeen anschlossen.

Am 16. Juni 1815 griff Napoleon bei Ligny die Preußen an, während Marshall Ney den Befehl hatte, bei Quatre-Bas die Einheiten Wellingtons anzugreifen. Während Napoleon den Preußen eine Niederlage beibrachte, gelang Ney der erhoffte Durchbruch nicht. Als Napoleon beim letzten Tageslicht seiner Eliteeinheit, der Garde, den Angriffsbefehl gab, zog ein schweres Gewitter über die Region um Brüssel. Ein Wolkenbruch ging auf die Truppen nieder machte das Pulver unbrauchbar, so dass sich die Garde mit einem weniger wirksamen Bajonettangriff behelfen musste. In den vorausgegangenen Jahren waren die Sommer relativ kühl und ohne extreme Temperaturschwankungen gewesen. James Losh,

ein Wetterbeobachter in Newcastle-upon-Tyne im Norden
Englands, hielt in seinem Tagebuch fest: »Möge dieses Jahr
angenehm und günstig für das Land sein. Der Juni war ein
schöner Monat, sehr günstig für alle Getreidearten. Wir hatten zwar reichlich Regen, aber der Sommer ist mild, weder
zu warm noch zu kalt.«[1] Doch es sollte nicht so bleiben: In
der Nacht vom 16. auf den 17. Juni verzeichnete das Astrono-
mische Observatorium in Paris einen Abfall des Luftdrucks
um etwa 5 Millibar. Ein Tiefdruckgebiet zog über Westeuropa und brachte Regen – viel Regen.

Am 17. Juni griff Napoleon die Briten an. Alexander Ca-
valié Mercer, Captain der britischen Royal Horse Artillery,
notierte in sein Tagebuch: »Der Himmel war seit dem Morgen bedeckt. Große Mengen von Gewitterwolken, fast so
schwarz wie Tinte, hingen über uns, jeden Moment bereit
zu platzen ... Als die erste Kanone abgefeuert wurde, schienen die Wolken über uns aufzubrechen, denn es wurde sofort mit einem fürchterlichen Donnerschlag und mit einem
Blitz, der uns blendete, beantwortet, während der Regen
auf uns niederprasselte, als sei eine Wasserleitung über uns
geborsten.«[2] Als Wellington die Nachricht von der Niederlage der Preußen erreichte, zog er sich auf eine Position,
wenige Kilometer von der wallonischen Ortschaft Waterloo entfernt, zurück. Napoleon, der an diesem 17. Juni die
Entscheidung suchte, vermochte nicht seiner Streitmacht zu
folgen. Heute sind sich Historiker einig, dass es auch dieses
fürchterliche Gewitter war, das Wellington rettete. Der Boden war so aufgeweicht, dass die Franzosen nicht zum Zeitpunkt ihrer Wahl über das offene Feld marschieren konnten.
Napoleon hätte sonst angegriffen, bevor Wellingtons Truppen ihre Positionen so gefestigt hatten, wie es am Mittag
des 18. Juni der Fall war. Die Schlacht von Waterloo hätte in
diesem Fall ohne die Preußen stattgefunden. In einer mili-

tärhistorischen Analyse des 20. Jahrhunderts heißt es: »Es war – zumindest teilweise – dieses fürchterliche Gewitter, das Wellington rettete. Der Boden war so aufgeweicht, dass die Franzosen nicht über das offene Feld vorankommen konnten und an die Landstrasse nach Brüssel gefesselt waren … Der Kaiser hätte sonst seinen Feind gegen 5 oder 6 Uhr zu fassen bekommen, und hätte er Wellington in dessen noch nicht befestigter Position angegriffen, erscheint es möglich, dass er ihn am folgenden Morgen geschlagen hätte.«[3]

So musste die Entscheidung am nächsten Tag, dem 18. Juni 1815 fallen – nach einer Nacht, in der es ununterbrochen regnete. Die Soldaten auf beiden Seiten litten fürchterlich. Der Gefreite William Wheeler von der 51st Kings Yorkshire Infantery schrieb nach Hause: »Die Nacht kam und wir waren nass bis auf die Haut. Das schlechte Wetter zog sich die ganze Nacht hin. Es ist niemandem möglich sich vorzustellen, was wir durchmachten. Da wir nah am Feind waren, konnten wir unsere Decken nicht benutzen und der Boden war zu durchnässt, um sich niederzulegen. Das Wasser lief uns in dicken Strömen von den Manschetten unserer Jacken; wir waren so nass, als wären wir Kopf über in einen Fluss gesprungen. Wir hatten einen Trost: Wir wussten, dass unser Feind dieselbe Tortur durchmachte.«[4]

Dennoch schien der Tag für Napoleon gut zu beginnen. Wellington hatte sich mit einem relativ dichten Wald in seinem Rücken positioniert, der dem Briten nach Napoleons Einschätzung wenig Rückzugsmöglichkeiten bot. Beim Frühstück verkündete er zum Erstaunen seiner Generalität, dass das ganze eine Art Picknick werde, *l'affaire d'un déjeuner*. Allerdings war der Kaiser von seiner eigenen Maxime abgewichen, wonach man seine Kräfte bündeln und auf den schwächsten Punkt des Gegners konzentrieren müsse. Er hatte zuvor ein Korps von nicht weniger als 33 000 Mann unter Marschall Grouchy zur Beobachtung der Preußen abkommandiert, von denen er vermutete, dass sie sich in östlicher Richtung absetzten. Tatsächlich setzten sich die preußischen Truppen nach Norden und damit parallel zu Wellington in Bewegung. Das Korps machte gut ein Viertel der napoleonischen Streitmacht aus – zu groß für die Aufklärung, zu schwach, eine komplette Armee aufzuhalten. So musste Grouchys Einheit auf ganzer Linie scheitern.

Zwischen 7 und 8 Uhr morgens hörte der Regen endlich auf. Napoleon traf nun eine schicksalhafte Entscheidung. Er verschob den Angriff auf Wellington um rund drei Stunden. In Dino de Laurentis 1970 gedrehtem Filmepos über die Schlacht von Waterloo gibt es eine vielleicht nicht authentische, aber symbolträchtige Szene: Der von Rod Steiger dargestellte Kaiser versinkt bis zu den Knien im Schlamm und muss von seinen Marschällen herausgezogen werden. Da sich schöneres Wetter andeutete, bestand Hoffnung, dass der Boden so weit trocknete, dass man die Artillerie nah genug am Feind in Stellung bringen konnte. In dieser Waffengattung war Napoleon seinen Gegnern überlegen, während die Briten nur mit Neunpfündern ausgestattet waren, verfügte er über Zwölfpfünder. Für einen Mann wie Napoleon, der bei der Artillerie groß geworden war, konnte ein Angriff nicht ohne vorherige Kanonade beginnen. Und diese Kanonade konnte nur erfolgreich sein, wenn die Kampfstätte etwas trockener war: Die Artilleriesalven zielten in oder kurz vor die feindlichen Linien, so dass die Geschosse vom Boden abprallen und durch die gegnerischen Reihen eine verheerende Bahn ziehen konnten. Nach den langen Regenfällen war indes zu befürchten, dass die Geschosse mit einem satten blubbernden Geräusch im Schlamm einschlugen und Wellingtons geschlossene Reihen allenfalls mit Dreck besudeln würden.

Um 11 Uhr 30 gab Napoleon den Befehl zum Angriff. Es war ein erbittertes Ringen mit schweren Verlusten auf beiden Seiten. Der Sieg war für Napoleon zum Greifen nah. Wellington sagte später, er sei nie so nah daran gewesen, geschlagen zu werden. Um vier Uhr nachmittags tauchten Reiter an Napoleons rechter Flanke auf. Die Hoffnung des Korsen, das durch sein Fernrohr wahrgenommene Dunkelblau könnte von seinen eigenen Truppen stammen, erfüllte sich nicht – es war das Schwarz der Preußen. Blücher traf rechtzeitig bei Waterloo ein, um das Blatt zu wenden. Napoleon floh vom Schlachtfeld, während seine Garde für ihn im Schlamm starb. Die Herrschaft Napoleons war zu Ende.

Die Ankunft der Preußen auf dem Schlachtfeld von Waterloo besiegelt Napoleons Schicksal

25\. August 1814

»Regen wie das Rauschen eines mächtigen Katarakts ...«

James Madison hatte stets die Feder für mächtiger gehalten als das Schwert. Einen Bücherwurm, *bookish*, nannten Spötter den vierten Präsidenten der Vereinigten Staaten, einen kleinen, stets schwarz gekleideten Mann von natürlicher Scheu und einem permanenten leicht betrübten Gesichtsausdruck. Die Kraft seiner zu Papier gebrachten Worte hatte das Land auf seinen Weg gebracht: 1787/88 war er Hauptautor der *Constitution*, der amerikanischen Verfassung. Am 18. Juni 1812 jedoch unterschrieb James Madison ein Dokument ganz anderer Art. Es war eine Kriegserklärung. In der umfassenden Geschichte der Kriege der Menschheit gibt es nur wenige, die so sinnlos und überflüssig waren wie jener *War of 1812*, wie er bis heute heißt. Eine Kapriole des Wetters verhinderte an seinem – aus amerikanischer Sicht – Tiefpunkt die Zerstörung der neu gegründeten Hauptstadt der Nation. Wäre es in einer heißen Sommernacht nicht zu einem Gewitter mit Orkanböen und sturzbachartigen Regenfällen gekommen, die Politik der Weltmacht würde bis heute möglicherweise in Philadelphia oder St. Louis, nicht aber in einem dann vermutlich zu einer Provinzstadt verkommenen Washington D.C. gemacht.

Schon das Votum des Kongresses – mit 79 zu 49 Stim-

men im Repräsentantenhaus und 19 zu 13 im Senat für den
Krieg – war kein gutes Omen; keine andere Kriegserklärung
in der amerikanischen Geschichte würde so viele Gegen-
stimmen erhalten. Dennoch ließen sich die USA zum zweiten Mal auf einen bewaffneten Konflikt ein. Der Gegner war
der gleiche wie beim ersten Waffengang, dem Unabhängigkeitskrieg ein Menschenalter zuvor: die Weltmacht Großbritannien. Die Ursachen dafür, dass aus einer seit Jahren
vor sich hindümpelnden Krise nun ein manifester Konflikt
wurde, waren vielfältig. Wesentlich trug die Verärgerung
der USA über die Kontrolle des überseeischen Handels
durch die Royal Navy dazu bei. Großbritannien führte seit
zwei Jahrzehnten (mit nur kurzen Unterbrechungen) einen
epochalen Kampf gegen Frankreich, erst gegen jenes der
Revolutionäre, dann gegen das Empire des selbstgekrönten
Kaisers Napoleon, der in genau jenen Tagen, da Amerika
den Krieg gegen das einstige Mutterland erklärte, zu seinem
größten und verhängnisvollsten Feldzug aufbrach: der Invasion Russlands. Die Royal Navy hatte sich zu einem Levia-
than entwickelt, wie ihn die Weltmeere noch nicht gesehen
hatten. Mit seinen rund 600 Kriegsschiffen beherrschte Britannien – und seine Wirtschaftsinteressen – die Ozeane und
verhinderte so Napoleons Griff nach der Weltherrschaft.

Dieser Gigant brauchte vor allem eines: Menschen. Fast
150 000 Matrosen schufteten auf den Linienschiffen, Fregatten und anderen Schiffen Seiner Majestät, meist unter
menschenunwürdigen Bedingungen, die den Gedanken an
Desertion für viele stets lebendig hielten. Ein reizvolles Ziel
für jene, die der Royal Navy den Rücken zu kehren hofften,
waren die Handelsschiffe (und die wenigen Kriegsschiffe)
der Vereinigten Staaten, einem Land mit der gleichen Sprache und einer weit besseren Besoldung seiner Seeleute.
Kriegsschiffe der Royal Navy stoppten die Schiffe der Repu-

blik; wer britisch aussah oder einen britischen Akzent hatte, wurde kurzerhand abgeführt und zum Dienst in der britischen Marine gepresst, sofern der Unglückliche nicht als ertappter Deserteur schnell an den Galgen kam. *Impressment* wurde zu einem Begriff, der in den USA Wut auslöste, eine weitgehend ohnmächtige Wut. Für die Offiziere, die amerikanische – und andere neutrale – Schiffe auf hoher See unter dem Druck ihrer feuerbereiten Geschützreihen durchsuchten, galt die Devise: *Once a Britisher, always a Britisher.*

Präsident Thomas Jefferson, Madisons Vorgänger, verhängte ein Embargo gegen Großbritannien. Mit den *Orders in Council* vom November 1807 untersagte England den Neutralen, so auch den USA, den Handel mit Frankreich. Auch amerikanischer Landhunger verstärkte die Spannungen: Expansionistische Politiker warfen begehrliche Blicke auf das zu Großbritannien gehörende Kanada. Präsident Madison versuchte längere Zeit mit halbherzigen Maßnahmen den Konflikt abzuwenden, war mal Treibender, oft aber Getriebener. Kaum war die Kriegserklärung unterzeichnet, musste der Präsident erkennen, welch mitunter tragische Rolle die langsamen Kommunikationsmöglichkeiten der Epoche spielen konnten. Am 23. Juni 1812 nämlich hatte die Regierung von Premierminister Lord Liverpool die *Orders in Council* zurückgenommen. Die *Times* jubiliert optimistisch: »Da die Feindseligkeiten mit Amerika auf einer Grundlage beruhen, die jetzt beseitigt worden ist, müssen diese Feindseligkeiten ebenso zu Boden sinken.« Das Schiff mit dieser guten Nachricht war zur gleichen Zeit in westliche Richtung über den Atlantik unterwegs wie ein anderes, mit der amerikanischen Kriegserklärung an Bord, auf entgegengesetztem Kurs.

Der Krieg war kein Ruhmesblatt für die USA. Die Invasion Kanadas schlug fehl; immerhin gelangen der U.S. Navy ein paar Erfolge auf den Meeren gegen britische Fregatten. Dann änderte sich die politische Großwetterlage – und zwar zum Nachteil der Amerikaner. Mit der Abdankung Napoleons im April 1814 hatte Großbritannien die Hände frei, um sich wenn nicht mit voller Kraft (die wurde dann doch bald wieder in Europa gebraucht, wo Napoleon im folgenden Frühjahr sein hundert Tage dauerndes, bei Waterloo endgültig endendes Comeback inszenierte), so doch mit massiven Verstärkungen den USA zuzuwenden. Im August 1814 fuhr eine für die damaligen Verhältnisse geradezu gewaltige Flotte in die Chesapeake Bay ein. Den Bäuchen der Schiffe entstiegen mehr als 4000 auf den europäischen Schlachtfeldern geschulte Veteranen, reguläre Truppen in scharlachroten Uniformen und Marines der Royal Navy, denen die Amerikaner in puncto Erfahrung kaum etwas entgegenzusetzen hatten. Bald wurde deutlich, wohin die Armee marschierte: gen Washington, auf Amerikas noch unfertige Hauptstadt zu. Am Mittag des 24. August 1814 stellte sich bei Bladensburg, einige Meilen östlich Washingtons, eine zahlenmäßig überlegene Streitmacht der Amerikaner den Invasoren entgegen, mit jedoch nur wenigen Berufssoldaten und in der Mehrzahl nicht immer verlässlicher Miliz. Die klimatischen Umstände waren kaum erträglich: Um die Mittagszeit wurde eine Temperatur von 100 Grad Fahrenheit gemessen, also gut 37 Grad Celsius. Hinter den Linien der Soldaten fand eine wohl einmalige Kabinettssitzung statt: Auf dem Rücken ihrer Pferde besprachen Präsident Madison, Außenminister James Monroe, Kriegsminister John Armstrong und Justizminister Richard Rush die Lage. Nur knapp entgingen die Köpfe der amerikanischen Regierung der Gefangennahme, denn die Linie bei Bladensburg hielt nicht lange. Obwohl die Amerikaner weitaus mehr Artillerie hatten und einige Einheiten auch tapfer Widerstand leisteten, war der Vormarsch der professionellen britischen Soldaten nicht aufzuhalten.

James Madison und seine Regierung mussten fliehen; binnen Stunden verließ auch die First Lady, Dolley Madison, den Amtssitz des Präsidenten, den man damals noch nicht mit einer Farbe assoziierte. In den schwülen Abendstunden dieses 24. August 1814 rückten die ersten britischen Einheiten in die Stadt ein. Admiral George Cockburn besichtigte das verlassene und wie so vieles in Washington noch unfertige Capitol, nahm ein Buch als Andenken mit und ließ zerschlagenes Mobiliar, Brennholz, Vorhänge und was immer sonst trocken und brennbar aussah, in die Kammern des Parlaments bringen. Bald darauf züngelten die Flammen aus dem Gebäude, und auch die erste Library of Congress wurde vom Feuer vernichtet. Die englischen Truppen zogen weiter, die Pennsylvania Avenue hinab. Cockburn und General Robert Ross, der Mitstreiter des Admirals auf Seiten der britischen Armee, nahmen im *President's House* ein Glas Madeira zu sich; Cockburn brachte spöttisch einen Toast auf »Jemmy«, den geflohenen Präsidenten aus. Auch dieses Haus wurde in Brand gesteckt, bald gefolgt vom benachbarten Finanzministerium. Der Feuerschein war so hell, dass man, wie sich ein britischer Soldat später erinnerte, die Gesichter der Kameraden im nächtlichen Dunkel gut erkennen konnte.

Dann hatte das Wetter Erbarmen mit der brennenden Hauptstadt, auch wenn es dieser weitere Schaden zufügte. Ein Gewitter zog auf und mit ihm eine Erscheinung, die den meisten Briten bislang fremd war: ein Tornado. Ein Armeeangehöriger schrieb zutiefst beeindruckt: »Von der ungeheuren Kraft des Windes kannst Du Dir gar keine Vorstellung machen. Von Häusern wurden Dächer abgerissen und wie ein Blatt Papier durch die Luft gewirbelt. Dazu kam

Regen, der wie das Rauschen eines mächtigen Katarakts und
weniger wie ein normaler Guss war. Die Dunkelheit war so,
als ob die Sonne längst untergegangen war und nur ein letztes Dämmerlicht vorlag, welches gelegentlich durch kräftige
Blitze belebt wurde. Dies, der Lärm des Windes und des Don-
ners, das Zusammenstürzen von Gebäuden und die durch
die Luft fliegenden Dächer produzierten das Fürchterlichste,
das ich je gesehen habe und wahrscheinlich jemals erleben
werde. Es dauerte zwei Stunden ohne eine Unterbrechung
und viele der Häuser, die wir verschont hatten, wurden zum
Einsturz gebracht. Dreißig unserer Männer und auch einige
Einwohner wurden unter Trümmern begraben. Unsere Einheit war so zerstreut, als hätten wir eine totale Niederlage erlitten … Zwei auf einer Anhöhe stehende Kanonen wurden
vom Boden hoch gehoben und um einige Yards nach hinten
verschoben.«[1]

Als Präsident Madison vier Tage später in die Stadt zu-
rückkehrte, stand er vor den rußgeschwärzten Sitzen von
Parlament und Regierung. Es ist nur eine Legende, dass das
Haus des Präsidenten aufgrund der zum Übertünchen der
Brandspuren benutzten Farbe seither das Weiße Haus
heißt. In England schrieb eine Zeitung nachdenklich, dass
die Kosaken 1814 Paris verschonten, »aber wir schonten die
Hauptstadt Amerikas nicht«. Noch einmal unternahm die
Weltmacht eine Invasion Amerikas, diesmal tief im Süden,
bei New Orleans. Es wurde ein Debakel. Die gut organisier-
ten Abwehrreihen der Amerikaner unter dem energischen
Andrew Jackson (einem späteren Präsidenten) fügten den
Briten am 8. Januar 1815 eine schwere Niederlage zu. Der Tod
von rund 300 Briten und 70 Amerikanern war ein sinnloses
Opfer. Wie zu Beginn des *War of 1812* stand auch an dessen
Ende der Fluch der langsamen transatlantischen Kommuni-
kation. Knapp drei Wochen zuvor war im (heute) belgischen

Gent Frieden geschlossen worden. Alles blieb, wie es war. Mit dem Ende des *War of 1812* begann eine neue Epoche in den Beziehungen der beiden englischsprachigen Nationen, eine *peculiar relationship*, die zu Bündnissen in zwei Weltkriegen, einem Kalten Krieg und darüber hinaus führte und erst in der Gegenwart, mit einem außen- und sicherheitspolitisch auf das Maß eines durchschnittlichen EU-Landes geschrumpften Großbritannien, zu verblassen scheint.

Jubilieren nach einer siegreichen – aber unnötigen – Schlacht: Die Amerikaner um Andrew Jackson (rechts im Bild) feiern den Triumph von New Orleans

Das Jahr ohne Sommer

Als er kurz vor Sonnenuntergang das ferne Grollen vernahm, dachte Thomas Stamford Raffles zunächst an eine Kanonade. Man kann es dem Gouverneur der fernen Besitzung Seiner Majestät nachsehen: Kaum vier Jahre zuvor hatte Raffles reichlich Geschützdonner zu hören bekommen, als die Royal Navy und englischen Truppen die tropische Inselwelt eroberten und Niederländisch-Java zu Britisch-Java machten. Mit der Verwaltung jener Region beauftragt, die weite Teile des heutigen Indonesiens umfasst, lag Raffles durchaus richtig, wenn er dem Frieden im wahrsten Sinne des Wortes nicht traute. Das unheilvolle Donnern erklang am 5. April 1815. Genau in diesen Tagen wurde Europa von der Rückkehr Napoleons vom Kurzzeit-Exil in Elba erschüttert. Die berühmten »Hundert Tage« Napoleons hatten begonnen, der Weg nach Waterloo und damit zu einer epochalen Entscheidung über das Schicksal Europas war beschritten.

Von all dem erfuhren Raffles und die anderen Europäer in Südostasien erst einige Wochen später. Doch das Grollen, das Raffles in seiner Residenz aufschreckte, kam nicht aus Geschützrohren, sondern drang aus fast 800 Kilometer Entfernung an sein Ohr. Auf der zu Britisch-Java gehörenden Insel Sumbawa brach an diesem Abend der Mount Tambora

zum ersten Mal aus. Es waren Vorboten der größten von
Menschen bezeugten und beschriebenen Vulkaneruption,
seit Geschichte aufgezeichnet wird. Zu diesen Chronisten
gehörte auch Raffles – einige Jahre später *Sir* Stamford Raffles – der davon in seinen Memoiren berichtete. Raffles ging
als Gründer Singapurs in die britische Kolonialgeschichte ein
und hinterließ der Hauptstadt seines Empires einen heute bei
Einheimischen wie Touristen beliebten Anziehungspunkt:
Er war einer der Mitbegründer des Londoner Zoos.

Fünf Tage nach den ersten Eruptionen, am 10. April 1815
gegen 7 Uhr abends, explodierte der Mount Tambora förm-
lich (er ist heute nur gut halb so hoch wie vor der Eruption).
Fast drei Stunden lang warf er Magma, Gestein, Gas in kaum
vorstellbaren Mengen aus. Ein britischer Leutnant, Owen
Philipps, beobachtete: »Drei getrennte Feuersäulen stiegen
vom Tambora in sehr große Höhen auf, wo sie sich in der
Luft in einer bedenklichen, chaotischen Weise vereinigen.
Zwischen 9 und 10 Uhr begann es, Asche zu regnen, und
ein heftiger Wirbelsturm zog auf, der im Dorf Sang'ir fast
jedes Haus zerstörte, die stärksten Bäume an ihren Wurzeln
ausriss und fortwirbelte, zusammen mit Menschen, Pferden,
Rindern und was immer in seine Bahn kam. Der Wirbelsturm dauerte ungefähr eine Stunde, während der keine Ex-
plosionen zu hören waren. Von Mitternacht bis zum Abend
des 11. setzten sie sich ununterbrochen fort, wenngleich mit
abgeschwächter Kraft. Bis zum 15. Juli hörten die Explosio-
nen nicht vollständig auf.«[1]

Wie epochal der Ausbruch des Mount Tambora wirklich
war, wurde von der Wissenschaft im 20. Jahrhundert nachgewiesen, als Messmethoden entwickelt wurden wie die
Analysen grönländischer oder antarktischer Eisbohrkerne.
Diese ermöglichen eine recht genaue Beurteilung von Gas-
bestandteilen der Erdatmosphäre in verschiedenen Zeital-

tern – bei Vulkanausbrüchen vor allem von Schwefelverbindungen – und werden ergänzt durch die Untersuchung
von Baumjahresringen, die Rückschlüsse auf mittlere Jah-
restemperaturen erlauben. Diese sogenannten Proxidaten,
indirekte Hinweise auf das Klima und seine Veränderungen,
können mit historischen Quellen zu einem Bild vereint werden. Im Falle von Tambora zeichnen sie das Porträt der wohl
größten Umweltkatastrophe der letzten eintausend Jahre.

Das Ausmaß der Tambora-Eruption war gewaltig. Gas
und Asche wurden bis zu einer Höhe von 43 Kilometer in
die Stratosphäre geschleudert; die gesamte Menge des in die
Luft geworfenen Materials wird auf mehr als einhundert
Kubik*kilometer* geschätzt. Der Vulkanologe Clive Oppenheimer von der Universität Cambridge schätzt, dass nur ein
einziger Ausbruch in den letzten beiden Millennien noch
höhere Schichten der Atmosphäre erreicht hat, jener des
Taupo auf Neuseeland, für den Höhen bis zu 51 Kilometer errechnet wurden. Er ereignete sich im Jahr 181, als in
Europa das Römische Reich auf seinem Höhepunkt stand.
Einer der klügsten Köpfe des Imperium Romanum hat der
Vulkanologie einen wichtigen Terminus vermacht. In Erinnerung an Plinius den Jüngeren, der den Vesuvausbruch
und die Zerstörung von Pompeji 79 n. Chr. beschrieb, gelten
starke Eruptionen als *plinianisch* oder im Extremfall, wie
bei Tambora, als ultraplinianisch. Um die Gewalt des Ereignisses von 1815 einzuschätzen, hilft ein Blick auf den sogenannten Vulkanexplosivitätsindex. Auf der bis 8 reichenden
Skala bekommt der historische Vesuvausbruch nur eine 5,
die Explosion von Krakatau 1883 eine 6. Tambora wird als
einer von nur 5 Eruptionen der Index 7 zugesprochen; nur
zwei Ereignisse kommen auf einen Index von 8, beide liegen
in weit prähistorischer Zeit.

In seiner unmittelbaren geografischen Region ließ der

Tambora eine für mehrere Tage in Dunkelheit liegende Welt der Zerstörung zurück. Der von der Eruption ausgelöste Tsunami traf gegen Mitternacht an jenem 10. April die Inseln des östlichen Java. Die Zahl der Toten wird auf 71000 bis 100000 geschätzt, und in den folgenden Monaten forderten Hunger und Seuchen weitere Opfer. Keiner der Zeitgenossen ahnte, dass die atmosphärischen Veränderungen in Asien zum Aufstieg der klassischen Seuche des 19. Jahrhunderts beitrugen. Die Unterbrechung der Monsune und andere Wetterabnormitäten im indischen Subkontinent werden für die Mutation der dort endemischen Cholerabakterien – die eine bis dahin oft als »bengalische Cholera« bezeichnete Infektion auslösen – verantwortlich gemacht. Ab 1817 breitete sich die Cholera aus und wurde zu einer globalen Seuche; zu ihren Opfern gehören auch zahlreiche prominente historische Persönlichkeiten wie Carl von Clausewitz und wahrscheinlich auch der Philosoph Georg Wilhelm Friedrich Hegel. 1815 war dies jedoch noch nicht abzusehen. Doch für die von Tambora so weit entfernt gelegenen Kontinente wie Europa und Nordamerika hatte die Eruption unmittelbarere Konsequenzen: Sie erlebten einen plötzlichen Klimawandel, so dramatisch wie nie zuvor in der menschlichen Zivilisation.

So verheerend die Heimsuchungen durch die direkte Gewalt des Vulkans, durch Tsunami und Ascheregen in Südostasien auch waren – globale Auswirkungen hatte vor allem eine vom Mount Tambora in die Stratosphäre ausgestoßene Emission. Es waren Schwefelgase, die sich mit der Feuchtigkeit in höheren Luftschichten zu geschätzten 200 Teragram (= Megatonnen) Schwefelaerosol verbanden. Die grönländischen Eisbohrkerne haben für die letzten zweitausend Jahre nur einen Vulkanausbruch mit zu noch stärkerer Sulfatkonzentration führenden Emissionen

nachgewiesen, der sich 1258 ereignete. Wo dieser Ausbruch
stattfand, ist indes unbekannt; er muss sich jedoch in einer
Region ereignet haben, in der zu dieser Zeit entweder keine
Menschen wohnten oder aus der keine Überlieferungen
vorliegen. Aufgrund der äquatornahen Lage des Tambora
zogen die Aerosolschichten fast um den ganzen Globus und
absorbierten Sonnenlicht, das auf dem Erdboden fehlte.
Die Eruption des Mount Tambora führte 1816 zu einem in
der Neuzeit einzigartigen Phänomen: dem »Jahr ohne Sommer«.[2]

Wie bei jeder Wetteranomalie war nicht jede Region in
gleichem Maße betroffen, gab es selbst in Europa Länder,
die fast Normalität genossen, vor allem im Osten des Kontinents. Doch in weiten Teilen der westlichen Welt mussten
die Menschen erfahren, wie sehr die Natur aus den Fugen
geraten war. Memoiren, Briefe und Presseberichte legen
Zeugnis davon ab, wie einschneidend das abnormale Wetter empfunden wurde. In Nordamerika beispielsweise sahen
die Menschen nach einem bitterkalten Winter – »der Körper zittert und schrumpft durch die Kälte, die wir durch-
machen« notierte Ex-Präsident und Amateurmeteorologe
Thomas Jefferson auf seinem Landsitz Monticello im Januar
1816 – hoffnungsvoll dem Sommer entgegen. Stattdessen
kehrte der Winter zurück. »Die Häuser, die Straßen, die
Plätze der Stadt sind vollständig mit Schnee bedeckt«, schrieb
die *Quebec Gazette* am 8. Juni, »und dem ganzen umgeben-
den Land geht es genauso; es sieht aus wie im Dezember«.[3]
Dichter Schnee ging auch auf die Neuenglandstaaten nieder,
und der in Danville im US-Bundesstaat Vermont erschei-
nende *North Star* kam zu einer frühen und vollkommen
richtigen Einschätzung: »Wahrscheinlich hat niemand, der
im Land lebt, je so ein Wetter erlebt, und vor allem nicht
von so langer Dauer.«[4] Einen Zusammenhang mit den Er-

eignissen von Tambora im Jahr zuvor sah man nicht, am ehesten vermutete man in der in jenen Jahren verringerten Sonnenfleckenaktivität eine Ursache des plötzlichen Klimawandels. Dass es an Wissen und an Daten fehlte, war den Zeitgenossen indessen bewusst, und so rief der *Albany Daily Advertiser* zu Bürgerengagement auf, um den Geheimnissen des Wetters auf die Spur zu kommen: »Eine große Masse von nützlichen Informationen über unser Klima und die Jahreszeiten könnte zusammengetragen werden, wenn Gentlemen, welche die notwendigen Instrumente besitzen, jeden Tag ein paar Minuten der Dokumentierung des Wetters und der Temperatur unserer Atmosphäre widmen könnten.«[5]

In Europa war es weniger der Schnee als vielmehr die scheinbar unauflöslichen Regenwolken, die von Skandinavien über Deutschland und die Schweiz bis nach Spanien den Himmel verdunkelten. Die englische Zeitung *Norfolk Chronicle* schreibt von »melancholischen Berichten über die ungewöhnliche Feuchtigkeit der Jahreszeit, die aus allen Teilen des Kontinents eingehen. Als Folge davon wird Besitz durch Überschwemmungen weggespült, wird den Weinbergen und Getreidefeldern unermesslicher Schaden zugefügt.«[6] In den Niederlanden schien eine Überschwemmung auf die nächste zu folgen, weite Teile Unterfrankens erlebten nach den Worten eines Zeitzeugen »ständigen Regen, sintflutartig, wie wir ihn nie zuvor gesehen haben, gefolgt von Hagelstürmen.«[7] Es kam in praktisch allen Teilen des deutschen Sprachraumes zu Missernten. Überall bot sich fast das gleiche Bild, und im Spätsommer musste eine englische adelige Reisende nach Durchquerung Preußens feststellen: »Wie kalt und trist ist doch dieses weite Deutschland!«. Kurz darauf in Dresden »ist das Wetter abscheulich kalt, von dauernden Regengüssen und allgegenwärtiger Feuchtigkeit.«[8]

In Deutschland sprachen die Menschen von dem Katastrophenjahr als »Achtzehnhundertunderfroren«.

Die mittleren Tagestemperaturen lagen im Sommer 1816 in West- und Mitteleuropa um ein bis zwei Grad Celsius unter den Durchschnittstemperaturen des Zeitabschnitts von 1810–1819, welcher ohnehin eine der kältesten Dekaden der Moderne war. Im Vergleich zu den Jahren 1951–1970 war der Sommer von 1816 um bis zu 3°C kälter – klimatologisch ein enormer Unterschied. Auf der nördlichen Hemisphäre wurde 1816 zum zweitkältesten Jahr seit 1400, lediglich die Menschen im Jahr 1601 haben noch tiefere Durchschnittstemperaturen ertragen müssen. Die Auswertung der Messdaten von fünfzehn europäischen Wetterstationen zwischen Edinburgh und St. Petersburg im Norden bis Mailand und Palermo im Süden ergab, dass fast überall die Mittelwerte des Jahres 1816 deutlich, mancherorts um 2 Grad oder mehr, von jenen der gesamten Epoche 1801–1830 abwichen. In Paris war 1816 gar der kälteste Sommer der Zeit zwischen 1771 und 1990, in Karlsruhe markierte das Jahr den kältesten Sommer zwischen 1801 und 1930, während er in Skandinavien kaum von der Norm abwich.

Das Jahr ohne Sommer traf zu allem Übel auf ein Europa, das gerade ein Vierteljahrhundert fast permanenter Kriege und sozialer Umwälzungen hinter sich hatte. Die Napoleonischen Kriege hatten weite Landstriche verwüstet zurückgelassen, Zehntausende ehemaliger Soldaten waren, vor allem in Frankreich, auf der Suche nach Arbeit und Brot. Und dieses Brot wurde knapp; Historiker sehen in den Jahren 1816/17 die letzte wirklich ausgedehnte Hungersnot in Kontinentaleuropa. Die irische Insel indes wurde 30 Jahre später von einer fürchterlichen Hungerkatastrophe heimgesucht, die rund eine Million Menschenleben forderte und eine vergleichbar große Zahl zur Auswanderung, vor allem nach Amerika, zwang. Vereinzelt kam es zu Unruhen wie im englischen East Anglia, wo Demonstranten mit Plakaten wie »Bread or Blood« in der Stadt Ely zusammenkamen, den Magistrat gefangen nahmen und sich Straßenschlachten mit der Miliz lieferten. In Frankreich setzte die Regierung unter dem nach Napoleons endgültiger Vertreibung wieder eingesetzten Bourbonenkönig Ludwig XVIII. nach den Erfahrungen mit der Revolution von 1789, die nach einer Abfolge von Missernten ausgebrochen war, alles daran, den Brotpreis in Paris niedrig zu halten; doch die Unruhen wurden dadurch nur in die Provinzen verlagert. Doch es gab auch Zeichen der Solidarität mit den ganz Schwachen. In einigen deutschen Städten wie Düsseldorf, Elberfeld und Frankfurt wurden von wohlhabenden Bürgern »Kornvereine« gegründet, die Getreide importierten und eine Grundversorgung der Armen mit Brot sicherzustellen hofften. Andere Wohltätigkeitsorganisationen kamen hinzu.

Das Jahr ohne Sommer brachte nur wenig Gutes mit sich. Dazu gehörten die teilweise bombastisch farbenprächtigen Sonnenuntergänge (wenn es nicht regnete oder schneite), zu denen die Aerosole in den oberen Luftschichten beitragen. Der englische Maler J.M.W. Turner wird diese Pracht, die lebhaften Erdfarben und die besonderen Stimmungen der Abende in einer fragilen Welt in sein Œuvre einbringen. Sein farbenfrohes Bild *Chichester's Canal*, in der Tate Gallery in London zu bewundern, gibt einen Eindruck davon, an welchem Naturereignis sich die Menschen in jener Epoche erfreuen konnte – wenn das harsche Wetter noch Platz für Freude ließ. In Karlsruhe, der Stadt mit einem herausragend kalten Sommer, wurde Karl Friedrich Ludwig Freiherr Drais ganz offenbar auch durch das Pferdesterben als Folge des Mangels an Futtermittel und die daraus resultierende Pferdeknappheit motiviert, eine neue Form der Fortbewe-

gung zu erfinden. Im folgenden Jahr meldete er seine Drai-
sine, sein Laufrad, zum Patent an – der erste Schritt hin zum
Fahrrad war getan.

Ein Land – noch weit von seinem heutigen Wohlstand
entfernt – wurde in besonders starkem Maße heimgesucht:
von monatelangen Regenfälle, Überschwemmungen, Missernten und weit verbreitetem Hunger, der die Zahl der Obdachlosen sprunghaft ansteigen ließ. Dieses Land war die
Schweiz. Und hier entstand das literarische Monument des
Jahres ohne Sommer. Mary Wollstonecraft Godwin reiste
in jenen Monaten mit ihrem Liebhaber, dem Dichter Percy
Shelley, dem gemeinsamen Sohn William und der Stief-
schwester Claire über den Kontinent. Schon in den französischen Alpen machte es kaum noch Spaß: »Die Kälte war in
der Tat exzessiv. Als wir die Berge hinaufstiegen, schütteten
die gleichen Wolken, die im Tal auf uns hinab geregnet hatten, schnelle und dichte Schneeflocken aus.«[9] Die Szenerie
am Genfer See empfand sie als »desolat«, und so mietete
man sich eine abgeschiedene Villa, die Maison Chapuis.
»Unglücklicherweise«, so notierte Mary im Juni, »fesselt
uns der unaufhörliche Regen an das Haus. Die Gewitter,
die über uns hereinbrechen, sind grandioser und schreck-
licher als alles, was ich bisher gesehen habe.«[10] Bald stieß
mit Lord Byron ein weiterer Dichterfürst hinzu; der Aufenthalt schwankte zwischen Spannungen und Kreativität:
»Die ganze Jahreszeit war kalt und verregnet, und an den
Abenden versammelten wir uns um das knisternde Feuer
und amüsierten uns mit deutschen Geistergeschichten.«[11]
Sie hatte auf der Reise die Not in den Gesichtern bemerkt,
den Gesichtern der Heimatlosen, der Hungernden, die über
das Land streiften und als Bedrohung wahrgenommen wurden. Mary formte in der Maison Chapuis aus diesen Begeg-
nungen die Geschichte einer Kreatur, welche diese Gefühle

kennt, legte ihrer Schöpfung in den Mund, dass sie an der »Gnadenlosigkeit der Jahreszeit«, aber »mehr noch an der Barbarei des Menschen« leide. Sie gab ihrem Roman einen Titel, der von Hybris und Untergang und von des Menschen eitlem Unterfangen, die Schöpfung beherrschen zu wollen, kündet, in unzähligen Sprachen, überall auf diesem verletzlichen Planeten bekannt: *Frankenstein*.[1]

Das von Dr. Frankenstein geschaffene Monster (dargestellt von Boris Karloff) im Film

Nebel über München

In den 1930er Jahren erlebte die zivile Luftfahrt ihr erstes Goldenes Zeitalter. Neuentwickelte Flugzeuge wie die Ford Trimotor in den USA und die Junkers Ju 52 in Europa beförderten zwischen 20 und 30 gutsituierte Passagiere und verwöhnten sie mit einem Service, von dem heutige Reisende in der Konservenbüchsenklasse von Großraumjets nur träumen können. Doch für die Vorfahren der heutigen viel fliegenden Durchschnittsverdiener war eine Flugreise ohnehin unerschwinglich – vor allem im Nonplusultra des Luxus über den Wolken, dem Yankee Clipper von Pan American, der 1939 seinen Dienst aufnahm. Das geräumige Flugboot mit Schlafkabinen und einer Bar ermöglichte Transatlantikflüge *in style* – und dies nur 12 Jahre, nachdem Charles Lindbergh in seiner Spirit of St. Louis denkbar unkomfortabel von Long Island nach Paris geflogen war.

Dem Reisevergnügen der Reichen und Mächtigen waren indes Grenzen gesetzt. Es gab keine geordnete Flugsicherung, Radar war noch ein in der Entwicklung befindliches militärisches Geheimnis. So waren sicheres Fliegen und die Entscheidung zum Start äußerst wetterabhängig. Der Instrumentenflug steckte noch in den Kinderschuhen, und Gewitter und Stürme stellten kaum überwindbare Reisehin-

dernisse dar. Vor allem Nebel war ein *No go*: Bei einer geringen Sichtweite hob kein verantwortungsbewusster Pilot
ab. Eine solche Wetterlage brachte die damals noch über-
schaubaren Flugpläne durcheinander; man war gezwungen
zu warten, bis sich der Nebel auflöste. An einem Herbst-
abend des Jahres 1939 verhinderte ein solcher Nebel über
dem gerade erst eingeweihten Flughafen Riem das Starten
und die Landung von Flugzeugen in München. Und es ist
keine Übertreibung, wenn man sagt, dass dieses Nebelfeld
dramatische Konsequenzen hatte, die das Leben (und Sterben) von Millionen Menschen innerhalb der nächsten fünf-
einhalb Jahre beeinflussten.

Zu den Reichen und Mächtigen, die sich früh das Fliegen und die schnelle Überwindung großer Distanzen zunutze machten, gehörte auch (dank der Tantiemen aus dem
millionenfachen Verkauf von *Mein Kampf*) Adolf Hitler.
In den Wahlkämpfen von 1932 war er regelmäßig mit dem
Flugzeug unterwegs und absolvierte oft an einem Tag drei
Auftritte an recht weit auseinander liegenden Orten. Nicht
zuletzt sollte dies Modernität und Dynamik signalisieren –
was die Propagandamaschinerie der NSDAP zu dem Slogan
»Hitler über Deutschland« inspirierte. Nach seiner Ernen-
nung zum Reichskanzler am 30. Januar 1933 blieb er der
Ju 52 als Transportmittel verbunden. Dieses Flugzeug nutzte
er meist auch für jene Reise, die einen festen Termin in der
Choreographie und der Selbstinszenierung des Naziregimes
darstellte: der Auftritt des Führers vor »alten Kameraden«
aus der »Kampfzeit« zum Gedenken an den gescheiterten
Putsch des Jahres 1923, als Hitler in München zum ersten Mal nach der Macht gegriffen hatte. Am Jahrestag des
Putschbeginns, dem Abend des 8. November, eine in aller
Regel lange Rede im Münchner Bürgerbräukeller zu halten –
wo der Putsch gegen die bayrische Staatsregierung begon-

nen hatte, bevor er am nächsten Tag, dem 9. November 1923
vor der Feldherrenhalle im Kugelhagel der Polizei endete –
war für das Regime ein unverzichtbares Ritual. Hitlers Rede
am 8. November 1938 war ein besonderer Triumph: In der
gleichen Stadt hatte er erst wenige Wochen zuvor den West-
mächten im »Münchner Abkommen« jene Zugeständnisse
über die Eingliederung des Sudetenlandes ins Deutsche
Reich abgerungen, die den Höhepunkt der Appeasement-
Politik darstellen – und heute als Schande, als Symbol des
Einknickens demokratischer Systeme wie Großbritannien
und Frankreich vor Despoten und deren ungehemmter
Gewaltbereitschaft gelten. Unter den rund 3000 jubelnden
und grölenden Parteigenossen (so viele Besucher fasste der
Bierkeller) befand sich auch ein stiller Mann, der nicht »Heil
Hitler!« brüllen mochte. Sein Name war Georg Elser, und in
seinem Kopf begann ein Plan zu reifen.

Der aus dem württembergischen Königsbronn stammende Elser war Tischler und Mitglied des Rotfrontkämpferbundes, einer Organisation der Kommunistischen Partei
Deutschlands (KPD). Der ruhige Mann war von Beginn der
Nazidiktatur an ein Gegner des neues Regimes, verweigerte
den Hitlergruß und war zunehmend beunruhigt wegen der
sich nach seinen Beobachtungen verschlechternden Situation der Arbeiterschaft und der offensichtlichen außenpolitischen Aggressivität des Regimes. Elser entschloss sich,
zu handeln – ganz allein, ohne eine ihn unterstützende
Organisation, mit Akribie und Zielstrebigkeit. Der Besuch
im Bürgerbräukeller 1938 hatte ihn überzeugt: Dies war
der richtige Ort. Elser konnte mit Sicherheit davon ausgehen, dass Hitler in exakt einem Jahr erneut hier sprechen
würde – in dem gleichen Saal, vom gleichen Podium vor
den massiven, das Dach der Halle tragenden Säulen. Er be-
sorgte sich Zündkapseln und trat eine Stelle als Arbeiter in

einem Steinbruch nahe Königsbronn an, wo es ihm gelang, Sprengstoff zu entwenden. Im Sommer 1939 zog er nach München. Immer wieder ging er in den Bürgerbräukeller und ließ sich – nachdem die letzten Gäste das Lokal verlassen hatten – einschließen. Unbemerkt begann er mit seiner Arbeit: In etwa 30 Nächten zwischen August und November höhlte er die Säule hinter Hitlers vorgesehenem Standort aus und transportierte jeweils am nächsten Tag den Schutt in einem Koffer hinaus. In den Hohlraum deponierte er den Sprengstoff und einen Zeitzündermechanismus, den der geschickte Tüftler konstruiert hatte und den noch heute Experten als genial bezeichnen. Das Uhrwerk ließ sich sechs Tage im Voraus einstellen; am Morgen des 6. November setzte er den Detonationszeitpunkt fest: zweieinhalb Tage später, für den 8. November 1939 um exakt 21 Uhr 20. In der Nacht auf den 8. November versteckte sich Elser ein letztes Mal im leeren Bürgerbräukeller, um die fertiggestellte Bombe zu überprüfen. Er war zufrieden; sie würde zuverlässig funktionieren. Dann verließ er München, um sich in die Schweiz abzusetzen.

Seine Motivation, Hitler umzubringen, war stärker denn je. In den drei Monaten vor dem Attentat hatte Hitler den Krieg, den er seit langem plante, begonnen. Nach dem deutschen Überfall auf Polen am 1. September 1939 – gut eine Woche nach der diplomatischen Verbrüderung mit dem ideologischen Erzrivalen und nunmehrigen Komplizen bei der Aufteilung Polens, der kommunistischen Sowjetunion, im sogenannten Hitler-Stalin-Pakt – erklärten Großbritannien und Frankreich den Krieg. Elser sah im Tod Hitlers eine Chance, vielleicht die einzige Chance, eine Ausweitung des Konfliktes und jenes Massensterben, das bald Realität wurde, zu verhindern. Der große britische Zeithistoriker und Hitler-Biograf Ian Kershaw würdigt den 36-jährigen einsamen Widerstandskämpfer: »Während Generäle und hochrangige Staatsbedienstete darüber nachdachten, ob sie handeln *sollten*, es ihnen aber an Willen und Entschlossenheit fehlte, handelte ein Mann ohne Zugang zu den Korridoren der Macht, ohne politische Verbindungen und ohne eine festgefügte Ideologie, ein schwäbischer Schreiner namens Georg Elser *tatsächlich*. Anfang November 1939 würde Elser so nah wie niemand anders bis Juli 1944 dem Ziel, Hitler zu zerstören, nahe kommen. Nur Glück würde den Diktator bei dieser Gelegenheit retten. Und Elsers Motive, die mehr auf der Naivität elementarer Gefühle basierten als aus dem gequälten Gewissen der Vielbelesenen und Kenntnisreicheren empor zu steigen, würden nicht die Interessen jener in den Villen, sondern ganz ohne Zweifel die Sorgen zahlloser normaler Deutscher jener Zeit widerspiegeln.«[1]

Was Elser bei all seiner wohldurchdachten Planung nicht mit ins Kalkül zog, war die Launenhaftigkeit Hitlers – und die Unwägbarkeiten des Wetters. Zunächst wollte Hitler auf seinen Auftritt verzichten: Es herrschte Krieg, und der oberste Kriegsherr Nazideutschlands wollte in Berlin die Entscheidung über einen baldigen Beginn des Westfeldzuges treffen. Statt seiner würde sein Stellvertreter Rudolf Heß sprechen.[2] Sprunghaft, wie er bei seinen Entscheidungen häufig war, entschloss sich Hitler dann plötzlich doch, in München aufzutreten. Allerdings wollte er noch am selben Abend nach Berlin zurückreisen. Doch an diesem Abend lag dichter Nebel über München. An einen Flug nach Berlin war nicht zu denken, die Ju 52 blieb am Boden. Hitler entschied sich für die Bahn-Alternative: Ein Sonderzug sollte den Münchener Hauptbahnhof um 21 Uhr 30 verlassen.

Aus diesem Grund fasste Hitler sich kürzer als gewohnt. In seine Rede, die mit vielen Sarkasmen von den »alten Kameraden« in bierseliger Stimmung als großartiges Entertainment bejubelt wurde, griff er vor allem Großbritannien an. Er begann um 20 Uhr 10 und hörte nach knapp einer Stunde auf – die Uhren im Bürgerbräukeller zeigten 21 Uhr 07 an. Auch das Händeschütteln mit Parteigenossen wurde auf ein Minimum beschränkt, Hitler war erkennbar in Eile. Um 21 Uhr 20 hatten nicht nur der Führer und seine Entourage die Bierhalle verlassen, auch zahlreiche der auf 2000 bis 3000 geschätzten Gäste waren gegangen. Elsers Mechanismus arbeitete zuverlässig. Die Bombe explodierte exakt zwanzig Minuten nach neun Uhr abends mit ungeheurer Wucht; sie verwüstete nicht nur das Umfeld des Platzes, an dem Hitler vor einigen Minuten noch gestanden hatte, sondern brachte auch die Saaldecke zum Einsturz.

Natürlich ist es ein reizvolles Gedankenspiel, sich vorzustellen, was passiert wäre, wenn Hitler nicht zur Änderung seiner Reisepläne gezwungen worden wäre und sich so verhalten hätte wie an jedem anderen Jahrestag des Novemberputsches. Hätte das Naziregime ohne seinen absoluten und kaum zu ersetzenden Identitätsstifter überlebt, vor allem angesichts einer durchaus motivierten, aber – nach Auffassung Kershaws – noch unentschlossenen Widerstandsbewegung in der Wehrmacht? Hätte der Zweite Weltkrieg nach wenigen Wochen gestoppt und der Holocaust verhindert werden können?

Doch Elsers Plan war gescheitert. Der Attentäter wurde in Konstanz beim Versuch, in die Schweiz einzureisen, verhaftet. Die Abzeichen des Rotfrontkämpferbundes, ein Zeitzünder und eine Ansichtskarte des Bürgerbräukellers in seinen Taschen machten es der Grenzpolizei nicht gerade schwer. Er wurde gefoltert, gestand und verbrachte die nächsten Jahre in verschiedenen Konzentrationslagern. Am 9. April 1945, exakt einen Monat vor Ende eines Krieges, den er zu verhindern gehofft hatte, wurde er in Dachau von

einem SS-Offizier ermordet. An den einsamen Attentäter
erinnern heute zahlreiche Gedenkstätten, er gilt als »großer
Deutscher« (Der Spiegel) und als »einer der größten Söhne
Baden-Württembergs« (Landesregierung in Stuttgart). Eine
Gedenktafel für die acht von seiner Bombe zerrissenen Personen, darunter eine Aushilfekellnerin, die zwei kleine Kinder hinterließ, gibt es nicht – auf der heutigen Tafel an der
Stelle des längst abgerissenen Bürgerbräukellers wird nicht
erwähnt, dass der Anschlag überhaupt Opfer (neben den
8 Toten mehr als 60 Verletzte) forderte. Für die Nazipropa-
ganda war das fehlgeschlagene Attentat ein Zeichen dafür,
dass die »Vorsehung« auf Seiten des Führers stehe. So würde
es bleiben – bis zum bitteren Ende.

Denkmal für Georg Elser in Berlin

Als der Vormarsch
der Wehrmacht einfror

Der Lehrer an der Primarschule in Malgovik in der nord-
schwedischen Provinz Norrland mag geahnt haben, dass die
Messwerte von der kleinen Wetterstation der Schule rekord-
verdächtig sein würden. Bei dem alten Alkoholthermometer
mussten die Angaben noch in die Werte des zuverlässigeren
Quecksilberthermometers umgerechnet werden. Sie lagen
bei beeindruckenden −53 Grad Celsius. Der Tag, an dem
diese Messung vorgenommen wurde, war ein bedeutender.
Es war der 13. Dezember 1941, und ganz Schweden feierte
Luciadagen, das Luciafest, jenes vorweihnachtliche Fest, an
dem Mädchen in hellen Gewändern Kerzen in den Händen
oder einen Lichterkranz auf ihrem Kopf tragen und an dem
man süßen Leckereien und Getränken zuspricht – warmen
Getränken, versteht sich.

Bei diesen Temperaturen hatte das Luciafest etwas wahrhaft Erwärmendes, Tröstendes. Dass es die bittere Kälte war,
die an diesem Festtag als *das* Gesprächsthema galt, macht
deutlich, wie gesegnet Schweden in dieser anderenorts so
fürchterlichen Zeit war. Auch wenn es Einschränkungen
gab – der Krieg, der in Europa nunmehr in seinen dritten
Winter ging und eine knappe Woche zuvor mit dem japanischen Überfall auf die amerikanische Flottenbasis Pearl

Harbor endgültig zum Weltkrieg geworden war, war für die Schweden noch weit weg – etwas, über das man in Dagens Nyheter, Svenska Dagbladet und anderen Tageszeitungen las. Das Gefühl einer Nation, die inmitten einer chaotischen Welt jenseits von Öresund und Bottnischem Meerbusen zusammenrücken musste, stellte sich bei den Schweden in diesem Winter in besonderem Maße ein. In der Hauptstadt Stockholm fielen die Temperaturen im darauffolgenden Monat, im Januar 1942, auf einen Durchschnittswert von –10,6 Grad Celsius (und sollten in diesem Monat einen Tiefstwert von –28,2 Grad erreichen), während das Januarmittel der Jahre 1901 bis 1930 nach den Statistiken des Schwedischen Wetterdienstes bei nur –2,5 Grad gelegen hatte. Auch in anderen Teilen des Königreichs gab es ähnliche Minusrekorde. In Malmö beispielsweise, das in den ersten drei Jahrzehnten des 20. Jahrhunderts mit +0,3 Grad noch eine positive Januardurchschnittstemperatur erreichte, lag der Mittelwert im Januar 1942 bei –7,5 Grad und der Tiefstwert bei –25 Grad.[1]

Der Winter 1941/42 war in weiten Teilen Europas – vor allem im Norden und im Osten – einer der kältesten, wenn nicht der kälteste bisher in diesem Jahrhundert. Was in neutralen Ländern wie Schweden und der Schweiz den Rang eines das Alltagsleben stark beeinträchtigenden Kuriosums einnahm, hatte im Kontext des Zweiten Weltkrieges epochale Konsequenzen. Es ist dieser Winter, der für den Anfang vom Ende Hitlers, für die erste wirklich verheerende, wenngleich noch nicht vollends entscheidende Niederlage der deutschen Wehrmacht steht, die mit ihrer Blitzkrieg-Taktik seit Kriegsbeginn im September 1939 weite Teile Kontinentaleuropas unter ihre Kontrolle gebracht hatte.

Das Diktum, wonach man die Geschichte kennen muss, um ihre Fehler nicht zu wiederholen, galt nicht für Adolf

Hitler. Er wusste zwar, wie der Russlandfeldzug Napoleons geendet hatte, was ihn jedoch nicht daran hinderte, auf den Spuren des Korsen zu wandeln, eine noch größere Invasionsarmee aufzustellen und beinahe exakt am Jahrestag des Beginns der napoleonischen Russlandinvasion loszuschlagen. Noch vor dem ersten Dämmerlicht erhellte um 3.15 Uhr am Sonntag, dem 22. Juni 1941, plötzlich das Feuer aus mehr als 7000 Geschützrohren aufs Gespenstischste die Szenerie entlang einer mehr als zweitausend Kilometer langen Grenzlinie, die sich von der Ostsee bis an die Küsten des Schwarzen Meeres erstreckte. Die Luft hallte wider vom Dröhnen der Flugzeugmotoren, als mehr als 2000 Maschinen der Luftwaffe aufstiegen, um die gegnerischen Luftstreitkräfte möglichst noch am Boden zu zerschlagen. Doch obwohl bei diesem ersten Angriff auf 66 sowjetische Flugfelder rund 1200 Maschinen mit dem Roten Stern zerstört wurden, hatten die deutschen Planer erneut die Stärke des Gegners weit unterschätzt. Beim Morgengrauen rückten rund drei Millionen Mann in den feldgrauen Uniformen der Wehrmacht aus ihren Stellungen vor. In den nächsten Tagen folgten ihnen mehr als eine halbe Million Soldaten der Verbündeten aus Italien, Ungarn, Finnland und Rumänien. Die »Operation Barbarossa« hatte begonnen.

Für Hitler war der Angriff auf die Sowjetunion der Höhepunkt seines »Kampfes«, die in seiner Welt des Rassenwahns von Wagnerschen Walkürengesängen begleitete endgültige Abrechnung mit dem ideologischen Gegner. Es war, wie er seinen Generälen der Wehrmacht verkündete, der »Kampf zweier Weltanschauungen«, der finale Showdown mit dem ihm so verhassten »jüdischen Bolschewismus«. Von Anfang an war der Russlandfeldzug als Eroberungs- und Vernichtungsfeldzug geplant, bei dem in den zu besetzenden Gebieten die kommunistischen Kommissare sowie Juden ohne

Ausnahme eliminiert werden sollten. Da das gigantische Heer – wie es einst auch Napoleon für seine Grande Armée geplant hatte – aus den Erträgen des besetzten Landes versorgt werden sollte (wie Anno 1812 der Empereur kam auch Hitler nicht ohne Pferde aus, mehr als 600 000 der Tiere gehörten zum Tross der Wehrmacht), nahm man in Kauf, dass die Bevölkerung in den zu besetzenden Gebieten – »Untermenschen« in der Nazi-Terminologie – zu Millionen verhungerte. Auf dem besetzten Land sollten später nach der Rassenideologie der Nazis deutsche Wehrbauern heimisch werden und germanische Kultur in die »Wildnis« bringen. Vor allem mit der Eroberung der fruchtbaren Ukraine und der Ölfelder des Kaukasus würde Deutschland aller Rohstoffsorgen ledig. Mit den Ressourcen, auf die man durch Eroberung des europäischen Teils der Sowjetunion (bis zur Linie Archangelsk-Astrachan) Zugriff bekommen würde, sollte sichergestellt werden, dass man Krieg gegen Großbritannien und in absehbarer Zeit auch gegen die USA bis zum »Endsieg« führen konnte.

Obschon zahlreiche nachrichtendienstliche Hinweise auf einen bevorstehenden deutschen Angriff vorlagen und erst wenige Stunden vor dem Beginn der Operation Barbarossa in den an das Reich grenzenden Militärbezirken der Sowjetunion der Alarmzustand ausgerufen wurde, kam der Überfall für viele sowjetische Einheiten überraschend. Und für Stalin – so zumindest Erkenntnisse der Historiografie – war es ein Schock. Als sich der Sowjetdiktator zwei Wochen später an die Bevölkerung wandte, war nicht mehr von kommunistischer Ideologie die Rede, sondern von Patriotismus und Vaterlandsliebe. Es war der »Große Vaterländische Krieg«, der nun gegen die Invasoren geführt wurde, ein Krieg, der auch heute im Selbstverständnis des modernen Russlands eine zentrale, Identifikation stiftende Rolle spielt.

Zunächst lief es schlecht für die Verteidiger, die an manchen Stellen der Front regelrecht überrannt wurden. Die deutschen Panzertruppen drangen bei warmem Sommerwetter rasch vor (einige Truppenverbände legten bis zu 80 Kilometer am Tag zurück). Die sogenannten Kesselschlachten, ein wesentliches Merkmal der damaligen Kriegsführung, versetzten die Angreifer in Siegestaumel und gaben Anlass zu fanfarenbegleiteten Sondermeldungen im Reichsrundfunk. Die im triumphalen Ton vorgetragenen Nachrichten von einhundert-, zweihundert- oder dreihunderttausend Gefangenen schürten im Reich eine Euphorie, die die Rolle des »Führers« verherrlichte. Der Diktator hatte getönt, die Sowjetunion sei ein morscher Staat und werde in Kürze zusammenbrechen.

Doch einige Generäle wurden ungeachtet des schnellen Vordringens und der unüberschaubaren Massen von Kriegsgefangenen, die auf staubigen Straßen nach Westen zogen, nachdenklich – sie kannten die Memoiren des Marquis de Coulaincourt, der an der Seite Napoleons ähnlich schnell und siegreich immer tiefer nach Russland eingedrungen war. Allerdings hatte Napoleon Mitte September 1812 Moskau erreicht, wovon die deutschen Stäbe im Sommer 1941 nur träumen konnten. Das Reservoir des Gegners an Menschen und – vor allem nach Verlegung kriegswichtiger Industrien hinter den Ural und dem Beginn massiver amerikanischer und britischer Hilfslieferungen – Material sorgte schon in der Frühphase für blankes Entsetzen. »Wir haben bei Kriegsbeginn«, so General Franz Halder am 11. August, »mit etwa 200 feindlichen Divisionen gerechnet. Jetzt zählen wir bereits 360. Wenn ein Dutzend davon zerschlagen wird, dann stellt der Russe ein weiteres Dutzend hin.«[2] Wie einst zu Napoleons Zeiten galt die Einnahme Moskaus als entscheidend, als Sinnbild der zu erwartenden russischen Niederlage. Zumindest die Sowjets sahen es so und unternahmen alles in ihren Kräften stehende, um die Verteidigung der Hauptstadt zu stärken. Hitler hingegen äußerte sich nur verächtlich über Moskau (und über Leningrad, das er belagern ließ und auszuhungern suchte). Zu jenem Zeitpunkt, da Halder seine Frustration über die Reserven des Gegners zu Papier brachte, änderte Hitler plötzlich seine Prioritäten. Zum Ärger seiner Panzergeneräle wie Heinz Guderian ließ er die Heeresgruppe Mitte nicht länger in Richtung Moskau vorstoßen, sondern befahl einen Schwenk in Richtung Ukraine. Ende September kam es zur einer Kesselschlacht um Kiew, bei der rund 600 000 Sowjetsoldaten gefangengenommen wurden – doch der Gegner war immer noch nicht besiegt.

Hitler wechselte nun erneut seine Kriegspläne und befahl unter dem Codewort »Operation Taifun« Anfang Oktober den Angriff auf Moskau. Und bald klangen wieder die Sondermeldungsfanfaren aus den Volksempfängern: Bei Wjasma und Brjansk wurde eine Doppelschlacht von epischem Ausmaß geschlagen, allein in letzterem »Kessel von Brjansk« habe die Rote Armee an die 700 000 Mann verloren. Ein neuer Triumph der deutschen Waffen von einst unvorstellbarem Ausmaß – und immer noch kein finaler Sieg in Sicht.

Stattdessen änderte sich das Wetter. Es begann zu regnen, tage- und wochenlang; in manchen Regionen schneite es Anfang Oktober, taute dann aber bald wieder. Das Ergebnis war das Gleiche: Russland und mit ihm die Invasoren versanken im Schlamm. Der sowjetische Kriegsreporter Wassili Grossmann sah zum ersten Mal das Wetter erkennbar mit den Soldaten Stalins im Bunde: »Regen, Schnee und Graupel verwandeln alles in einen bodenlosen Sumpf, in einen schwarzen Teig, der von Tausenden Soldatenstiefeln, Rädern und Panzerketten geknetet wird. Und wieder sind alle froh: Der Deutsche versinkt in unserem höllischen Herbst.«[3]

Die deutsche Wehrmacht war weder auf den Schlamm des Herbstes noch auf das viel Schlimmere vorbereitet, das der Winter noch bringen sollte. Die Soldaten trugen Sommeruniformen – eine Ausstattung des Heeres mit wintertauglicher Ausrüstung und Kleidung galt als »Defätismus«. Der Führer selbst hatte schließlich verkündet, die Sowjetunion sei nach nur wenigen Wochen niedergerungen.

Langsamer als zuvor, aber nach wie vor kaum aufhaltbar bewegte sich die Heeresgruppe Mitte unter Generalfeldmarschall Fedor von Bock gen Moskau. In der sowjetischen Hauptstadt kam es zu Panik, viele Einwohner Moskaus verließen die Stadt. Teile der Regierung wurden nach Kubyschew evakuiert. Auch der mumifizierte Leichnam des Revolutionsführers Lenin wurde ins sichere Sibirien gebracht. Stalin indes blieb. Er wusste, die Augen der Welt ruhten auf Moskau. Am Abend des 6. November hielt Stalin aus der U-Bahnstation Majakowskaja eine seiner berühmtesten Ansprachen, in der er versicherte, dass die »Faschisten« Moskau nicht einnehmen würden. Am nächsten Tag fand vor dem Kreml die traditionelle Militärparade zum Jahrestag der Oktoberrevolution statt. Die gerade noch paradierenden Regimenter marschierten sofort an die Front weiter, die der Stadt immer näher kam. Der in den ersten Novembertagen einsetzende Frost machte den deutschen Panzern das Vorwärtskommen auf nunmehr endlich wieder festem Untergrund etwas leichter – auch wenn längst klar war, dass der Nachschub mit Treibstoff und Munition die Logistik der Wehrmacht völlig überforderte. Für die Infanteristen begann nun eine unvorstellbare Leidenszeit: Es war unerträglich kalt, und man musste sich mit allem Möglichen behelfen, um der Kälte standzuhalten – mit Stroh als Füllung für die längst zerschlissenen Stiefel und nicht selten auch mit den Wintermänteln gefallener Rotarmisten. Es half wenig. Am 5. November notierte Fedor von Bock eine Außentemperatur von –28 Grad Celsius. Es blieb kein Einzelfall.

In den ersten Dezembertagen sank das Thermometer zeitweilig bis auf –35 Grad. Ein deutscher Panzeraufklärungstrupp gelangte am 2. Dezember in den Moskauer Vorort Chimki, bis dahin der weiteste Vorstoß der Wehrmacht auf Moskau. Durch ihre Feldstecher konnten die Soldaten die Türme des Kremls sehen. In der folgenden Nacht sanken die Temperaturen auf –40 Grad. An die 10 000 Mal mussten in diesem Winter die Stabsärzte erfrorene Extremitäten amputieren. Blut gefror binnen Sekunden auf offenen Wunden, Panzer und Flugzeuge konnten nicht mehr gestartet werden.

Am 6./7. Dezember setzten dann massive Schneefälle ein. Wie sich herausstellen sollte, waren sie noch das kleinere Problem für die Deutschen. Einen Tag zuvor nämlich, am 5. Dezember 1941, begann die Rote Armee, die seit Monaten als besiegt und vernichtet beschrieben worden war, eine Großoffensive vor Moskau, der die Invasoren nichts mehr entgegenzusetzen hatten. Ein Gefreiter der 23. Infanteriedivision schrieb nach Hause: »Ich kann Dir nicht schildern, was das heißt. Erstens die furchtbare Kälte, Schneesturm, durch und durch nasse Füße – die Stiefel trocknen nie mehr und dürfen nicht ausgezogen werden – und zweitens diese Nervenproben durch die Russen.«[4] Es war mehr als eine Nervenprobe – die Sowjets hatten Reserven in der Stärke von rund einer Million Mann zusammengezogen, die unter dem Oberbefehl von General Georgi Schukow die Deutschen aus ihren Stellungen vertrieben. Schukow würde an der Spitze sowjetischer Truppen bis zur Eroberung Berlins im Frühjahr 1945 stehen und dann am 9. Mai die bedingungslose Kapitulation Deutschlands entgegennehmen.

Die Sowjets waren perfekt ausgerüstet und den Witterungsverhältnissen angemessen gekleidet. Sie hatten ihre Lektion aus dem Winterkrieg 1939/40 gegen Finnland gelernt, als sie schlecht vorbereitet den vermeintlich schwachen Gegner angriffen und einige demütigende Rückschläge einstecken mussten. »Sibirische Skiläuferbataillone tauchten aus dem gefrorenen Nebel auf«, schreibt Anthony Beevor in seiner Geschichte des Zweiten Weltkrieges, »schufen Verwirrung und griffen an. Mit grimmiger Genugtuung stellten sie fest, dass die Deutschen völlig unpassend gekleidet waren, sich in Fausthandschuhe und Schals alter Frauen hüllen mussten, die sie in den Dörfern gestohlen oder den Menschen einfach vom Leib gerissen hatten.«[5] In Deutschland, an der Heimatfront, war inzwischen die Bevölkerung aufgerufen, Winterkleidung für die Truppe zu sammeln. Für die Menschen war dies der deutlichste Hinweis fernab der Goebbels'schen Propaganda, dass etwas Fürchterliches geschehen war – doch die dabei gesammelten Kleidungsstücke (darunter auch Pelzmäntel wohlhabender Damen) erreichten die Truppe nicht vor dem Februar.

Zwar fluchten die deutschen Soldaten über den Schnee, der sich an einigen Frontabschnitten eineinhalb Meter auftürmte, doch er trug in zahlreichen Fällen zu ihrer Rettung bei. Die nunmehr zur Offensive übergegangenen Sowjets kamen durch die Schneemengen nicht so schnell voran, wie sie erhofft hatten. Ein deutscher General stellte rückblickend fest, »dass der tiefe Schnee die bei Demjansk eingeschlossenen deutschen Truppen vor der Vernichtung bewahrt hat. Durch diesen Schnee konnte selbst die russische Infanterie keinen Angriff starten.«[6]

Doch trotz schwerer Verluste – darunter nicht wenige Verwundete, die sich erschossen, um den Sowjets nicht in die Hände zu fallen – brach die deutsche Front nicht zusammen. Es wurde kein Desaster wie der Rückzug der Grande Armée 129 Jahre zuvor. Mit Ende des fürchterlichen Winters stieg die Zuversicht der deutschen Militärführung, die unerwartet starken Sowjets doch noch bezwingen zu können.

Doch das Jahr 1942 würde in einen Feldzug münden, an dessen Ende der Untergang der 6. deutschen Armee in einer eisigen, schneebedeckten Ruinenstadt stand: Stalingrad. Anders als im Dezember 1941 war es dann nicht das Wetter, das die Niederlage der Wehrmacht besiegelte, sondern vielmehr ein zunehmend gut gerüsteter, besser geführter und motivierter Gegner.

D-Day:
Die Ruhe inmitten des Sturms

Dwight David Eisenhower standen alle Machtmittel dieser Welt zur Verfügung – einer Welt im Inferno eines tobenden globalen Krieges. Der 53-jährige Texaner war Oberbefehlshaber der Alliierten Truppen (SHAEF = Supreme Headquarters of the Allied Expeditionary Forces) in Westeuropa und stand im Sommer 1944 vor einer wahrhaft historischen Aufgabe: die lang erwartete Landung der Briten, Amerikaner, Kanadier und anderer Streitkräfte im seit vier Jahren von den Truppen Nazi-Deutschlands besetzten Frankreich. Seit Monaten plante er das Unternehmen, das kurzerhand als »die Invasion« – im militärischen Code als »Operation Overlord« – bezeichnet wurde und in die Geschichte als D-Day einging. Es würde eine der großen Wendemarken der Weltgeschichte sein: die Befreiung Westeuropas und der Anfang vom Ende der Gewaltherrschaft des Adolf Hitler.

Eisenhower war im Dezember 1943 vom amerikanischen Präsidenten Franklin D. Roosevelt zum Oberkommandierenden der westlichen Alliierten ernannt worden – ein wenig überraschend, da General George C. Marshall als Favorit für diesen Posten galt. Roosevelt glaubte indes, nicht auf Marshall in Washington, wo er Stabschef der US-Streitkräfte war, verzichten zu können (Marshall trug nach dem Krieg als

US-Außenminister mit dem nach ihm benannten Plan entscheidend zum Wiederaufbau des in Trümmern liegenden
Westeuropa bei). Eisenhower, der zuvor für die Landung der
Alliierten in Nordafrika (»Operation Torch«) im November
1942 verantwortlich gewesen war, wurde vor allem wegen
seiner administrativen, aber auch diplomatischen Fähigkeiten ausgewählt. Diese benötigte er auch im Umgang mit
den militärischen wie zivilen Führungspersönlichkeiten des
Bündnisses, denn er hatte es mit schwierigen Partnern wie
dem völlig von sich eingenommenen Befehlshaber der britischen Armee, Bernard Law Montgomery, oder dem Anführer der »freien Franzosen«, General Charles de Gaulle,
zu tun, den manch amerikanischer und britischer Politiker
mit der feinen englischen Bezeichnung *pain in the ass* be-
legte. Eisenhowers Macht schien unbegrenzt: Könige, Präsidenten und Premierminister dinierten mit ihm, suchten
seinen Rat. In England war er neben dem Premierminister
der mächtigste Mann; weite Teile der englischen Südküste –
wo die Vorbereitungen und Übungen für Overlord stattfan-
den – waren zur militärischen Sperrzone geworden.

Es war die gewaltigste Streitmacht, die je für eine amphibische Landung zusammengezogen wurde, und wahrscheinlich der größte Umfang an Material, das je einem einzelnen
Kriegsherrn unterstand. Eisenhower gebot über rund zwei
Millionen Soldaten, über fast 7000 Kriegsschiffe, von denen
mehr als 1200 nur einem Zweck dienten, der Landung an
den Stränden der Normandie. Eisenhower verfügte ferner
über mehr als 11000 Flugzeuge, vor allem Bomber, die die
deutschen Verteidigungsstellungen pulverisieren sollten,
Jagdflugzeuge zur Sicherung der alliierten Luftherrschaft und
Transportflugzeuge sowie Gleiter, aus denen in den Nachtstunden vor der Landung von See her bis zu 24000 Fallschirmjäger abgesetzt werden sollten.

Über das Wetter indes gebot General Dwight D. Eisenhower nicht.

Dass eine Invasion, eine Landung der Westalliierten irgendwo an der französischen Küste erfolgen würde, war beiden Seiten, der deutschen wie der alliierten Führung und auch den Menschen in den kriegführenden Nationen klar, seit die schier unbegrenzte Macht des Industriegiganten USA im Dezember 1941 in die Waagschale zugunsten der Gegner Hitlers fiel – vor allem zugunsten Großbritanniens, das von Juni 1940 bis Juni 1941, bis zum Überfall Hitlers auf die Sowjetunion, allein gegen das weite Teile Europas beherrschende Nazi-Deutschland kämpfte. Für den Mann an der Spitze des britischen Empire, Premierminister Winston Spencer Churchill, bestand selbst in jener dunklen Zeit des »Britain alone« kaum ein Zweifel, dass Frankreich und die anderen von der Wehrmacht besetzten Länder dereinst befreit werden würden.

Die Komplexität einer solchen Invasion schien ihre Planer vor kaum überwindbare Probleme zu stellen. Der Termin einer Offensive wurde wiederholt verschoben, sehr zum Ärger des Verbündeten, Sowjetdiktator Josef Stalin, der wiederholt von Großbritannien und den USA eine zweite Front zur Entlastung der eigenen Streitkräfte forderte. Ein erstes Versprechen hatten die Alliierten Stalin bereits gegeben, als sie für das Jahr 1942 eine zweite Front in Europa ankündigten – was sich als gänzlich unrealistisch herausstellte. Die Lage der Roten Armee und damit der Sowjetunion hatte sich nach den epochalen und für die deutsche Wehrmacht verheerenden Schlachten von Stalingrad (Winter 1942/43) und Kursk (Juli 1943) indes bereits längst zum Besseren gewendet; im Jahr 1944 befanden sich die Deutschen auf der gesamten Ostfront auf dem Rückzug.

Für das Gelingen der Invasion waren nicht nur Qualität

und Quantität von Menschen und Material ausschlagge-
bend, sondern auch bestimmte physikalische Faktoren. Es
durften keine oder nur wenige Wolken über dem Zielgebiet
sein, um die Fallschirmjäger mehr oder weniger genau in
den vorgesehenen Landezonen abzusetzen. Wolken durften
sich allenfalls in 3000 Fuß (rund einen Kilometer) Höhe be-
finden. Ferner benötigten Transportflugzeuge wie auch die
Bomber für ihren nächtlichen Einsatz bestmögliche Licht-
verhältnisse, also Vollmond. An der Küste der Normandie
sollte die Flut eingesetzt haben – ein nicht zu hoher und
auch nicht zu niedriger Wasserstand war für die Landung
unabdingbar. Zum einen sollte es möglich sein, die von den
Deutschen installierten Hindernisse zu sichten, um das Auf-
laufen der Landungsboote zu vermeiden. Zum anderen sollten die Soldaten nicht allzu weit von festem Land den französischen Boden betreten – je weiter sich die Truppen über
freie Flächen im Visier deutscher Maschinengewehrnester
bewegen mussten, desto mehr Opfer waren zu erwarten. Die
ersten zwanzig Minuten von Steven Spielbergs D-Day-Opus
»Der Soldat James Ryan« geben einen Eindruck davon, was
die Briten, Amerikaner, Kanadier und andere erwartete,
nachdem sich die Rampen der Landungsboote gesenkt hatten und die Männer dem Feuer der Verteidiger ausgesetzt
waren. Der Wind am Tag der Landung sollte keine Geschwindigkeiten von mehr als 20 Stundenkilometer aufweisen, die Sichtweite möglichst nicht unter drei Meilen (knapp
5 Kilometer) liegen. Und schließlich durfte der Boden nicht
allzu weich, nicht von anhaltenden Regenfällen in Schlamm
verwandelt sein, wenn die Panzer, Jeeps, Trucks und andere
Fahrzeuge mit dem weißen Stern der US Army oder den In-
signien der britischen Armee Halt finden sollten.

Der Mann, der dies alles »liefern« sollte, hieß James Martin Stagg. Im ersten Jahr des 20. Jahrhunderts im schot-

tischen Dalkeith geboren, war Stagg Meteorologe und wurde zum »Chief Meteorological Officer« für D-Day bestimmt – ein Posten, der wie jeder andere in diesem großen Projekt nicht frei war von Reibereien und Rivalitäten mit anderen, britischen wie amerikanischen, Wetterexperten. Stagg war Zivilist, aber da er als solcher in der militärischen Hierarchie kaum auf Respekt gestoßen wäre, wurde ihm der Rang eines Group Captain in der Freiwilligenreserve der Royal Air Force verliehen. Es zeigte sich, dass Stagg die Gratwanderung angesichts divergierender Interessen und auch Eitelkeiten in den Planungsstäben von Overlord mit Integrität und Kompetenz zu bewältigen verstand. Er gewann rasch das Vertrauen des obersten Entscheidungsträgers, General Eisenhower. Stagg war sich bewusst, dass all die gewünschten Voraussetzungen für die einzelnen Teilstreitkräfte an Wetter-, Licht- und Seebedingungen kaum gleichzeitig eintreten würden: »Wenn man auf jede dieser Bedingungen, die man mir genannt hatte, bestehen wollte, war es leicht zu erkennen, dass Overlord in den nächsten hundert oder mehr Jahren nicht vom Fleck kommen würde.«[1]

Die Meteorologie befand sich im Sommer 1944 keineswegs in ihren Kinderschuhen. Einen staatlichen Wetterdienst, das Meteorological Office – Met Office abgekürzt – gab es in Großbritannien bereits seit 1854. Der Anstoß für die Gründung eines meteorologischen Warnsystems gab eine Katastrophe, wie sie fast naturgegeben schien, solange man Stürme nicht vorhersagen konnte: der Untergang des Passagierschiffes *Royal Charter* im Oktober 1859 vor der Nordwestküste von Wales mit 459 Toten. Vor dem Zweiten Weltkrieg verfügte die Weltmacht Großbritannien über ein weit verzweigtes Netz von Beobachtungsstationen überall dort, wo der Union Jack wehte: auf den heimischen Inseln, in Kanada, in Indien, in Australien und an so weltabgelegenen,

von extremen Wetterverhältnissen heimgesuchten Flecken
wie den Falkland-Inseln und St. Helena mitten im Atlantik.
Man gab per Kabel, dann auch per Funk Daten weiter: über
Temperatur, Windrichtung und –geschwindigkeit, vor allem
aber über den Luftdruck. Doch von der Präzision unseres
Zeitalters, in dem sich die Meteorologie auf ein Netz von Sa-
telliten stützen kann, waren Stagg und seine Mitarbeiter weit
entfernt, wie er in seinen Memoiren darlegt: »Die harte Erfahrung hatte gelehrt, dass Vorhersagen von einigem Wert
und Verlässlichkeit als eine Routineoperation nicht mehr als
einen oder zwei Tage vorausschauen konnten.«[2]

Stagg und sein Team hatten bei aller Fragilität ihrer Vorhersagen gegenüber den Konkurrenten, den Meteorologen
im Dienst der deutschen Streitkräfte, einen ganz entscheidenden Vorteil. Sie konnten nicht nur auf die Daten von
Wetterstationen in Großbritannien, Irland, Island zurückgreifen: Da die alliierten Marinen inzwischen den Atlantik beherrschten, konnten Schiffe aus unterschiedlichen
geografischen Zonen Daten sammeln und weitergeben.
Für die Deutschen hingegen endete die Vorhersagefähig-
keit an den westlichsten Küstenvorsprüngen des besetzten Frankreich, bei Brest, dem Stützpunkt der deutschen
U-Boote, die längst die Schlacht im Atlantik gegen die alliierte Überlegenheit auf dem Wasser und in der Luft, gegen Radar und Sonar verloren hatten. Was sich über dem
Atlantik abspielte, welche Zyklone und Antizyklone sich
zusammenbrauten und in Richtung Europa zogen, entging
ihnen. Das galt auch für jene meteorologisch so wichtige
Region jenseits der Küste Afrikas: die Kapverden und vor
allem die Azoren. Auch dort gab es alliierte Wetterstationen, die Daten nach Southwick House bei Portsmouth,
dem Amtssitz des Oberbefehlshabers der Royal Navy und
von Staggs Team, lieferten.

Nachdem ein möglicher Invasionstermin im Mai ver-
strichen war, setzte Eisenhower Overlord für Montag, den
5. Juni fest. Die Stimmung im Hauptquartier wurde bedrück-
ter, je näher der Termin rückte. Das Wetter war miserabel,
der Atlantik und damit auch der Ärmelkanal wurden von
Stürmen heimgesucht. Der Wellengang im Kanal war so
hoch, dass an ein sicheres Besteigen und Verlassen der kleinen Landungsboote nicht zu denken war; die niedrige Wolkendecke ließ die geplanten Einsätze der Luftstreitkräfte
Makulatur werden. Die Meteorologen und Eisenhowers
Stäbe konferierten täglich, je näher der Termin rückte, sogar mehrmals täglich. Die mit den Isobarlinien überzogene
Wetterkarte, die Stagg am 1. Juni – vier Tage vor der geplanten Landung – in der Hand hielt, sah deprimierend aus: eine,
wie er es nannte, Familie von vier Gebieten mit niedrigem
Luftdruck, die nichts Gutes verhießen. Allein am rechten
unteren Rand der Karte, über den Azoren, fand sich eines
der dort so häufigen Hochdruckgebiete, ein Antizyklon. Das
Gebiet, das Stagg an einen Finger erinnerte, erstreckte sich
von der Inselgruppe aus in nordöstliche Richtung: Der Finger schien auf die Biskaya zeigen zu wollen.

Eisenhower, dessen Zigarettenkonsum auf 40 bis 60 pro
Tag geschätzt wird, stand unter enormem Druck. Bei der
Besprechung am 2. Juni kam er sofort zur Sache: »Ohne
irgendwelche Umschweife begann Eisenhower das Mee-
ting, als ich den Raum betrat: ›Nun, Stagg, was haben Sie
für uns?‹ »Grob gesagt, kann ich nur das bestätigen, was ich
gestern Abend gesagt habe. Die ganze Situation von den Britischen Inseln bis nach Neufundland ist voller potenzieller
Gefahren. In den letzten 24 Stunden hat es keine klaren Hinweise gegeben, wie es sich entwickeln wird, zum Guten oder
zum Schlechten. Selbst unter den besten Umständen wird
das Wetter im Kanal in den nächsten drei oder vier Tage sich

sehr von dem unterscheiden, was wir uns wünschen. Der Himmel wird teilweise vollständig bedeckt sein, bei Windstärke 4 bis 5.«[3]

Die Wetterkonferenzen des zunehmend erschöpften Teams fanden jetzt auch nachts statt. Als man sich um 3 Uhr am Sonntag, dem 4. Juni, traf, hatte sich die Situation weiter verschlechtert. Eisenhower verschob die Invasion um 24 Stunden. Er stand vor der Entscheidung sie völlig absagen zu müssen – mit enormen Auswirkungen. Fast 100 000 Mann, standen für die erste Landungswelle bereit oder waren schon an Bord der großen Transporter. Am Sonntagabend um 10 Uhr traf man sich erneut. Eisenhowers Stabschef General Walter Bedell-Smith bemerkte die Veränderung: »Da lag etwas wie das Gespenst eines Lächelns auf dem müden Gesicht von Group Captain Stagg. ›Ich denke, wir haben einen Hoffnungsstrahl für Sie, Sir,‹, sagte Stagg zu Eisenhower. ›Die Wetterfront, die vom Atlantik kommt, bewegt sich schneller als erwartet. Wir gehen daher von ziemlich günstigen Bedingungen spät am 5. Juni bis hinein in den nächsten Morgen, den 6. Juni, aus.‹«[4] Stagg ließ keinen Zweifel daran, dass das schlechte Wetter weiter anhalten würde. Doch es sah alles nach einer vorübergehenden Wetterberuhigung aus – immer noch windig, doch nicht mehr so stark, und mit aufgelockerter Bewölkung. Die Entscheidung fiel: Overlord würde in der Nacht des 5. auf den 6. Juni beginnen. Nach der Besprechung ging Eisenhower auf den Meteorologen zu und sagte: »›Well, Stagg, wir setzen es an. Bleiben Sie um Gottes Willen bei dem Wetter, das Sie uns angekündigt haben, und bringen Sie uns keine schlechten Nachrichten mehr.‹«[5]

Die gigantische Maschinerie lief an. Für Stagg und die Meteorologen war das Werk getan: »Wir kamen ein letztes Mal in unserem Zelt zusammen. Es war ein Uhr nachts am Dienstag, dem 6. Juni. Über Portsmouth war es noch ein wenig bewölkt, aber ruhig und klar. Über uns hörten wir das ferne Dröhnen der Bomber, die auf ihrem Weg waren, die Invasion von Europa vorzubereiten.«[6] Die Ungewissheit war auf alliierter Seite trotz ihrer überwältigenden militärischen Überlegenheit und der günstigen Wetterprognose groß. Eisenhower hinterlegte einen Brief, in dem er im Falle eines Scheiterns die volle und alleinige Verantwortung dafür übernahm. Als sich Winston Churchill in jener Nacht auf den 6. Juni 1944 zu Bett begab, sagte er zu seiner Frau Clementine: »Kannst Du Dir vorstellen, dass morgen früh, wenn Du aufwachst, zwanzigtausend Männer gefallen sein können?«[7]

Auf deutscher Seite erwartete man eine alliierte Invasion am Pas de Calais. Vor allem Hitler – für den selbsternannten Oberkommandierenden der Wehrmacht waren amphibische Operationen und Seekriegführung jenseits seines strategischen Horizontes – hielt es für unmöglich, dass eine so große feindliche Invasionsstreitmacht einen so langen Weg über Wasser zurücklegen könnte. Das schlechte Wetter an der Atlantikküste am Wochenende des 3./4. Juni schien für die deutsche Führung jedwede Offensivaktion des Gegners auszuschließen. Für die vorübergehende Beruhigung des stürmischen Wetters in der Nacht vom 5. auf den 6. Juni hatte der deutsche Wetterdienst keinerlei Hinweise. Der Befehlshaber der für die Normandie zuständigen Armeegruppe B war Generalfeldmarschall Erwin Rommel. In der Gewissheit, dass sich in den nächsten Tagen nichts tun würde, verließ Rommel die Normandie und fuhr nach Herrlingen, um zuhause den Geburtstag seiner Frau zu feiern.

Die Landungen gingen weitgehend planmäßig vor sich; der Widerstand, auf den die Alliierten trafen, war je nach Strandabschnitt und Landezone unterschiedlich stark. Am heftigsten waren die Kämpfe am Omaha Beach genannten

Strandabschnitt, wo es bis in den frühen Nachmittag hinein dauerte, bis die amerikanischen Truppen allmählich die Oberhand gewannen und die unmittelbare Strandzone hinter sich lassen konnten. Insgesamt 160 000 alliierte Soldaten setzten an jenem 6. Juni über den Kanal, in England standen Hunderttausende bereit, ihnen zu folgen. Es war ein dramatischer Tag mit immensen Verlusten auf beiden Seiten; die Zahl der toten Alliierten lag bei über 4000, die der gefallenen Deutschen bei über tausend. Es hätte dennoch schlimmer kommen können für die Alliierten. Staggs Vorhersage erwies sich als völlig zutreffend. Die relative Ruhe im Sturm verschaffte ihnen zwar keine optimalen, wohl aber ausreichende Bedingungen. Dass die deutsche Führung erst verzögert reagierte, weil die Generalität sich nicht traute, ohne Hitlers Erlaubnis Verstärkungen in Richtung Normandie in Bewegung zu setzen, spielte Eisenhower und Montgomery zusätzlich in die Karten.

Hätte Eisenhower D-Day verschoben, wäre der 19. Juni der nächstmögliche Termin gewesen. Zu diesem Zeitpunkt hatten die Alliierten bereits einen breiten Brückenkopf auf französischem Boden gebildet. Exakt in diesen Tagen zog ein plötzlicher Sturm über die Region, den auch Stagg nicht hatte vorhersagen können und der in der Landezone zu schweren Verwüstungen führte. Die Wellen waren teilweise bis zu 6 Meter hoch und zerstörten eine künstliche Hafenanlage, einen sogenannten Mulberry Harbor, den man zu Ehren des britischen Premiers »Port Winston« genannt hatte und der für den alliierten Nachschub essenziell war. Die Alliierten mussten daraufhin ihre Planungen ändern und unter anderem eine Offensive unter Befehl von Montgomery nahe der Stadt Caen verschieben. Hätte die Invasion an jenem 19. Juni stattgefunden, hätte der Sturm zu einem Desaster für die Alliierten und wahrscheinlich zu einem Abbruch der Invasion geführt. Bis zu einem neuerlichen Landungsversuch wäre geraume Zeit ins Land gegangen, die von den Deutschen zur Verstärkung ihrer Verteidigungslinien genutzt worden wäre. Eine spätere alliierte Landung hätte auch eine gänzlich veränderte europäische Nachkriegslandkarte hinterlassen. Es wäre die Rote Armee gewesen, die weite Teile Deutschlands und Europas besetzt hätte. Der Eiserne Vorhang, den Churchill in seiner berühmten Rede an einem amerikanischen College im Jahr 1946 von Stettin nach Triest niedergehen sah, wäre in diesem Fall am Rhein oder gar an der Kanalküste Realität geworden. Die bestimmende Kraft auf dem Nachkriegs-Kontinent wären nicht Persönlichkeiten wie George C. Marshall, Charles de Gaulle, die US-Präsidenten Truman und Eisenhower, Konrad Adenauer und andere Väter einer europäischen Einigung geworden – sondern Josef Stalin. Die vorübergehende Beruhigung des stürmischen Sommerwetters über der Normandie am 5. und 6. Juni 1944 und die Fähigkeit, diese recht genau vorherzusagen, waren ein Segen für Europa.

D-Day: die Landung der Alliierten in der Normandie

Sommerhitze
über der Wolfsschanze

Über das Gesicht von Tom Cruise zieht ein Hauch von Über-
raschung – mehr noch: von Enttäuschung. In einer Schlüssel-
szene des 2008 gedrehten Hollywood-Films »Operation Wal-
küre« über das gescheiterte Attentat auf Hitler am 20. Juli
1944 erfährt der von Cruise dargestellte Claus Graf Schenk
von Stauffenberg auf dem Weg zur Lagebesprechung mit
dem »Führer« und ranghohen Wehrmachtsoffizieren, dass
wegen der Hitze in Ostpreußen (wo sich das Führerhaupt-
quartier Wolfsschanze befand) die Sitzung nicht im Bespre-
chungsraum des dortigen Bunkers, sondern in einer Holz-
baracke mit vielen geöffneten Fenstern stattfinden würde.
So gehen in dem deutsch-amerikanischen Filmepos Cruise/
Stauffenberg und sein Adjutant und Ko-Konspirateur Oberleutnant Werner von Haeften (dargestellt von Jamie Parker)
mit banger Miene dem schicksalhaften Moment des Atten-
tatversuchs entgegen. Die kurze Sequenz soll deutlich machen: Die Druckwelle einer Explosion der Bombe in einem
hermetisch abgeschotteten Raum im Betonbunker hätte
nicht entweichen können; alle Anwesenden hätten mit hoher Wahrscheinlichkeit den Tod gefunden.

   In der Tat spielte auch bei diesem – nach Georg Elsers ge-
scheitertem Versuch – erfolgversprechenden Plan eines At-

tentats auf Hitler (neben zahlreichen anderen, die nicht das Stadium der tatsächlichen Ausführung erreichten) das Wetter eine wichtige Rolle. Die Verlegung quasi ins Freie, wo der Detonationsdruck entweichen konnte, war einer der Faktoren, der Stauffenbergs Anschlag scheitern ließ. Überraschend war der geänderte Tagungsort für den realen Stauffenberg indes nicht. Die Sommerhitze hatte bereits seit längerem angehalten, und Stauffenberg kannte die Konferenzbaracke aus eigener Erfahrung von Teilnahmen in zurückliegenden Tagen. »Die Besprechung«, so der große englische Hitler-Biograf Ian Kershaw, »fand *wie üblich* [Herv. d. Übers.] in der hölzernen Barackenhütte innerhalb des hohen Zauns im streng bewachten engen Umfeld der Wolfsschanze statt.«[1]

Es gab – mindestens – drei Gründe, warum die von Stauffenberg in einer Aktentasche unweit von Hitler platzierte Bombe nicht die erhoffte Wirkung hatte. Neben dem wetterbedingten Wechsel des Tagungsorts war vor allem das Scheitern der Bemühungen, die beiden nach Ostpreußen mitgebrachten Sprengsätze mit Zündern zu versehen, für den Fehlschlag verantwortlich. Stauffenberg, der nur über drei Finger an seiner verbliebenen linken Hand verfügte, konnte nur mit Mühe eines der beiden Sprengstoffpakete scharfmachen. Als er und von Haeften aufgefordert wurden, sich zu beeilen, versteckte der Oberleutnant den zweiten Sprengsatz in seiner eigenen Tasche. »Es war«, so Kershaw, »ein schicksalhafter Moment. Hätte dieser zweite Sprengsatz – selbst ohne richtig gesetzten Zünder – sich zusammen mit dem ersten in Stauffenbergs Tasche befunden, wäre er bei der Explosion mit gezündet worden und hätte die Wirkung mehr als verdoppelt. In diesem Fall hätte fast sicher niemand überlebt.«[2] Der dritte Faktor war offenbar der schwere Eichentisch, der einen Teil der Explosionswucht abfing. Es wurde ein tragischer Hochsommertag.

Die Nebel des Krieges – Hitlers letzte Offensive in den Ardennen

Die gelungene Invasion in der Normandie und der bald einsetzende Vormarsch der Alliierten führte in den britischen und amerikanischen Hauptquartieren, ungeachtet des teilweise heftigen Widerstandes der sich auf dem Rückzug befindlichen Deutschen, zu einer Welle des Optimismus. Als Paris am 25. August 1944 befreit wurde, war man zuversichtlich, den Krieg noch im selben Jahr, tunlichst noch vor Weihnachten beenden zu können.

Dann kam es jedoch zu Rückschlägen. Das Luftlandeunternehmen bei Arnheim *(A Bridge too far)* war ein Desaster, und eine amerikanische Offensive im Gebiet der Roer kam angesichts erbitterten deutschen Widerstandes nicht voran. Als großes Problem erwiesen sich selbst für die hochgerüsteten US-Streitkräfte die logistischen Anforderungen, die Versorgung Hunderttausender von Soldaten und Zehntausender von Fahrzeugen in einer Region, deren Infrastruktur – nicht zuletzt durch eigene Bombenangriffe – weitgehend zerstört war. Die Eroberung der strategisch so wichtigen Hafenstadt Antwerpen gelang indes erst spät; das erste Versorgungsschiff legte dort am 28. November an. Waffen, Munition, Treibstoff und natürlich auch die Lebensmittel für eine Armee, die nach Napoleons Diktum immer

auch mit dem Magen marschiert, mussten zum großen Teil
über die Landeplätze in der Normandie herangeführt werden – eine wahrhaft herausfordernde Logistik angesichts
von Armeen, die kurz vor der deutschen Grenze standen.
Eine wesentlich näher gelegene Hafenstadt, Dünkirchen
(Dunkerque), wurde bis zum Tag nach der Kapitulation,
dem 9. Mai 1945, von deutschen Einheiten gehalten und
war somit für die Versorgung nicht zu nutzen. Unter den
Nachschubproblemen litt wohl niemand so sehr wie der
Oberkommandierende der 3. U.S. Army, der flamboyante
General George S. Patton, dessen Rhetorik der Begriff *outspoken* bei weitem nicht gerecht wird. Patton – den Hitler,
nicht zu Unrecht, für den fähigsten amerikanischen General
hielt – musste seinen Vormarsch in Richtung des heutigen
Rheinland-Pfalz stoppen, als ihm statt der notwendigen
400 000 Gallonen Treibstoff nur 32 000 Gallonen zur Verfügung standen. Seiner Fähigkeit, seine Soldaten mit kräftigen
Worten zu motivieren, tat das keinen Abbruch: »Ich möchte
euch Männer daran erinnern, dass noch kein Bastard je
einen Krieg gewonnen hat, indem er für sein Land gestorben ist. Man gewinnt ihn, indem man den dämlichen anderen Bastard für sein Land sterben lässt. Dankt Gott zumindest in 30 Jahren dafür, dass ihr – wenn ihr am Kamin
sitzt mit Eurem Enkel auf den Knien – auf die Frage, was ihr
im Zweiten Weltkrieg gemacht habt, nicht sagen müsst: ›Ich
habe in Louisiana Scheiße geschaufelt.‹«[1]
Der alliierte Vormarsch war vorübergehend gebremst,
doch erwartete niemand im Stab von General Eisenhower
ein größeres Problem und erst recht keinen Gegenangriff
der Deutschen, der mehr als nur Nadelstichcharakter gehabt hätte. Am wenigsten schien so etwas in den im Laufe
des Dezember 1944 zunehmend eingeschneiten Ardennen
denkbar, ein relativ dicht bewaldeter Höhenzug im Osten

Belgiens, der in dieser Jahreszeit als notorische Schlechtwet-
terzone gilt. Für größere motorisierte Verbände galten die
Ardennen und die dahinter liegende Eifel als kaum passier-
bar – eine Einschätzung der alliierten Generalität, die angesichts der Tatsache merkwürdig erscheint, dass viereinhalb
Jahre zuvor ein deutscher Überraschungsangriff, der zum
Inbegriff des »Blitzkrieges« wurde, exakt über diese Hö-
henzüge erfolgte und der französischen Armee im Mai/Juni
1940 in kürzester Zeit den entscheidenden Schlag versetzte.
In diesem Gebiet, wo die Kampfhandlungen weitgehend in
Schneetreiben und im Eisregen erlahmten, lagen Truppen
Eisenhowers, die teilweise neu nach Frankreich gebracht,
also »grün« waren, oder sich nach heftigen Kämpfen um die
Roer und im Hürtgenwald hier »erholen« sollten. An manchen Abschnitten war die Front dünn besetzt: Die am meisten »gestretchte« US-Division von Army Group B war für
einen Frontabschnitt von 32 Kilometer Länge verantwortlich; auf einen Kilometer kamen weniger als 400 Soldaten.

Eisenhower war als Oberbefehlshaber einer eng mit überlegenen Luftstreitkräften zusammenarbeitenden Boden-
truppe daran gewöhnt, offensive Operationen durch vor-
heriges Bombardement des Gegners und mit gleichzeitiger
Unterstützung durch Jagdbomber durchzuführen. Ein massiver Angriff, der ganz gezielt auf schlechte Wetterverhältnisse setzte, war ein Konzept, das ihm fremd war und für das
es in der Militärgeschichte denkbar wenige Vorbilder gab.

Der Mann, der auf der anderen Seite die Entscheidungen
traf, ging von einem entgegengesetzten Kalkül aus. Hitler
wollte – gegen den Rat jener seiner Generäle, die ihm kaum
und wenn dann nur leise zu widersprechen wagten – im
Westen alles auf eine Karte setzen, die von ihm so häufig
zitierte »Vorsehung« ein mächtiges Urteil sprechen lassen.
In seinem rassistisch gefärbten, fortgeschrittenen Realitäts-

verlust hielt er vor allem die amerikanischen Soldaten für minderwertig (jene mit dunkler Hautfarbe natürlich ganz besonders) und erwartete einen schnellen Zusammenbruch der amerikanischen Linien. Die Ardennen hatte er als Schauplatz der vermeintlichen »Entscheidungsschlacht« im Clausewitzschen Sinne ausgewählt, weil er sie – zutreffend – für wenig gut verteidigt hielt, sich im Norden des geplanten Vorstoßes eine Trennlinie zwischen amerikanischen und britischen Truppen bot und es bis Antwerpen, dem eigentlichen Ziel der Offensive, nur rund 160 Kilometer waren. Das bewaldete Terrain von Eifel und Ardennen würde möglicherweise die Luftaufklärung der Gegner erschweren. Vor allem aber war eines erforderlich: schlechtes Wetter nicht nur vor dem Angriff, sondern auch möglichst über mehrere Tage, vielleicht gar Wochen der Offensive, in denen kein Jagdbomber der U.S. Army Air Force und der Royal Air Force abheben konnte.

Hitler war bekannt, dass die Wetterbedingungen in den Ardennen im Herbst generell schlecht sind, und setzte nach Rücksprache mit seinen Meteorologen den Angriffstermin auf den 25. November fest. Wegen der Schwierigkeiten, die notwendigen Truppen und das Material zusammenzubekommen, wurde er auf Mitte Dezember verschoben. Ein Hauptproblem war von Anfang an der Treibstoff. Die alliierten Bombenangriffe hatten Deutschlands Fähigkeiten zur Produktion und auch zum Transport von Benzin inzwischen auf ein Minimum reduziert. So war bei der Planung der Ardennenoffensive die Eroberung eines amerikanischen Treibstoffdepots ein wichtiger Aspekt – das den Deutschen zur Verfügung stehende Benzin hätte bei weitem nicht bis Antwerpen gereicht.

Was die Wehrmacht zusammenbekam, waren rund 200000 Mann in fünf Panzer- und zwölf motorisierten Di-

visionen. Der Codename für die Offensive hätte nicht passender gewählt werden können: Operation Herbstnebel.
In der Tat hatten sich dichte Winternebel über die Region
gelegt, die Wolkendecke war niedrig, die Sichtweite gering.
Den alliierten Aufklärungsflugzeugen – wenn sie überhaupt
noch starten konnten – entgingen die Vorbereitungen völlig. Zur gelungenen Geheimhaltung trug auch bei, dass
die Deutschen absolute Funkstille hielten – schon früh im
Kriegsverlauf war es den britischen Dekodierern (»Ultra«)
gelungen, die deutschen Geheimcodes weitgehend zu ent-
schlüsseln, eine Fähigkeit, die vielfach den Kriegsverlauf
entscheidend zu Gunsten der Alliierten geändert hatte. In
diesem Dezember indes kommunizierten die Deutschen
nur noch über von Kurieren überbrachte Botschaften.

Der Angriff begann in den frühen Morgenstunden des
16. Dezember 1944. Der Schnee war an weiten Frontabschnitten kniehoch und der Nebel so dicht, dass an einigen
Stellen amerikanische Soldaten die vorbeimarschierenden
deutschen Einheiten gar nicht oder erst spät bemerkten.
Mit Scheinwerfern wurde die tief hängende Wolkendecke
bestrahlt, um in den Nachtstunden eine zweifellos gespens-
tische Beleuchtung für die vorrückenden Truppen zu haben.
Der Angriff im Nebel, der im Laufe des Tages durch eisigen Regen ergänzt wurde, vollzog sich im Wesentlichen im
Gebiet zwischen Monschau im Norden und Echternach im
Süden. Den angreifenden Deutschen standen etwa 83 000
Amerikaner gegenüber. Der Fortgang der Offensive hing
oft von der Erfahrung und Qualität der US-Truppen ab, denen sich die Angreifer gegenübersahen. In einigen Abschnitten, vor allem in der Mitte der Front, verzeichneten
die Deutschen schnelle Geländegewinne und überrollten
überraschte und unerfahrene GIs. Zu den gefangengenom-
menen Amerikanern gehörte der spätere Schriftsteller Kurt

Vonnegut, der als Kriegsgefangener im Februar 1945 die Zerstörung Dresdens durch alliierte Bomber miterlebte. In anderen Zonen blieb der deutsche Vormarsch schnell stecken, so im Norden der Front, wo die beiden Volksgrenadierdivisionen am Widerstand der amerikanischen 99th Division scheiterten. Im Zentrum gelang in den ersten Tagen der Vormarsch, und auf den Landkarten der Generalitäten zeichnete sich eine etwa 60 Kilometer breite und knapp 80 Kilometer tiefe, nach Westen weisende Ausbuchtung ab, welche der Schlacht ihren englischen Namen *Battle of the Bulge* verdankt.

Diejenigen US-Soldaten, die nicht flohen oder sich ergaben, versuchten in selbst gegrabenen Erdlöchern die Stellung zu halten, bis Verstärkung eintraf. Ein amerikanischer Soldat erinnerte sich später: »Der Wind nahm Sturmstärke an und trieb den Schnee fast wie einen Schrotschuss in unsere Gesichter. Warmes Essen zu liefern wurde entlang der Frontlinie unmöglich und wir mussten uns ausschließlich von unseren K-Rationen [Päckchen mit »Trockenfutter«] ernähren. Unbeweglich in nassen, kalten Löchern liegend, sich überhaupt nicht bewegen könnend begannen wir *Trench foot* [Fussbrand, Schützengrabenfuß] zu bekommen. Mit der Zeit trieb einen die Kombination aus extremer Kälte, Ermüdung, Langeweile und dann wieder Gefahr in den Wahnsinn. Einige Männer brachen darunter zusammen, nässten ein, erbrachen, weinten oder zeigten andere Symptome.«[2] In einem Punkt war die Ausstattung der Deutschen überlegen. Viele Wehrmachtsangehörige trugen Winteruniformen – die Erfahrung aus vier Jahren Krieg in und gegen Russland hatte Wirkung gezeigt.

Bereits am zweiten Tag wurde deutlich, dass die US-Truppen in relativ kurzer Zeit auf Reserven würden zurückgreifen müssen. Eisenhower setzte rund 60 000 Mann mit 11 000

Fahrzeugen in das Kampfgebiet in Bewegung. Die enorme alliierte Materialüberlegenheit kam schnell zum Tragen. Die Entscheidung sollte die Dritte Armee unter General Patton bringen, den Eisenhower zu einem Gewaltmarsch gen Norden umdirigierte. Bevor er aufbrach, sprach Patton in einer Kapelle in Luxemburg sein Gebet: »Sir, hier spricht Patton. Du solltest Dich jetzt entscheiden, für welche Seite Du bist. Du musst mir jetzt zu Hilfe kommen, so dass ich die ganze deutsche Armee vertreiben kann als Geburtstagsgeschenk an Deinen Friedensfürsten.«[3] In einer gedruckten Weihnachtskarte, die Patton an seine Soldaten verteilen ließ, stand sehr präzise, für was die Männer beten sollten: für besseres Wetter.

Letztlich sollten all diese frommen Wünsche erhört werden. Am 19., 20. und 21. Dezember war der Nebel abermals sehr dicht, die Sichtweite lag an manchen Stellen unter 100 Meter. Die dadurch beeinträchtigte Artillerie der Amerikaner konnte so kein Ziel erfassen. Unweit der belgischen Ortschaft St. Vith ergaben sich am 19. Dezember rund 8000 Amerikaner – es war die größte Kapitulation eines amerikanischen Truppenkontingentes seit dem Bürgerkrieg von 1861 bis 1865. Am 22. Dezember lag die Sichtweite mancherorts bei unter als 150 Meter, es kam zu vereinzelten Schnee- und Regenfällen. Dann trat eine entscheidende Wetteränderung ein. Am Nachmittag des 23. Dezember erreichte die Spitze eines sibirischen Hochdruckgebietes die Kampfzone. Die Sichtweite, am Morgen noch bei 450 bis 900 Metern liegend, betrug in den späten Nachmittagsstunden schon fast 5 Kilometer. Es wurde eiskalt und klar. Noch am selben Tag flogen die Alliierten, deren Maschinen praktisch neun Tage hintereinander auf dem Boden hatten bleiben müssen, 294 Einsätze. Am nächsten Tag, Heiligabend 1944, waren es bereits wieder 2381 Einsätze. Pattons Armee konnte mit Luftunterstützung und -aufklärung den von deutschen Truppen eingeschlossenen Verkehrsknotenpunkt Bastogne befreien. Der Kommandeur der 101st Airborne Division, Brigadegeneral Anthony C. McAuliffe, der die Stadt gegen alle deutschen Angriffe hielt, entgegnete auf die deutsche Aufforderung zu kapitulieren mit der seither legendären, einsilbigen Antwort *Nuts!* Und General Patton befand sich aufgrund der veränderten Wetterlage in Festtagsstimmung: »Ein kaltes, klares Weihnachten, wunderschönes Wetter, um Deutsche zu töten – was natürlich ein wenig makaber ist, wenn man bedenkt, wessen Geburtstag es ist.«[4]

Mit dem kalten, klaren Wetter nahmen die Probleme für die Deutschen zu, nicht nur wegen der nun einsetzenden alliierten Lufttätigkeit. In einer Analyse der U.S. Army zu den Wetterverhältnissen während der *Battle of the Bulge* heißt es: »Die dramatischen Veränderungen am 23., durch die kalten, trockenen Winde aus dem Osten verursacht, beraubten die deutsche Armee ihres Schutzes vor Luftangriffen, aber das war noch nicht alles. Durch die Winde kam es zu Schneeverwehungen in den Bergen der Eifel, die den Verkehr auf den wichtigsten Straßen für den Nachschub westlich des Rheins praktisch zum Erliegen brachten. Die Deutschen merkten, dass die wenigen von Pferden gezogenen Schneepflüge ineffektiv waren, und die hastig errichteten Schutzzäune gegen Schnee waren von Soldaten abgerissen worden, die auf der Suche nach Brennholz waren. Als motorisierte Räumfahrzeuge in der Eifel eintrafen, beschossen und bombardierten die amerikanischen Jagdbomber jedes Fahrzeug, das sich bewegte.«[5]

In den vier Tagen mit klarem Himmel hatten alliierte Flugzeuge mehr als 15000 Angriffe geflogen. Diese erneut zum Tragen kommende totale Luftüberlegenheit und die massiven Verstärkungen, die Eisenhower an die Front werfen konnte, verurteilten Hitlers letzte Offensive endgültig zum Scheitern. Die Rolle der Luftüberlegenheit hatte der Oberbefehlshaber West der deutschen Wehrmacht, Generalfeldmarschall Gerd von Rundstedt, treffend erkannt und sie nach Kriegsende in einem Verhör für die drei entscheidenden Gründe des Fehlschlages von Operation Herbstnebel verantwortlich gemacht: »Erstens, die unglaubliche Überlegenheit Ihrer Luftstreitkräfte, die alle Bewegungen tagsüber unmöglich machte. Zweitens, der Mangel an Treibstoff, so dass die Panzer und unsere Luftwaffe kaum operieren konnten. Drittens, die systematische Zerstörung aller Eisenbahnstrecken, so dass es unmöglich war, nur einen einzigen Eisenbahnwaggon über den Rhein zu bringen.«[6]

Am 28. Dezember kam der Nebel zurück. Die amerikanischen B-17 und B-26 Bomber, vor allem aber die tief fliegenden Jagdbomber vom Typ P-47 Thunderbolt und P-38 Lightning, die in den wenigen Tagen um Weihnachten zu einer Geißel der deutschen Armee geworden waren und Panzer, Fahrzeuge und Geschützstellungen mit hoher Präzision anzugreifen vermochten, wurden durch einen erneuten Wetterumschwung noch einmal zu einer Zwangspause verurteilt. Die Wehrmacht konnte angesichts ihrer Materialknappheit und der bereits erlittenen hohen Verluste indes kaum noch einen Nutzen daraus ziehen. Die amerikanische Studie zu den Wetterverhältnissen jener Tage vermerkt: »Am 28. Dezember war der Himmel durch niedrige Stratuswolken bedeckt. Einen Tag darauf kam es zu einem Einstrom arktischer Luft aus Skandinavien, die zu Schneestürmen, regelrechten Blizzards führte und die Sichtweite auf dem Boden stark reduzierte. Fahrzeuge kamen nur langsam voran, und die Infanteristen waren bald vom Stapfen durch den hohen Schnee ermüdet. Die Verwundeten, die sich im Schockzustand befanden, starben, wenn sie im Schnee für eine halbe

Stunde oder länger allein gelassen wurden.«[7] Das schlechte
Wetter hielt auch die nächsten Wochen noch an. Die Wehrmacht indes war so ausgeblutet, dass die Amerikaner auch
ohne ihre Luftunterstützung vordringen konnten und am
28. Januar den gesamten *bulge*, die Beule oder Ausbuchtung,
zurückgedrängt bzw. das Territorium wieder erobert hatten.

Von nun an wurden die Westalliierten nicht wieder ernsthaft in ihrem Vormarsch aufgehalten. Am 24. März 1945 pas-
sierte General Patton auf einer von seinen Truppen erbauten
Pontonbrücke das letzte natürliche Hindernis auf dem Weg
zur Zerschlagung des Dritten Reiches und der Besetzung
Deutschlands, den Rhein, und würdigte diese historische
Stunde auf seine Art: indem er seine Uniformhose öffnete
und in den Fluss pinkelte.

Geordneter Rückzug: amerikanischen Soldaten
in den Ardennen

Der Hungerwinter

Die Wettermeldungen kündeten Unheil an. Am 13. Dezember hieß es: »In der vergangenen Nacht sind die Temperaturen meist unter minus 10 Grad, im Gebiet Hannover-Braunschweig sogar auf bis minus 18 Grad abgesunken. Das Gebiet Hamburg hatte Nachtfrost bis zu minus 12 Grad.« Einen Tag später kam es noch schlimmer: »Da die Zufuhr noch kälterer Luft aus dem Osten anhält, ist mit weiterer Frostverschärfung zu rechnen.« Am Heiligen Abend wurde es kaum besser: »In Bodennähe erhält sich eine zähe, verhältnismäßig flache Kaltluftschicht, die bei schwachen Winden aus Süd bis Südost aus kälteren Gebieten laufend ergänzt wird. Tageshöchsttemperaturen: minus 5 Grad, Tiefsttemperaturen: minus 10 Grad.« Es blieb keine Kälte-Episode, sondern dauerte über viele Wochen an. Am 8. Januar des neuen Jahres vermeldete der Wetterdienst: »In Nordwestdeutschland sanken auch in der vergangenen Nacht die Temperaturen wieder auf 14 bis 17 Grad unter dem Gefrierpunkt.« Erst am 28. Februar klang die Wettermeldung wie eine Entwarnung. »Ein ausgedehntes Tiefdrucksystem über Südwesteuropa dehnt seinen Einfluss nordostwärts aus. Gestern Nachmittag wurde zum ersten Mal seit dem 20. Januar, also nach 38 Tagen, der Nullpunkt wieder erreicht.«[1]

Für den modernen Leser klingen diese Meldungen nach einer unangenehm kalten Jahreszeit und nach Ärger über hohe Heizkosten. Aber in jenem Winter 1946 bedeuteten sie für viele Menschen das Todesurteil. Der extreme Winter, nach manchen Darstellungen möglicherweise in Nordwesteuropa der kälteste des gesamten 20. Jahrhunderts, traf ein zerstörtes Land und eine ohnehin zum großen Teil am Rande des Existenzminimums lebende Bevölkerung. Er begann Anfang Oktober 1946 mit sehr frühem Frost und endete erst in den Märztagen des Jahres 1947. Wie einige der Wetterkatastrophen in früheren Zeiten ging er mit einer Hungerkatastrophe einher, die freilich nicht allein auf Missernten wie nach 1315 basierte, sondern auf der von Menschen verursachten Zerstörung der Infrastruktur, der Folge des von Hitler ausgelösten Weltkrieges und der verheerenden Bombardierungen durch die Westalliierten.

Viele deutsche Städte bestanden überwiegend aus Ruinen; was immer an Wohnraum diente, war häufig beschädigt, mit zugigen Fenstern und Türen und praktisch unheizbar – falls überhaupt Heizmaterial zur Verfügung stand. Wohnraum war denkbar knapp; in der britischen Besatzungszone standen statistisch für jeden deutschen Zivilisten 6,2 Quadratmeter zur Verfügung. Die nutzbaren Wohnungen waren typischerweise überfüllt; vielerorts waren Flüchtlinge aus dem Osten und »Ausgebombte«, Menschen ohne Bleibe, hinzugekommen. Der Mittelpunkt eines jeden Hauses im Winter 1946/47 war – so es ihn gab – der Ofen. Fotos aus jener Zeit zeigen oft mehrere Familien, die meisten Menschen in Wolldecken oder andere Stoffe gehüllt, um diesen Wärmespender versammelt. Doch an Heizmaterial zu kommen, war genauso schwierig wie die Versorgung mit Nahrungsmitteln. Der Oberkommandierende in der Britischen Zone, Feldmarschall Montgomery, soll eine tägliche Kalorienzufuhr von 1000 Kalorien für jeden in seinem Besatzungsgebiet lebenden Deutschen für ausreichend erklärt haben, mit der Begründung, die Häftlinge in Bergen-Belsen hätten mit nur 800 Kalorien auskommen müssen. Diese Marke wurde indes noch unterboten. Zu Beginn des Jahres 1947 erhielten die Bewohner Hamburgs pro Tag 770, die Einwohner Hannovers 740 und die Menschen in Essen 720 Kalorien.[2]

Um den Ofen zu heizen, suchten die Menschen verzweifelt nach Brennbarem. Holz wurde in jeder Form verfeuert – alte Möbel und Gartenzäune (gelegentlich jene des Nachbarn) wurden ebenso benutzt wie das, was man in den nächstgelegenen Parkanlagen fand. Innerstädtische Grünflächen, die den Krieg einigermaßen überstanden hatten, wurden jetzt – wie der Tiergarten in Berlin – fast vollständig abgeholzt. Die Kohlezuteilungen waren nicht ausreichend, was vor allem daran lag, dass es äußerst schwierig war, Kohlen aus den Abbaugebieten wie dem Ruhrgebiet zu transportieren. In Deutschland waren mehr als 1300 Kilometer Eisenbahnstrecke und über 2000 Eisenbahnbrücken zerstört, und es mangelte sowohl an Lokomotiven als auch an Waggons. Der für die Ernährung in der Britischen Zone zuständige Minister Hans Schlange-Schöningen verfasste 1955 – mit Beginn des »Wirtschaftswunders« – seine Memoiren unter dem Titel *Im Schatten des Hungers*. Rückblickend schrieb er über den extremen Winter: »Die Wasserwege froren zu, und die Eisenbahn konnte den dadurch entstehenden Mehrbedarf an Landtransporten mit ihren unzulänglichen Beständen an Waggons und Lokomotiven nicht bewältigen. Viele Züge lagen zudem fest, weil die nur notdürftig reparierten Maschinen infolge des scharfen Frostes Kesselschaden erlitten, Weichen einfroren und Gleise verschneiten. Zeitweilig war die Hälfte aller Lokomotiven und Güterwagen unbrauchbar. Infolge dessen stockte der Abtransport des Getreides aus Bremen trotz der übermenschlichen Anstrengungen des Bahnpersonals wochenlang fast völlig. Der Hafen war verstopft, und die Schiffe [mit Getreidelieferungen aus Übersee] wurden über Emden, Hamburg, Rotterdam und Antwerpen geleitet. Zur Abfuhr des Getreides mussten mit größter Mühe Lastwagen beschafft werden, denen dann oft Treibstoff und Bereifung fehlten. Die Bemühungen, in Industriegebieten ein Minimum an Vorräten anzulegen, wurden durch die drei scharfen Kältewellen, die damals über Deutschland hinweggingen, vereitelt.«[3]

Wo sich dennoch Kohlezüge langsam über die häufig notdürftig reparierten Gleisanlage bewegten, sprangen oft Jugendliche kurz auf, um ein paar Kohlen zu »organisieren«. Angesichts der Not verschoben sich in dieser Zeit des Schwarzmarkts und der vielen krummen Geschäfte die Wertmaßstäbe. Überleben war alles – und in diesem Punkt bekamen die Menschen Unterstützung von einem geistlichen Oberhirten. Der Kölner Erzbischof Josef Kardinal Frings äußerte in seiner Silvesterpredigt 1946 Verständnis für diejenigen, die sich mit kleinen Diebstählen am Leben zu erhalten suchten. Man könne es dem Einzelnen nicht verwehren, sich das Dringendste zu nehmen, wenn man es nicht durch ehrliche Arbeit bekommen konnte. So fand der Ausdruck »fringsen« Eingang in die deutsche Sprache und beschrieb eine zwar ungesetzliche, aber moralisch zu rechtfertigende Selbsthilfe im Angesicht einer existenziellen Bedrohung.

Unter diesen Umständen und bei Temperaturen bis unter –20 Grad bereitete auch das Weihnachtsfest, das zweite erst nach Friedensschluss, kaum Freude. Ein Zeitzeuge, damals noch ein Kind, erinnerte sich später gegenüber den Autoren einer bemerkenswerten Buch- und Fernsehdokumentation über den Hungerwinter: »Es wurde dramatisch kalt für unsere Breiten; ein ganz ungewöhnlicher Winter sei das, wurde auch von den Erwachsenen berichtet. Das war, brutal gesagt, eine Arschkälte. Und unvorstellbar, dass es immer noch kälter wurde. Die Häuser waren ja schon total ausgekühlt, geheizt werden konnte gar nicht mehr. Es gab keine Kohlen, es gab kein Brennmaterial, es war ja alles aufgebraucht, was man selbst im Haus vielleicht hätte verfeuern können. Somit fühlten wir als Jungs uns aufgefordert, Brennmaterial ranzuschaffen, egal woher und was.«[4] Eine andere Zeitzeugin erinnert sich an die aus heutiger Sicht kaum vorstellbaren Zustände in den sogenannten eigenen vier Wänden: »Und in dem Zimmer, wo wir geschlafen haben, da war blitzeblankes Eis an den Wänden, blank wie Fenster, die gefroren sind, aber noch glitziger. Und um das ein bisschen einzudämmen, haben wir die Papierballen, die wir organisiert hatten, ausgerollt und damit die Fenster und die Wände abgedichtet, damit das Eis nicht mehr in den Raum reinkam.«[5]

Der Hungerwinter war eine humanitäre Katastrophe großen Ausmaßes; die Zahl der Toten in Deutschland wird in der Literatur mit »mehreren Hunderttausend« angegeben. Freilich traf der grimmige Winter nicht nur Deutschland, sondern auch die vom Krieg ebenfalls verheerten Nachbarstaaten wie zum Beispiel die Niederlande und Frankreich. Dort indes waren die Zerstörungen der Infrastruktur nicht annähernd vergleichbar, es gab keine Demontagen wie im besetzten ehemaligen Reichsgebiet, und Hilfelieferungen der siegreichen Alliierten kamen für diese Opfer von Hitlers Eroberungskrieg schneller in Gang. Es waren karitative Organisationen aus zwei im Krieg neutralen Ländern, die in Deutschland die gröbste Not zu lindern versuchten. Wer damals Kind war und dank der Schwedenspeisung oder der Schweizspeisung überlebte, wird das skandinavische Land, in dem Folke Bernadotte aus dem Königshaus die Hilfslieferungen auf den Weg brachte, und den Nachbarn im Süden sein Leben lang in guter Erinnerung behalten. Die Schweiz organisierte darüber hinaus von 1946 bis 1956 »Kinderzüge«, bei denen insgesamt 44000 kranke und unterernährte Kinder aus Deutschland in die Eidgenossenschaft gebracht wurden und für bis zu drei Monate bei einer Schweizer Familie unterkamen. Auch für sie alle würde danach *humanitas*, Menschlichkeit, für alle Zeiten ein klares Symbol haben: ein weißes Kreuz auf rotem Grund.

Folge des Krieges: Deutsche Stadtruinen wurden im Winter 1946/47 zu Eiswüsten

Die humanitäre Katastrophe in Deutschland rüttelte schließlich auch die westlichen Siegermächte auf; die USA und Großbritannien zuerst, Frankreich mit einiger Verzögerung. Der amerikanische Ex-Präsident Herbert Hoover, der bereits nach dem Ersten Weltkrieg Hilfeleistungen in bisher kaum dagewesenem Ausmaß organisiert hatte, besuchte Deutschland im Februar 1947 und verfasste danach einen alarmierenden Report, der in der Feststellung gipfelte: »Die große Masse des deutschen Volkes ist, was Ernährung, Heizung und Wohnung anbelangt, auf den niedrigsten Stand gekommen, den man seit hundert Jahren in der westlichen Zivilisation kennt.«[6] Und so begann die Zeit der Care-Pakete und schließlich des mit dem Namen des amerikanischen Außenministers George C. Marshall verbundenen Planes zum Wiederaufbau in Europa, der eine Zeitenwende einleitete und ganz entscheidend dazu beitrug, dass aus Siegern und Besiegten allmählich Freunde und Verbündete wurden.

Unbarmherzig blieb allein die Natur. Dem extremen Winter folgte der Rekordsommer von 1947, der im Juli und August mit Temperaturen bis zu 40 Grad aufwartete. Nun verdörrten Kartoffeln, und es fehlte erneut an Nahrungsmitteln. Es war das Jahr, von dem ältere Mitbürger in Erinnerung an ihre von Diktatur und Krieg gestohlene Jugend als »der schlimmen Zeit nach ’45« sprechen.

16./17. Februar 1962

Sturmflut

Siebzehn Jahre nach Ende des Zweiten Weltkrieges zeigte
Hamburg – wie so viele deutsche Städte – zwei Gesichter.
Das eine erstaunte die Welt: Das bundesdeutsche Wirt-
schaftswunder hatte die Hafenstadt zu einer boomenden
Handelsmetropole werden lassen. An den Kais des Hafens
legten Frachtschiffe aus aller Welt an, dazu gelegentlich
der eine oder andere Flugzeugträger der Schutzmacht der
jungen Bundesrepublik. Die Stadt war auf dem Weg, eine
Medienmetropole (ein damals noch nicht gebräuchlicher
Terminus) zu werden, neben mehreren regionalen Tageszeitungen hatten dort der *NDR*, *Bild*, *Zeit*, *Welt* und *Spiegel*
ihren Sitz – das Nachrichtenmagazin würde mit Franz-Josef
Strauß bald den Verteidigungsminister zu Fall bringen (oder
er sich selber wegen seines Vorgehens gegen einen unlieb-
samen *Spiegel*-Bericht) und eine Regierungskrise auslösen.
Die Straßen rund um die Alster neigten im feierabend-
lichen Berufsverkehr zur Verstopfung, wobei der »Käfer«
aus dem Hause Volkswagen das bei weitem häufigste Modell war. In die Kaufhäuser entlang der Mönckebergstraße
trugen Kunden die locker sitzende D-Mark, das Sinnbild
des Selbstbewusstseins der Menschen in einem erst dreizehn Jahre alten Staatswesen; die Cafés der Millionenstadt

erfreuten sich großer Beliebtheit – ganz besonders an kalten Wintertagen wie im Februar 1962. Hoch war der Umsatz der »harten Währung« auch im Hamburger Nachtleben mit seinem Brennpunkt St. Pauli – neben der Prostitution für jeden Geldbeutel existierte hier eine vibrierende Musikszene. Die Stammgäste des »Star-Club« würden sich im April 1962 an einer Band aus Liverpool erfreuen können, die Lieder wie »Twist and Shout« und »Long Tall Sally« zum Besten gab. Weder die vier jungen Männer noch die Zuhörer in diesem und anderen Lokalen, wo die Band ab 1960 wiederholt gastierte, ahnten zu diesem Zeitpunkt, dass dies nur einige der Hymnen einer neuen Epoche sein würden, mit den Beatles als Symbolfiguren.

Doch es gab noch ein anderes Hamburg. Das Wort »Trümmergrundstück« gehörte hier wie anderenorts zum alltäglichen Vokabular. Der Krieg hatte nach zahlreichen Bombardierungen Schneisen der Verwüstung hinterlassen. Hamburg war durch eine bis dahin unbekannte Massierung von Bombenangriffen im Hochsommer 1943 im Rahmen der »Operation Gomorrha« dem biblischen Vorbild dieses Codebegriffs entsprechend beinahe vom Erdboden getilgt worden. Unterstützt durch drückende Sommerhitze und der daraus resultierenden Trockenheit verheerten vor allem die Brandbomben der Royal Air Force die Stadt und töteten an die 34 000 Menschen.[1] Weitere Angriffe folgten und machten Hamburg zu einer der am schwersten zerstörten deutschen Städte. Auch 1962 gab es bei weitem nicht genügend Wohnraum; immer noch lebten »Ausgebombte«, aber auch Flüchtlinge aus dem Osten in Behelfsunterkünften, oft auch in Schrebergärten, die häufig eines gemeinsam hatten: Sie lagen nahe der Elbe und auf sehr flachem Terrain – es sollte für viele Menschen tragische Folgen haben. Ungenügend war auch der Zustand eines Bauwerks im weitesten Sinne:

der Hamburger Deichsysteme. Sie waren nach der letzten großen Sturmflut im Jahr 1825 errichtet worden und hatten bei den Baumaßnahmen der Nachkriegszeit keineswegs Vorrang genossen. Die Menschen in Hamburg wie auch die politisch Verantwortlichen im Hamburger Senat hatten andere Prioritäten. Die Tatsache, dass Hamburg etwa hundert Kilometer von der Nordseeküste entfernt liegt, trug ebenfalls zu einem Gefühl der Sicherheit bei.

Land unter an der Elbe: Hamburg wird überflutet

Dass räumliche Distanz zum Meer keinen Schutz für tief liegende Gebiete darstellt, hatte ein Nachbarland weniger als zehn Jahre zuvor erfahren müssen. Am 31. Januar 1953 hatten sich zwei Tiefdruckgebiete vor Schottland zu einem Orkan vereinigt. Sturmböen erreichten hier Spitzengeschwindigkeiten von 180 km/h. Das System zog in südöstliche Richtung und traf in der Nacht auf den 1. Februar auf die niederländische Küste. Ähnlich wie in Hamburg im Februar 1962 war die niederländische Bevölkerung durch die Wetterberichte und Sturmwarnungen im Radio zunächst nicht über Gebühr beunruhigt. Der Orkan verstärkte eine Springflut (oder Springtide), eine aufgrund der Konstellation Erde-Sonne-Mond (wenn alle auf einer Geraden liegen, also bei Neumond oder Vollmond) besonders ausgeprägte Gezeitenbewegung. Auch in den Niederlanden waren zahlreiche Deiche nicht in allerbestem Zustand. Ab etwa 3 Uhr nachts brachen die Deiche, vor allem in den Provinzen Zeeland und Brabant. Über den Rundfunk war inzwischen zwar vor Hochwasser gewarnt worden; an konkreten Hinweise, was die Bevölkerung denn hätte unternehmen sollen, mangelte es jedoch. Die Deiche brachen auf einer Gesamtlänge von rund 180 Kilometern – für eine Nation, deren Fläche zu mehr als einem Viertel unter dem Meeresspiegel liegt, eine Katastrophe. Erst bei Anbruch des Tages wurde deutlich, welches Ausmaß die Überschwemmungen angenommen hatten. Die nächste Flut an diesem Samstag führte zu noch höherem Wasserstand. Erst am Montag, dem 3. Februar, liefen Evakuierungs- und Hilfsaktionen in größerem Maße an; wie später in Hamburg waren Streitkräfte aus den Nato-Partnerstaaten, vor allem aus den USA und Großbritannien, rund um die Uhr im Einsatz. Als man allmählich einen Überblick bekam, wurde die menschliche Tragödie deutlich: In den Niederlanden forderte die *Watersnood* insgesamt 1835 Menschenleben. Auch die britischen Inseln waren schwer heimgesucht worden; hier forderte die Sturmflut rund 300 Menschenleben. Belgien kam glimpflicher davon mit nur 14 Todesopfern. Über Land verlor der Sturm zwar an Kraft, über den Ardennen führte der Hollandsturm jedoch zu einem Blizzard mit Rekordschneefällen.

Auch am 17. Februar 1962 fehlten eine ausdrückliche Warnung sowie konkrete Hinweise für das Verhalten der Bevölkerung im Notfall – mit tragischen Folgen. Die Sturmflut traf zwar die gesamte deutsche Nordseeküste, bleibt aber in der Erinnerung vor allem mit Hamburg verbunden, wo rund 90 % der Todesopfer lebten. Stürmische Westwinde hatten die Küste bereits von Jahresbeginn an immer wieder heimgesucht. Am Donnerstag, dem 15. Februar, wurde erstmals eine Sturmwarnung für das Küstengebiet ausgesprochen, nachdem ein weit nach Norden vorgeschobenes Azorenhoch die Nordsee immer stärker unter den Einfluss eines ausgeprägten Luftdruckgefälles geraten ließ. In einigen Bereichen der nördlichen Nordsee stießen Windmessgeräte an ihre Messbereichsgrenzen – ein untrüglicher Hinweis auf ein schweres Unwetter. Das Sturmtief wurde von den Meteorologen auf den Namen »Vincinette«, die Siegreiche, getauft. Die Siegreiche zerriss die Ankerkette des Feuerschiffs *Elbe III* und brachte zahlreiche Schiffe in schwere Seenot.

Später ist kritisiert worden, dass die mit Abstand größte Stadt im Einzugsgebiet der Sturmfront nur wenig vorbereitet war. An der Küste selbst wurde am Freitag sehr deutlich vor dem herannahenden Unwetter gewarnt: »Für Cuxhaven besteht Deichbruchgefahr. Die Bevölkerung wird dringend gebeten, die höheren Stockwerke aufzusuchen. Sagen Sie bitte Ihren Nachbarn Bescheid.«[2] In Bremen und Bremerhaven wurden die Bewohner über Lautsprecherwagen gewarnt; hier standen Bundeswehr, Feuerwehr und Technisches Hilfswerk bereit.

Nachdem in Cuxhaven die Deiche unter dem Druck des Sturms gebrochen waren, bahnte sich die Flutwelle ihren Weg die Elbe hinauf. In Hamburg wurde über das Radio gewarnt, allerdings in einer technischen Sprache, die bei meteorologisch-hydrologischen Laien keinen Anlass zur Panik aufkommen ließ, nicht zuletzt wegen des beruhigend

klingenden letzten Satzes: »Für die gesamte deutsche Nordseeküste besteht die Gefahr einer sehr schweren Sturmflut.
Das Nachthochwasser wird etwa drei Meter höher als das
mittlere Hochwasser eintreten. Das nachfolgende Mittags-
hochwasser wird nicht mehr so hoch eintreten.« Die am
Abend im Fernsehen laufende, außerordentlich beliebte Fa-
milienserie »Die Hesselbachs« wollte man nicht unterbre-
chen. Auch die Warnsysteme konnten beim besten Willen
nicht mehr als zeitgerecht bezeichnet werden. Da entlang
der Küste und um Cuxhaven das Stromnetz zusammen-
brach und die Telefonleitungen nicht mehr funktionierten,
sollte ein aus dem 18. Jahrhundert stammendes System von
Alarmböllern die Kunde vom »Blanken Hans« ins Inland
tragen. In Stade feuerte der Hafenmeister die Sturmka-
none zweimal ab, dann wurde das Geschütz von der Flut
hinweggeschwemmt. Kurz nach Mitternacht erreichte die
Sturmflut die Hansestadt und brach die ersten Deiche.
Insgesamt ereigneten sich 63 Deichbrüche und führten zu
einer Katastrophe, die menschliche Urängste wiederbelebte,
wie der *Spiegel* analysierte, als das Nachrichtenmagazin mit
mehrtätiger Verspätung erschien: »Eine moderne Weltstadt,
750 Quadratkilometer groß und musterhaft organisiert, eine
Festung aus Menschen, Beton und Energie zeigte sich gegen
ein 100 Kilometer entferntes Randmeer des Ozeans so anfäl-
lig wie ein Pfahldorf der Primitiven. Drei Tage lang war das
Pfahldorf der Zivilisierten mit seinen fast zwei Millionen
Insassen paralysiert. Ohne Strom, Gas und Telephon wurde
Hamburg dunkel und schlapp. Die Sintflut, seit Anbeginn
Schreckensvision der Menschen, schien angebrochen.« Die
Redakteure waren sich über die historische Dimension des
Ereignisses im Klaren: »Die Katastrophen 1825 und 1855
nehmen sich im Vergleich zu dem Unglück, das 1962 über
Hamburg hereinbrach, denn auch harmlos aus. 1855 ertran-

ken zwei Kinder, deren Eltern nicht daheim waren, und ein Seemann, der voreilig an Bord seines Schiffes zurückkehren wollte. Die Deiche von Wilhelmsburg waren zwar an neun Stellen gebrochen, doch der Schaden blieb gering: Die Flut zerstörte zwei Häuser.«[3]

Wilhelmsburg wurde zum Schauplatz der größten Tragödie. Die Insel zwischen zwei Elbarmen beherbergte zahlreiche Heimatlose und Entwurzelte, die in provisorischen Verhältnissen in Schrebergärten wohnten. Auch hier brachen die im Krieg mit Trümmerschutt notdürftig gestopften Deiche schnell. Zahlreiche Menschen ertranken in ihrem kleinen Gartenhäuschen, ohne die drohende Gefahr zu ahnen. Allein auf dieser Insel kamen 222 Menschen ums Leben, im gesamten Hamburg gab es 315 Tote, bei insgesamt 340 einheimischen Fluttoten, unter denen sich auch fünf der am nächsten Tag eintreffenden Helfer befanden.

Am nächsten Morgen zeigt sich, dass etwa ein Fünftel des Stadtgebietes überflutet war, in St. Pauli stand der Pegel auf 5 Meter 70, ein historischer Höchstwert. In Neubaugebieten hatten sich die Menschen auf die Dächer geflüchtet, mit durchnässter Kleidung bei eisigen Temperaturen. Um (weitere) Tote durch Erfrieren zu verhindern, mussten schnellstmöglich Retter kommen – bevorzugt aus der Luft. In diesen Stunden, in denen Hamburgs Behörden und auch der Senat unter dem Ersten Bürgermeister Paul Nevermann nicht den besten Eindruck machten, war es Polizeisenator Helmut Schmidt, der das Heft des Handelns auf eine legendäre – oder auch zur Legende verklärten – Art in die Hand nahm. Schmidt, der über gute Kontakte zu Militärkreisen verfügte, forderte Unterstützung von Bundeswehr und alliierten Streitkräften an, vor allem in Form von Hubschraubern und Sturmbooten. Schmidts energisches Handeln zeigte bald Wirkung. Vor allem die Hubschrauberpiloten vollbrachten

bei teilweise noch stark böigen Winden fliegerische Glanz-
leistung und holten frierende, verängstigte und traumati-
sierte Menschen aus Baumkronen, von Dächern und aus
anderen unwirtlichen Zufluchtsorten. In einem kurz nach
der Katastrophe gefilmten Interview bezeichnete Schmidt
die Hamburger Schutzmaßnahmen und Katastrophenpläne
als »ganz gut, ganz brav« – übersetzt: als völlig inadäquat.
Die Polizeiführer erschienen ihm wie »aufgeregte Hühner,
die wild durcheinanderliefen«. Der Erste Bürgermeister
Paul Nevermann weilte zur Kur und kam einen Tag später
zurück; seine Anwesenheit empfand Schmidt, der die politische Leitung übernommen hatte, eher als störend denn
hilfreich. Schmidt strahlte eine natürliche Autorität aus, derer es in Hamburg in jenen Tagen dringend bedurfte. Später
erinnerte er sich – mit erkennbarem Stolz – an seine Leitung
des Krisenstabes: Wer »den Laden aufhielt, dem habe ich
einfach das Wort entzogen«.[4]

Das Elend war groß. Rund 15 000 Hamburger waren buchstäblich über Nacht obdachlos geworden. Im Hochwasser
trieben die Leichen, andere mussten aus überfluteten Kel-
lern geborgen werden, die zur Todesfalle geworden waren.
Ein Hamburger Nachrichtenmagazin schrieb rückblickend:
»Die Obdachlosen wurden zunächst in öffentlichen Gebäuden einquartiert und medizinisch betreut. Hubschrauber
retteten Verletzte und versorgten von der Außenwelt Abge-
schnittene mit Nahrung und Medikamenten. Die geborge-
nen Toten konnten aus Platzmangel nicht in den städtischen
Leichenschauhäusern aufgebahrt werden. So reihte man die
toten Körper bis zu ihrer Identifizierung auf der Kunsteis-
bahn der Parkanlage Planten un Blomen auf. Als die Flut
über Hamburg hereinbrach, galt noch die Deichordnung
von 1825. Die Stadt hatte geplant, die Deiche ab 1963 auf
6,50 Meter über Normalnull zu erhöhen. Ein Jahr zu spät.«[5]

In Hamburg (wie auch in zahlreichen anderen Städten und Gemeinden an der Küste) hat man mit umfassenden Baumaßnahmen die Lehren aus der Katastrophe gezogen. Im Schnitt sind die Deiche heute um 2,5 Meter höher als 1962, zahlreiche Schutzvorrichtungen sind hinzugekommen, und das organisatorische Chaos mit Kompetenzwirrwarr jenes Februarwochenendes hofft man mit einer umfassenden Deichverteidigungsorganisation ersetzt zu haben. Seit 1962 hat es acht Sturmfluten gegeben, deren Scheitelwasserstände über jenen des 17. Februar 1962 lagen – ohne nennenswerte Schäden. In der Hansestadt ist man sich bewusst, dass die Gefahr durch derartige Wetterkatastrophen in Zukunft größer wird: »Der Klimawandel und der zu erwartende Meeresspiegelanstieg werden den Hochwasserschutz auch zukünftig vor große Herausforderungen stellen. Diese Zukunftsaufgabe ist umso wichtiger, seit die städtische Entwicklung in den innenstadtnahen und tiefliegenden Gebieten voranschreitet … Einen absoluten Schutz vor Sturmflutkatastrophen können weder weitere Deichverstärkungen noch Sperrwerke bieten. Neben der laufenden Verbesserung des technischen Schutzes ist es daher wichtig, sich mit dem unvermeidbaren Restrisiko auseinanderzusetzen. Nur gut informierte Bürgerinnen und Bürger sind in der Lage, im Katastrophenfall richtig zu reagieren.«[6]

Für Helmut Schmidt, den zum Zeitpunkt der Sturmflut 43-jährigen Senator der Polizeibehörde (im Juni des gleichen Jahres wurde daraus das Amt des Innensenators), war das engagierte und letztlich erfolgreiche Krisenmanagement die Grundlage für seine weitere politische Karriere. Fortan heftete ihm der Ruf eines »Machers« an, was vor allem in als schwierig empfundenen Zeiten außerordentlich wählerwirksam sein kann. Schmidt zog bei der Bundestagswahl 1965 wieder in das Parlament in Bonn ein, dem er bereits

von 1953 bis Januar 1962 angehört hatte. Als Vorsitzender
der SPD-Bundestagsfraktion spielte er eine wichtige Rolle,
das Regierungsbündnis der beiden politischen Rivalen, der
Sozialdemokratie und der Union, in der ersten Großen
Koalition zusammenzuhalten. Seine Neigung zu forscher
Rhetorik trug zu einer parteiübergreifenden Beliebtheit des
Politikers mit dem unüberhörbaren Hamburger Akzent bei.
Als die Sozialdemokraten nach der Bundestagswahl 1969
die Regierungsverantwortung übernahmen, wurde Schmidt
erkennbar zum starken Mann im Kabinett Brandt – zuerst
als Verteidigungsminister, dann vorübergehend und von der
Nomenklatur nicht unpassend als »Superminister« in den
Monaten, als Wirtschafts- und Finanzministerium vom gleichen Mann an der Spitze geleitet wurden. Nach dem Rücktritt von Willy Brandt als Folge der Guillaume-Affäre wurde
Schmidt im Mai 1974 zum fünften Bundeskanzler der Bundesrepublik Deutschland gewählt. In seiner Amtszeit musste
er sich verschiedentlich als Krisenmanager betätigen, am
eindrucksvollsten wahrscheinlich während des RAF-Ter-
rors, der vor allem 1977 die Republik erschütterte. Seine
Amtszeit als Kanzler endete mit dem konstruktiven Miss-
trauensvotum vom 1. Oktober 1982 – in seiner eigenen Partei
war er zu diesem Zeitpunkt wegen seiner außenpolitischen
Haltung (für den Nato-Doppelbeschluss und mit weitgehen-
der Immunität gegen den pazifistischen Zeitgeist) bereits
isoliert. Als Herausgeber der Wochenzeitung *Die ZEIT* blieb
Helmut Schmidt bis in die zweite Dekade des 21. Jahrhunderts hinein eine der maßgeblichen Persönlichkeiten des
deutschen Politik- und Medienbetriebes, stets mit einem
Selbstbewusstsein ausgestattet, das ihn im Februar 1962 im
Angesicht der Not seiner Heimatstadt das Ruder ergreifen
ließ, ohne, wie er es später formulierte, vorher über seine
Kompetenzen im Grundgesetz nachgeschaut zu haben.

Operation Eagle Claw – eine Präsidentschaft endet im Sandsturm

Bis zu diesem Ereignis dürfte der amerikanische Präsident Jimmy Carter das Wort *Haboob* noch nie gehört haben. Es beschreibt einen in wüstenartigen Regionen der Erde auftretenden Sandsturm, ausgelöst durch das Aufeinandertreffen von Monsunwinden mit trockenen Luftschichten. Bei einem Haboob werden ungeheure Mengen von Sand und Staub aufgewirbelt. Auf den Betroffenen scheint eine Wand aus Staub zuzukommen, vor der er schleunigst Schutz suchen muss. Der Sturm wird meist von Gewittern begleitet und kann Geschwindigkeiten von über 80 Stundenkilometern annehmen. Ein Haboob ist kein rein lokales Ereignis: Die Staub- und Sandmassen können sich über eine Breite von bis zu 100 Kilometern vorwärts bewegen und mehrere Kilometer Höhe erreichen.

Am 24. April 1980 erfuhr Jimmy Carter, was ein Haboob anrichten kann.

Der ehemalige Erdnussfarmer aus Georgia war 1976, zwei Jahre nach dem Rücktritt des Republikaners Richard Nixon als Folge der Watergate-Affäre, ins höchste Amt des Landes gewählt worden. Sein Erfolg über den amtierenden Präsidenten Gerald Ford resultierte vor allem daraus, dass Carter alle Staaten des amerikanischen Südens (mit Ausnahme

257

Virginias) gewinnen konnte – und er sollte für lange Zeit der letzte Kandidat der Demokraten sein, dem dies gelang. Die Präsidentschaft Carters konnte man in ihren ersten zwei bis drei Jahren wohlwollend als durchschnittlich bezeichnen. Sein größter Erfolg war der Friedensschluss zwischen Israel und Ägypten in Camp David 1978. Innenpolitisch sorgten die Energiekrise von 1979 mit langen Schlangen vor den Tankstellen und eine zweistellige Werte erreichende Inflationsrate indes für eine Krisenstimmung. Carter verbreitete alles andere als Optimismus, als er im Juli 1979 seine berühmte Malaise-Rede hielt. Die Stimmung in den USA war schlecht. Doch es sollte noch weit dramatischer kommen: Die durch den Vietnamkrieg und Watergate angeschlagene Weltmacht erwartete eine Demütigung ohnegleichen.

Am 4. November 1979 stürmte eine Menschenmenge, die je nach Standort des Betrachters als »Studenten« oder als »Terroristen« bezeichnet wurde, die amerikanische Botschaft in Teheran. Sie waren Anhänger des neuen Machthabers im Iran, Ajatollah Khomeini. Die in der Botschaft stationierten Marines verzichteten auf höheren Befehl auf jedwede Gegenwehr, so dass die Erstürmung und Geiselnahme der Botschaftsangehörigen ohne Blutvergießen verlief. Die Forderungen der Botschaftsbesetzer, zu denen in den nächsten Tagen zahlreiche Bewaffnete, wohl kaum Studenten, hinzustießen, zielten vor allem auf eine Auslieferung des ein Jahr zuvor aus dem Iran geflohenen Schahs, der sich zu jener Zeit zu einer Krebsbehandlung in den USA aufhielt. Außerdem wurden die USA aufgefordert, sich für alles in der Vergangenheit dem Iran zugefügte Unrecht zu entschuldigen. Die Geiselnehmer ließen nach einigen Tagen mehrere farbige und weibliche Botschaftsangestellte frei, um – wie es hieß – ihre Sympathien für die in den USA vermeintlich unterdrückten Minderheiten und ihren hohen

Respekt für Frauen auszudrücken, der islamische Gesellschaften präge. Sechs amerikanischen Diplomaten gelang mit Hilfe ihrer kanadischen Kollegen die Flucht, die Ben Affleck in seinem 2012 entstandene Film »Argo« zum Thema machte. Für 52 Amerikaner begann indes ein Martyrium von Gefangenschaft, Demütigung, Scheinhinrichtungen und anderen Arten der Folter.

Die Regierung in Washington machte von Anfang an deutlich, dass sie auf eine diplomatische Lösung setzte – übersah dabei aber, dass im Iran Verhältnisse herrschten, bei denen es mitunter schwer war, einen Gesprächspartner für diplomatische Verhandlungen zu finden. Als nächstes ließ Carter iranische Guthaben in den USA einfrieren, was auf die »Studenten« in der ehemaligen US-Botschaft wenig Eindruck gemacht haben dürfte. Das Thema Geiselnahme drängte für die amerikanische Öffentlichkeit alles andere in den Hintergrund. Mit jedem fortschreitenden Tag wuchsen Wut und Frustration. In den Nachrichtensendungen wurde hinter dem *Anchorman* die deprimierende Zahl der Tage, welche die Gefangenschaft der Botschaftsangehörigen andauerte, eingeblendet: *Day 31 … Day 64 … Day 122*. Mancherorts wurde jeden Tag ein neues gelbes Band um Bäume gelegt – das berühmte Zeichen des *yellow ribbon* als Symbol der lange ersehnten Heimkehr – oder ein neues Sternenbanner in die Erde gepflanzt. Die Tage verrannen, und jeder Ansatz einer Lösung verlief im Sand (meist wohl auf Anweisung Khomeinis). Carter erkannte verbittert, dass nichts anderes mehr in seiner Präsidentschaft zählte – und spürte mit jedem fortschreitenden Tag, wie die Amerikaner immer mehr an seiner Führungskraft zweifelten.

Im Frühjahr 1980 setzte Carter schließlich auf eine militärische Lösung des Problems: Die Geiseln sollten mithilfe der Spezialeinheit Delta Force befreit werden. Der Plan, den die Militärs entwickelten, war einer der kühnsten in der Geschichte der amerikanischen Streitkräfte. Viele Räder mussten ineinandergreifen, und es war wenig Raum für Irrtümer. Vor allem aber musste das Wetter mitspielen. Die Soldaten übten in der Nähe von Yuma im Bundesstaat Arizona, einer Wüstenregion, die geografisch einige Ähnlichkeit mit dem Iran aufwies. Alles hing davon ab, nicht entdeckt zu werden – und davon, dass die bereitgestellten Transportmittel in ausreichender Zahl zur Verfügung standen und funktionstüchtig waren. Anfang April 1980 hatte ein unbemerkt in einer iranischen Wüstenregion gelandeter Luftwaffenoffizier eine abgelegene Landepiste ausgemacht und mit Kontrolllampen ausgestattet, die per Funk von den anfliegenden Flugzeugen aktiviert werden konnten und so eine schwach, aber erkennbar beleuchtete Runway markierten. Der mehr als 300 Kilometer südwestlich von Teheran gelegene Landeplatz erhielt den Namen *Desert One*. Von hier aus sollten Hubschrauber nach dem Auftanken zu einem näher an der Hauptstadt gelegenen Feld, dem *Desert Two*, fliegen und die Angehörigen der Delta Force absetzen. Tagsüber würde man so gut es ging in Deckung bleiben, in der zweiten Nacht sollte die Befreiung erfolgen. Der Codename der Operation war *Eagle Claw*.

Am 24. April 1980 hoben sechs Transportflugzeuge vom Typ C-130 Hercules von einem Stützpunkt auf einer zu Oman gehörenden Insel ab. Im Schutz der Dunkelheit und bei Funkstille steuerten die Maschinen auf Desert One zu – die Radarüberwachung der Iraner galt als wenig zuverlässig, so dass gute Aussichten bestanden, den behelfsmäßigen Landeplatz zu erreichen. Drei der Maschinen transportierten Soldaten und Ausrüstung, die drei anderen hatten mit Treibstoff gefüllte Tanks zur Versorgung der Hubschrauber an Bord. Acht Hubschrauber des Typs RH-53D Sea Stallion starteten vom Flugzeugträger *USS Nimitz*. Die Zahl war knapp bemessen – mindestens sechs Hubschrauber waren nötig, um die Geiseln und ihre Befreier aus Teheran herauszubringen. Von einem plangemäß eingenommenen iranischen Luftstützpunkt sollten die Geiseln dann mit größeren Transportmaschinen vom Typ C-141 Starlifter ausgeflogen werden. Doch es sollte anders kommen.

Als erstes musste eine der Sea Stallions aufgrund eines Rotorschadens auf iranischem Territorium notlanden, und seine Besatzung wurde von einem der anderen Helikopter aufgenommen. Jetzt standen nur noch sieben Hubschrauber zur Verfügung.

An Bord einer der Transportmaschinen bemerkte man kurz vor Mitternacht eine Art Nebel am Horizont. Der Offizier, der drei Wochen zuvor heimlich die Landelichter angebracht hatte, Major John T. Carney, erkannte das Phänomen: Es drohte ein Haboob. Als die Hercules diese Zone durchflog, stieg im Inneren des Flugzeuges die Temperatur beträchtlich an. Der viermotorigen Maschine würde der Sandsturm kaum schaden, doch bei den Hubschraubern sah dies anders aus. Der für den fliegerischen Teil des Unternehmens verantwortliche Air Force Colonel James H. Kyle entschloss sich, die befohlene Funkstille zu brechen und die Hubschrauberpiloten über das Hauptquartier zu warnen. Da man indes keinen Codenamen für »Haboob« hatte, erreichte diese Meldung die Hubschrauber nicht. Die Sea Stallions verloren in dem Sturm jedweden Sichtkontakt, brachen ihre Formation auf und flogen blind, von heftigen Erschütterungen heimgesucht, weiter. Dann fiel bei einer der Maschinen mitten im Sturm das Navigationssystem aus. Die Besatzung beschloss, auf Nummer Sicher zu gehen und kehrte zur *Nimitz* zurück. Eagle Claw bestand jetzt nur noch aus sechs Hubschraubern.

Die Landung der sechs Transportmaschinen gelang trotz

Dunkelheit planmäßig. Doch kaum hatten die Soldaten die Maschinen verlassen, geschah etwas, das die Planer nicht vorhergesehen hatten. Die Wüste war keineswegs leer. In kurzer Zeit fuhren ein Tanklastwagen und ein Passagierbus über die Straße, die als Landebahn von Desert One gedacht war. Die Delta Force stoppte den Bus und war sich unschlüssig, was man mit den Fahrgästen, erkennbar arme Iraner, machen sollte. Der Präsident im fernen Washington, der zum Micromanagement neigte, entschied, die Aufgegriffenen auszufliegen und in den Iran zurückzubringen, wenn die Operation beendet war. Der Tankwagen wurde mit einem Panzerabwehrgeschoss zerstört. Der Fahrer entkam mit einem anderen vorbeifahrenden Lastwagen – in den ersten Minuten war man in der vermeintlich menschenverlassenen Gegend auf nicht weniger als drei Fahrzeuge gestoßen!

Das brennende Fahrzeug beleuchtete die Wüste so dramatisch, dass die Piloten der nun allmählich ankommenden Sea Stallions glaubten, eine der Hercules sei beim Landeanflug abgestürzt. Der Zeitplan war durch den Haboob durcheinandergeraten, und man war keineswegs unbemerkt geblieben. Dennoch wurde das Unternehmen fortgesetzt. Dann entdeckte man, dass sich die Beschaffenheit der »Piste« durch vorausgegangene Sandstürme verändert hatte: Sie war nicht mehr so fest, wie sie Major Carney bei seiner Inspektion vorgefunden hatte. Es lag eine dicke Staub- und Sandschicht auf ihr, an einige Stellen versanken die Soldaten bis zu den Knöcheln. Das Abheben der Hercules würde schwierig werden. Wirklich verheerend war indes eine andere Entdeckung: Einer der Hubschrauber hatte einen Hydraulikschaden erlitten und wurde als fluguntauglich eingestuft. Jetzt waren es nur noch fünf.

Die verantwortlichen Offiziere erwogen, das Delta-Team zu verkleinern und mit nur 5 Hubschraubern weiterzumachen. Die Soldaten waren hoch motiviert. Die Entscheidung fiel in Washington. Sie hieß: *abort mission*. Das Unternehmen wurde abgebrochen. Carter murmelte »Damn, damn« und versuchte in der angespannt auf Nachrichten aus dem Iran wartenden Runde mit Vizepräsident Walter Mondale und seinen engsten Beratern Warren Christopher, Hamilton Jordan und Jody Powell (Außenminister Cyrus Vance war kurz zuvor zurückgetreten, weil er gegen die Militäraktion war und der Diplomatie eine weitere Chance geben wollte) das Ganze von der positiven Seite zu sehen: Wenigstens seien keine Amerikaner und unschuldigen Iraner zu Schaden gekommen.

Doch das sollte sich schnell ändern. Beim hektischen Abheben wirbelte eine der Sea Stallions so viel Sand auf, dass die Piloten plötzlich keine Sicht mehr hatte. Die Rotorblätter des Hubschraubers berührten eine der Hercules-Transportmaschinen und er stürzte ab. Die mit Benzintanks vollgeladene C-130 explodierte. In dem Inferno in der Wüstennacht starben acht Amerikaner, andere erlitten zum Teil schwere Verbrennungen. Als die Nachricht das Weißen Haus erreichte, wurde Carter blass, sein Berater Jordan übergab sich. Mark Bowdens, der die Geschichte der Geiselnahme geschrieben hat, trifft es auf den Punkt: »Amerikas Elite-Rettungseinheit hatte acht Mann, sieben Hubschrauber und eine C-130 verloren und dabei noch gar keinen Kontakt mit einem Feind gehabt. Es war ein Debakel. Es war die Definition des Wortes ›Debakel‹«[1]

Am darauffolgenden Abend informierte Carter die Nation über die Katastrophe und bemühte sich um eine Erklärung. Der Haboob hatte eine entscheidende Rolle gespielt. Doch auch die militärischen und politischen Planer trugen Schuld an dem Debakel. Warum war es einer militärischen Supermacht nicht möglich, mehr als acht Hubschrauber für ein solch riskantes Unternehmen bereitzustellen? Die Präsidentschaft von Jimmy Carter war damit endgültig gescheitert. Gut ein halbes Jahr später folgte ihm der Republikaner Ronald Reagan nach einem Erdrutschsieg ins Weiße Haus. Die Wahl infolge des Desasters in der Wüste rückte Amerikas politische Landschaft bis auf den heutigen Tag deutlich nach rechts, der noch von Carter gewonnene Süden ist heute fest in der Hand der Republikaner. Am 20. Januar 1981, dem Tag der Amtseinführung Reagans, kamen die Geiseln nach 444 Tagen Gefangenschaft wieder frei.

Das Martyrium ist vorbei: Nach 444 Tagen Geisel-
haft kehren amerikanische Diplomaten heim

Hurrikan Katrina

In der Debatte um die möglichen Auswirkungen der globalen Erwärmung bleibt vieles spekulativ. Das gilt auch für
extreme Wetterphänomene. Einige Klimaexperten sehen
einen Zusammenhang zwischen der ansteigenden Luft- und
vor allem Meerestemperatur und der Entstehung tropischer
Stürme (Hurrikane über dem Atlantik und dem Südpa-
zifik, Taifune über dem größten Teil des Pazifik, Zyklone
über dem Indischen Ozean), andere Experten bezweifeln
diesen Zusammenhang oder vermuten eher das Gegenteil,
eine Abschwächung der Sturmhäufigkeiten unter wärmeren
klimatischen Bedingungen. Wo es an harten Fakten mangelt, müssen, wie so oft, vor allem in den Medien und bei
Politikern, Spekulation und ideologische Überzeugungen
herhalten.

Zur Entstehung eines tropischen Wirbelsturms bedarf
es in der Regel einer Oberflächentemperatur des Ozeans
von mindestens 26 Grad. Die Erwärmung der Ozeane war
in den letzten zwei, drei Dekaden weder global gleichmä-
ßig noch nahm sie nach den meisten Untersuchungen um
mehr als maximal 0,5° zu, wenn überhaupt. Sturmexperten
quantifizieren die Intensität der Hurrikansaisons mit einem
Gradmesser, der ACE (Accumulated Cyclone Energy), und

haben eine Rangliste der sturmintensivsten Jahre der Moderne erstellt, die keinerlei Korrelation mit den publizierten Durchschnittstemperaturen der letzten zwei Dekaden aufweist. Während für unsere Breiten die Mehrzahl der heißesten Sommer und der höchsten Jahresmitteltemperaturen der Moderne im Zeitraum nach 2001 liegt, sind die Spitzenreiter der ACE-Tabelle erkennbar epochenunabhängig. Die Nummer Eins, das Jahr mit der intensivsten Hurrikansaison über dem Atlantik, war 2005 mit dem Hurrikan *Katrina*. Doch auf den nächsten Plätzen folgen die Jahre 1950 und 1893 – letzteres war das Jahr, in dem Rudolf Diesel den nach ihm benannten Motor zum Patent anmeldete. In den Top Ten der Tabelle der sturmintensivsten Jahre über dem Pazifik ist unser heißes 21. Jahrhundert überhaupt nicht vertreten.

Allerdings lässt sich nicht bestreiten, dass die Häufigkeit von Hurrikanen über dem Nordatlantik in den letzten 20 Jahren zugenommen hat. Wirbelstürme, die stark genug waren, um mit einem Namen ausgezeichnet zu werden, gab es in den 1980er Jahren weniger als 10 in einer Hurrikansaison, die von Juni bis Oktober/November reicht, und im zweiten Jahrzehnt des 21. Jahrhunderts lag ihre Zahl zwischen 12 und 14 Hurrikanen. Es ist zur Tradition geworden, Hurrikane mit einem Jungen- oder Mädchennamen zu versehen, und die Bezeichnungen können sich im Laufe der Zeit wiederholen. Einer allerdings ist für künftige Meteorologengenerationen tabu: Nie wieder soll ein tropischer Wirbelsturm Katrina heißen. Katrina war eine Ausnahmeerscheinung und stellte eine hochtechnisierte Nation, die USA, vor eine gewaltige Bewährungsprobe. New Orleans, eine der berühmtesten und traditionsreichsten Städte des Landes, wurde weitgehend zerstört.

Die *Crescent City*, die halbmondförmige Stadt, ist in vielerlei Hinsicht eine Besonderheit in den Vereinigten Staaten.

Wie kaum eine andere US-Metropole hat sich New Orleans ein eigenes, tropisch-schwüles Flair bewahrt und erinnert noch heute daran, dass sie im Gegensatz zu New York, Boston oder Philadelphia nicht als Gründung der englischen Kolonialbestrebungen erblühte, sondern ihre Wurzeln in der Kultur des Erzrivalen Großbritanniens hat, dem Frankreich der Bourbonen und Napoleons. Der Empereur war es auch, der 1803 die Stadt – und mit ihr das gesamte französische Territorium westlich des Mississippi – nach beinahe hundert Jahren unter französischer Fahne an die USA verkaufte. Vor den Toren der Stadt schlugen im Januar 1815 die amerikanischen Truppen das britische Heer – es war die letzte größere Kampfhandlung im *War of 1812.* Dass dieser bereits Weihnachten 1814 durch einen Friedensschluss im später belgischen Gent beendet und die Schlacht eigentlich überflüssig geworden war (die Nachricht hatte sich bei den damaligen Kommunikationsmöglichkeiten nicht schnell genug über den Atlantik verbreitet), schmälerte nicht ihren Einfluss auf das nationale Selbstwertgefühl der Amerikaner und brachte den Sieger, General Andrew Jackson, vierzehn Jahre später ins Weiße Haus – und bis heute auf den 20-Dollar-Schein.

Die multikulturelle Stadt war eine Wiege des Jazz und erhielt sich das Flair eines Sündenbabels. Die klassische Folk-Ballade *House of the Rising Sun* (The Animals, später Frijid Pink und Dolly Parton) hat diesem Lebensgefühl, das so denkbar konträr zum anderenorts herrschenden amerikanischen Puritanismus und zur offiziellen Sexualitätsfeindlichkeit ist, ein musikalisches Denkmal gesetzt. Doch ob Hure oder Kirchgänger (die Kathedrale St.Louis hinter dem Reiterstandbild Jacksons wurde 1987 von Papst Johannes Paul II. besucht) – allen Einwohnern der Stadt war bewusst, dass man in New Orleans unter einem Damoklesschwert lebte: der Überschwemmung. Weite Teile der Stadt liegen unterhalb des Meeresspiegels und, wichtiger noch, unter dem Spiegel des Lake Pontchartrain, an dessen Südufer sich die halbmondförmige Stadt schmiegt. Ein System von Deichen, Kanälen und Pumpanlagen sollte New Orleans vor Überschwemmung schützen, was nicht immer gelang: 1947 setzte ein namenloser Hurrikan Teile der Stadt unter Wasser, und im September 1965 kam es noch schlimmer. Der Hurrikan Betsy war ein Sturm der Kategorie 4, der zweithöchsten Stufe. Was im Spätsommer 2005 auf New Orleans und die Golfküste der USA zukam, wurde als Kategorie 5 eingestuft. Katrina war einer der drei verheerendsten Hurrikane der US-Geschichte.

Meteorologen notierten am 23. August die Bildung eines tropischen Tiefdruckgebietes über den südöstlichen Ausläufern der Bahamas. Am Tag darauf wurde ein tropischer Sturm daraus, dem die Experten den Namen Katrina gaben – ein Name, der in den nächsten Tagen und Wochen alle anderen Themen wie die Kriege im Irak und in Afghanistan weitgehend aus amerikanischen Medien verdrängen sollte. Am Morgen des 28. August wurde Katrina, die Spitzengeschwindigkeiten von 280 km/h aufweisen sollte, der Kategorie 5-Status verliehen. Es war unzweifelhaft ein *Big One*, der auf die Golfküste der Staaten Florida, Alabama, Mississippi und Louisiana zuraste und überall schwere Schäden anrichtete. Für New Orleans indes wurde Katrina zu einer existenziellen Bedrohung.

Am 28. August gegen 10 Uhr morgens gab der National Weather Service ein Bulletin heraus, das für die Stadt katastrophale Folgen vorhersagte. Es wurde antizipiert, dass der normalerweise eher träge aussehende Lake Pontchartrain unter der Einwirkung von Katrinas *landfall* mehr als 2 Meter hohe Wellen bilden würde. Führende Politiker wurden

268

von den Meteorologen rechtzeitig auf die drohende Gefahr hingewiesen, handelten aber nicht entsprechend. Die Gouverneurin von Louisiana, Kathleen Blanco, lehnte die von Präsident George W. Bush angebotene Bundeshilfe zunächst ab. Der Bürgermeister von New Orleans, Ray Nagin (der später wegen Korruption ins Gefängnis musste), setzte die vorhandenen Evakuierungspläne nur zögerlich um. Erst am Morgen des 28. August ordnete er die Räumung der gesamten Stadt an, ein in der Geschichte von New Orleans noch nie dagewesener Schritt. Allerdings hatte rund ein Drittel der Bevölkerung kein Auto – weite Teile der Bürgerschaft waren (und sind) arme Afroamerikaner. Eine öffentliche Verkehrsinfrastruktur, mit der Hunderttausende hätten abtransportiert werden können, existierte in New Orleans ebenso wenig wie in anderen automobilzentrierten amerikanischen Metropolen.

Als am Montagmorgen, dem 29. August 2005, Katrina auf New Orleans traf, befanden sich noch rund 100 000 Menschen in der Stadt; viele von ihnen suchten Zuflucht in der leicht erhöht gelegenen Mukltifunktionshalle des Louisiana Superdome. Das riesige Gebäude, das bei Football- oder Baseballspielen rund 75 000 Zuschauer fasst (und inzwischen den Namen eines deutschen Automobilherstellers der Luxusklasse trägt) wurde zu einem Massenasyl mit sich rapide verschlechternden hygienischen Zuständen. Zahlreiche der hier kampierenden Menschen, die ihre Unterkünfte verloren hatten, wurden später nach Houston (Texas) gebracht. Dass dort dann die Kriminalitätsrate deutlich anstieg, zeigten die in diesem Fall vorübergehend exportierten sozialen Probleme der Stadt New Orleans auf, die eine den US-Durchschnitt um das Zehnfache übertreffende Mordrate hatte.

An diesem 29. August kam es an mehr als 50 Stellen zu

Brüchen der Dammsysteme *(levees)*. Es waren weniger die
Schäden durch den Sturm selbst, die New Orleans verheerten, als die ausgedehnten Überschwemmungen. Die Bilder
der Verwüstung und die Not der Zurückgebliebenen wurden 24 Stunden am Tag von den Fernsehsendern live in
alle Welt übertragen. Sie zeigten ein ungewohntes Bild der
USA: eine Weltmacht voller Hilflosigkeit angesichts des
Ausmaßes der Katastrophe, mit einem viel zu späten Ein-
treffen von Hilfsmaßnahmen durch die für derartige Katastrophen zuständige Behörde FEMA und mit Szenen von
Plünderungen und anderen Gewalttaten – und mit teilweise
übertriebener medialer Berichterstattung, welche die Unruhen noch verstärkte. Zu allem Übel hatten sich einige
Polizisten des New Orleans Police Department, die man in
der Stadt dringend gebraucht hätte, mit ihren Dienstfahr-
zeugen in Sicherheit gebracht. Es gab indes auch Ermu-
tigendes zu sehen wie den unermüdlichen Einsatz des Coast
Guard, von freiwilligen Helfern, von Ärzten, Feuerwehr,
Nationalgarde.

Die Katastrophe kostete in New Orleans mehr als 1400
Menschen das Leben; insgesamt forderte Katrina in den
Golfstaaten der USA mehr als 1800 Todesopfer. Der wirtschaftliche Schaden wird auf mehr als 100 Milliarden Dollar geschätzt. Weltweit kam es zu einer Welle der Sympathie
und der Solidarität – finanzielle und technische Hilfsmittel
kamen aus Regionen, die sonst eher Empfänger von Hilfelieferungen sind wie z.B. Bangladesh und Pakistan. Das
wohlhabende Kuwait, von amerikanischen Truppen unter
dem Oberbefehl eines anderen Präsidenten Bush von der
Okkupation durch Saddam Hussein befreit, zeigte sich mit
einem Hilfevolumen in Höhe von 500 Millionen Dollar am
spendabelsten.

Zehn Jahre nach Katrina hat sich New Orleans weitgehend von der Katastrophe erholt, sind die Deichsysteme verstärkt worden. Es haben sich Biotechnologie-Firmen angesiedelt, schicke Bars und Boutique-Hotels haben eröffnet – während es nach wie vor Viertel gibt, in die kein Tourist gern geht und deren Bewohner auch beim nächsten Hurrikan die Stadt aus eigener Kraft nicht werden verlassen können. Der Hurrikan Katrina hat in der Weltmacht USA das Bewusstsein gestärkt, dass alle technologischen Fähigkeiten, alles Menschwerk wenig auszurichten vermag gegen den Zorn von *Mother Nature*.

Passender Name eines von Katrina aufs Festland
geschobenen Schiffes

Kalifornien trocknet aus

Für die Mythologie der USA war Kalifornien schon immer etwas Besonders, das ultimative Ziel in einem Land ohnehin unbegrenzter Möglichkeiten, wo dem menschlichen Unternehmungsgeist sogar noch weniger Schranken gesetzt sind als in den anderen 49 Staaten. Um die Mitte des 19. Jahrhunderts machten sich Hunderttausende aus dem Osten der USA und aus anderen Teilen der Welt auf, in dieses Gelobte Land zu pilgern, hatte der aus der Schweiz stammende Unternehmer John Sutter doch in einem Flussbett die Verkörperung des Traums vom schnellen Reichtum gefunden: Gold. Das gerade – praktischerweise – nach einem kurzen, blutigen Krieg den Mexikanern abgerungene Land wurde zum El Dorado, sein offizieller und auf den Fund von 1848 zurückgehender Name lautet bis heute *Golden State*. Er war das Ziel im ersten Jahrhundertprojekt der amerikanischen Nation, das sich noch während der Gräuel des Bürgerkrieges herausbildete und nach dessen Ende 1865 mit Entschlossenheit und Rücksichtslosigkeit (gegenüber den Ureinwohnern) verfolgt wurde. Heerscharen von Arbeitern, die aus entlegenen Weltteilen wie China und Irland herbeiströmten, setzten eine der zeitgenössischen Spitzentechnologien in die Realität um: die erste transkontinentale Eisenbahn. Als die

Linie im Mai 1869 vollendet war und den Missouri River mit Sacramento (und kurz darauf die aufstrebenden Metropolen Chicago und San Francisco) verband, war es nur angemessen, dass der letzte, am Treffpunkt der beiden, sich einander entgegen arbeitenden Bahnlinien in Utah in die Schwellen eingeschlagene Nagel aus Gold war.

Gold in anderem Aggregatzustand trug im frühen 20. Jahrhundert zum weiteren Aufschwung des Staates bei: das »Schwarze Gold«, Erdöl. Eine ganz neue Industrie schoss vor den Toren von Los Angeles aus dem Boden: die Traumfabrik. Hollywood wurde zum Nabel einer neuen Art von Massenunterhaltung und Massenkultur: dem Film. Und in der zweiten Hälfte des 20. Jahrhunderts wurde Kalifornien zur Heimstatt der Hochtechnologie des Digital- und Computerzeitalters – Silicon Valley zum Symbol dieses innovativen Paradieses. Und fast logisch zum Ziel der finsteren Pläne eines, um beim Filmgenre zu bleiben, Bösewichts, den James Bond – in *Im Angesicht des Todes*, dem letzten Auftritt von Roger Moore als Meisteragent – mit Hilfe der herben Weiblichkeit von Grace Jones zur Strecke bringt. In der Wahrnehmung der Gegenwart ist Kalifornien der Knotenpunkt des Internets, hat der Welt die Heroen des 21. Jahrhunderts wie Steven Jobs und Mark Zuckerberg sowie Errungenschaften von unterschiedlicher Bedeutung wie Google, Facebook, Twitter und Uber hinterlassen.

Selbst in Krisenzeiten ging von Kalifornien stets die Aura einer Verheißung, eines Tors in eine bessere Zukunft aus. Auf der Höhe der Weltwirtschaftskrise kam John Steinbeck die Idee zu seinem größten Roman: *Früchte des Zorns* (The Grapes of Wrath) erschien 1939 und wurde bereits ein Jahr darauf in Hollywood verfilmt, mit dem so unnachahmlich phlegmatisch-fatalistischen Henry Fonda in der Hauptrolle. Steinbeck legt einer seiner Figuren die Charakterisierung von Kalifornien als »dem Land, in dem Milch und Honig fließen« in den Mund.

In der zweiten Dekade des 21. Jahrhunderts gilt das in gewissem Sinne sogar buchstäblich, vor allem für die Produktion von Orangensaft – Kalifornien versorgt den Rest der USA und weite Teile der Welt mit Lebensmitteln wie kaum eine andere Region der Erde.

Doch etwas anderes fließt immer spärlicher: *Wasser*. Die Versorgung mit diesem Quell allen Lebens war aufgrund einer phasenweise explosionsartig zunehmenden Bevölkerung und der Ausdehnung landwirtschaftlich genutzter Flächen schon immer problematisch. Ein großer Teil des Wassers wird über Aquädukte aus der Sierra Nevada, aus Bergseen und Gletscherregionen herangeleitet. In hohem Maße sind die Schneemassen der Berge Ursprung des Trinkwassers.

Im Winter 2014/2015 jedoch erreichte die Schneemenge in den Bergen am Ostrand des Staates nur noch sechs (!) Prozent des Normalen und verschärfte das seit Jahren bestehende Problem der Dürre dramatisch. Wissenschaftler sehen die globale Erwärmung als einen Faktor, der die für Kalifornien normalen Schwankungen verstärkt. Der Klimaexperte Michael Oppenheimer von der Princeton University erklärte: »Die Dürre besteht aus zwei Komponenten: zu wenig Regen und zu viel Hitze. Das Regendefizit steht nicht eindeutig mit dem Klimawandel in Zusammenhang, aber die Erwärmung des Planeten macht es wahrscheinlicher, dass in Kalifornien das Wetter heißer wird.« (New York Times, 2. April 2015). Für den Staat war es eine Zeitenwende, als Gouverneur Jerry Brown im Frühjahr 2015 erstmals eine Reduzierung des Wasserverbrauchs um 25 Prozent mit drastischen Geldstrafen bei Überschreitung anordnete. Die Landwirtschaft ist von diesen Einschränkungen allerdings ausgenommen; die Anordnung zielt vor allem auf eine Manifestation des als typisch erachteten kalifornischen Lebensstils: das Haus mit saftig grünem Rasen, über dem fast permanent die Sprinkler aktiv sind, mit Swimmingpool im Garten – inmitten einer Landschaft, in der sonst bestenfalls Kakteen gedeihen. Ein solcher Haushalt in den Vororten verbraucht pro Tag etwa 600 Liter, ein Einwohner des weitgehend Vorgarten-freien San Francisco hingegen nur etwa 180 Liter pro Tag. In Palm Springs, jenem Golfplatz – gesprenkelten Refugium reicher Pensionäre mitten in der Wüstenlandschaft des Coachella Valley verbraucht ein einziger Bürger durchschnittlich gar um die 800 Liter pro Tag – in einer Landschaft fast bar jedweder natürlicher Quellen.

Die Dürre suchte im vierten Jahr einen Staat heim, der sich nun der Frage nach den Grenzen des Wachstums stellen musste. »Mother Nature«, so der Historiker Kevin Starr von der University of Southern California, »hat nicht vorgesehen, dass hier 40 Millionen Menschen leben.« (New York Times, 5. April 2015). Der Anstieg der Bevölkerung von 15,7 Millionen im Jahr 1960 auf 38,8 Millionen im Jahr 2015 wurde durch die Jobmaschine Kaliforniens angefeuert; die Neuankömmlinge befleißigen sich eines Lebensstiles, der Mobilität zum Kennzeichen hat: Es ist für Kalifornier nicht ungewöhnlich, mehr als 100 Kilometer mit dem Auto zur Arbeit zu fahren – und abends wieder zurück. Begünstigt wird dieser Lifestyle durch das Anlegen von Vorstädten und neuen, künstlichen urbanen Zentren quasi vom Reißbrett. Wie in anderen Teilen der USA, nur noch intensiver, gestalten die »Developer« in Kalifornien die Landschaft: Baufirmen und die hinter ihnen stehenden Investoren stampfen ganze Städte aus dem Boden und ziehen nach erfolgreichem Investment weiter, auf der ständigen Suche nach neuen, unberührten Regionen, in die man Giga-Malls als kulturelle Ankerpunkte für weitere Kunststädte setzen könnte.

Vielfach findet aber auch ein Umdenken statt, wird der sattgrüne Rasen inzwischen nicht länger als die einzig mögliche Zierde des suburbanen Einfamilienhauses gesehen – auch einheimische Pflanzen, die nicht permanent gewässert werden müssen, können hübsch aussehen. Kalifornien öffnet sich auch mehr als andere US-Staaten der Alternative des öffentlichen Verkehrs – wenn irgendwo ein Hochgeschwindigkeitszug gebaut werden sollte, dann im Golden State, etwa auf der Strecke San Francisco-Los Angeles. Die von den Demokraten dominierte politische Szene steht solchen Projekten aufgeschlossener gegenüber als republikanisch geprägte Staatsparlamente und Gouverneurssitze. Und auch ein unter amerikanischen »Millennials«, den jungen und ambitionierten Berufstätigen, die vor der Jahrhundertwende geboren wurden, zu beobachtender Trend wird in Kalifornien Fuß fassen: die Rückkehr in die Stadt, die Wahl einer Wohnung oder eines Hauses in *walking distance* zum Arbeitsplatz.

Die Welt wird auf absehbare Zeit auf Kalifornien blicken, weil sich hier entscheiden wird, wie die nach wie vor stärkste Wirtschaftsmacht auf diesem Planeten und Technologienation Nummer Eins dieser Herausforderung begegnen wird. Kalifornien kann sich den Folgen des Klimawandels stellen – mit einer Anpassung des Lebensstils, mit der Bereitschaft, entschlossenen den Weg von mehr Nachhaltigkeit zu beschreiten, mit der für Mensch, Natur und Klima nutzbringenden Anwendung des technologischen Knowhows und der innovativen Kraft seiner Bürger, Hightech-Unternehmen, Denkfabriken und Spitzenuniversitäten. Oder es kann den Kopf in den Sand stecken: Die sich ausdehnende Wüste beginnt am Rand des Suburbia-Rasens und wird vor diesem kein Halt machen. Vieles spricht dafür, dass sich Kalifornien für die erstgenannte Option entscheidet – und vielleicht ein Wegbereiter des Fortschrittes werden wird.

Die kurze Geschichte der (derzeitigen) globalen Erwärmung

Die Mehrheit der Klimaforscher war sich einig: Wir gehen einer Klimakatastrophe entgegen und Schuld daran trägt der Mensch, vor allem aufgrund der von ihm verursachten Emissionen, welche die Zusammensetzung der Atmosphäre nachhaltig beeinflussen. Sie prophezeiten Unruhen und Migrationen sowie Kriege um knapper werdende Ressourcen. »Viele Meteorologen befürchten«, so schrieb das *Hamburger Abendblatt,* »dass es einen ›Punkt ohne Umkehr‹ geben mag, von dem aus die verschmutzte Luft zwangsläufig und unaufhaltsam das Klima beeinflusst.«[1] Die Medien ließen den Leser, Hörer und Zuschauer erschaudern ob des Dramas, das sich wenn nicht in dieser, dann in der nächsten oder vielleicht auch erst übernächsten Generation ereignen werde. Auch der *Spiegel* mochte bei der Ausmalung von Weltuntergangszenarien nicht hintanstehen: »Nach Studium des beunruhigenden Datenmosaiks halten es viele Klimaforscher für wahrscheinlich, dass der Trend, der den Erdbewohnern in der ersten Hälfte des 20. Jahrhunderts die – klimatisch – besten Jahre seit langem bescherte, sich nun umkehrt. Halte die gegenwärtige Klimaverschlechterung an, so warnt etwa der US-Wissenschaftler Reid Bryson, Direktor des Instituts für Umweltstudien an der Universität von Wisconsin, so werde sie demnächst womöglich ›die ganze Menschheit in Mitleidenschaft ziehen‹ – ›eine Milliarde Menschen würde verhungern‹. Schon jetzt ›zeigen sich die Folgen auf drastische Weise‹.«[2]

Dicke Luft – hier über San Francisco – als Folge der schier endlosen Ausdehnung von Mega-Metropolen

Die Rhetorik des nicht genau Prognostizierbaren, aber zweifellos Schlimmstmöglichen kommt jedem heutigen Leser zweifellos sehr vertraut vor. Allerdings: diese – und zahlreiche sehr ähnliche – Stimmen aus dem deutschen Medienwald stammen aus den späten 1960er und frühen 1970er Jahren. Und was Klimaforscher damals ankündigten, war eine neue Eiszeit. Auf Konferenzen wurden Gegenmaßnahmen erörtert, mit denen man das drohende Unheil vielleicht doch noch würde abwenden können. Zu ihnen gehörten die Abdeckung der Polkappen mit schwarzer Folie, um den Albedo-Effekt, die Rückstrahlung von Sonnenlicht durch hell

278

reflektierende Flächen wie eben große Eisregionen, und damit einen Wärmeverlust zu reduzieren. Ernsthaft in Erwägung gezogen wurde auch eine vorsätzliche Erhöhung der Emissionen von Kohlendioxid, dem Treibhausgas per se, um über diesen Gewächshauseffekt das Klima zum Segen aller zu erwärmen. Dieser Vorschlag wurde in den folgenden vier Jahrzehnten ohne besondere obrigkeitliche Aufforderung bekanntlich von Kohlekraftwerken und Industrieanlagen, von Milliarden von Autofahrern und ebensolchen Milliarden von Rinderdärmen in die Tat umgesetzt. Schließlich wollte auch das US-Militär nicht zurückstehen und stellte unter anderem eine Aufwärmung der Arktis mit ein paar Wasserstoffbomben zur Diskussion.

Auch in der Gegenwart sind sich die Klimaforscher weitgehend einig: Durch die Literatur zieht sich stets die Zahlenangabe »zu 97 %« wie ein roter Faden, um deutlich zu machen, dass die Zweifler innerhalb dieser wissenschaftlichen Community eine signifikante Minderheit sein müssen. Eben jene Treibhausgase, in denen man einst ein Heilmittel gesehen hat, sind uns und dem Planeten längst zum Verhängnis geworden. Der anthropogene Klimawandel, die von Menschen verursachte oder zumindest mitverursachte globale Erwärmung, ist seit vielen Jahren als das für die Weltgemeinschaft – die leider nur selten wirklich gemeinschaftlich agiert – drängendste Zukunftsproblem identifiziert worden.

Dieses Buch widmete sich den historischen Folgen von Wetter und Klima, und es beabsichtigte nicht, eine ungewisse Zukunft zu skizzieren. Aus der Betrachtung der Vergangenheit wird deutlich, dass viele Faktoren (davon manche noch unerforscht) das Klima beeinflussen, darunter natürlich auch der Mensch selbst. Bei der Fokussierung auf die anthropogene Ursache des Klimawandels entsteht häufig der Eindruck, die durch den Menschen verursachten Emissionen seien der einzige Faktor, der das gegenwärtige und zukünftige Klima beeinflusst. Jedem einigermaßen mit der Materie Vertrauten ist indes klar, dass Klima kein geradlinig verlaufender und daher mit präzisen Voraussagen zu begleitender Prozess ist. Vieles, was unser tägliches Wetter prägt und unser Klima gestaltet, entzieht sich der heutigen Wissenschaft. Die Verkürzung der in der Tat beunruhigenden Erwärmung der letzten Jahrzehnte lässt leicht Einflüsse außer Acht, die in der Vergangenheit – wie in einigen Kapiteln dieses Buches geschildert – das Klima ebenso wie die durch den Menschen verursachten Emissionen nachhaltig und oft höchst akut bestimmt haben. Einer dieser Faktoren ist die Vulkanaktivität. In jüngster Zeit haben Eruptionen primär als eine Ursache für Störungen des internationalen Luftverkehrs Eingang in die mediale Berichterstattung gefunden. Doch der Tambora-Ausbruch von 1815 (und zahlreiche vergleichbare Ereignisse) ist kein historisches Relikt, sondern ein Naturereignis, das sich jederzeit wiederholen kann. Der Klimahistoriker Wolfgang Rammacher weist zurecht darauf hin, dass »jederzeit, vielleicht schon morgen, sich ein neuer, schwerer Ausbruch der Tambora-Klasse ereignen könnte, und im nächsten Sommer würden wir dann hier in Deutschland nicht über neue Hitzerekorde jenseits der 40° reden (wie zuletzt 2003), sondern über Schneefälle bis ins Flachland hinunter im Juni.«[3]

Die anfängliche Ironie sollte nicht missverstanden werden: Natürlich ist auch der Autor dieser Zeilen davon überzeugt, dass *global warming* real und zumindest partiell anthropogen ist – überzeugt genug, um sich zu wünschen, dass die von Regierungen verkündeten Reduktionsziele Realität und möglichst überboten werden mögen, dass klimafreundliche Technologien in allen Lebensbereichen einen Durchbruch erzielen und dass jeder Einzelne das in seinen Kräften Stehende tun möge, um diesen kleinen, zerbrechlichen und so vollen Planeten zu bewahren. Zur Realität des Klimawandels gehört indes wie bei praktisch jedem Umweltproblem eine Grundtatsache, von der man den Eindruck hat, dass sie nicht allzu gern angesprochen wird. Es ist das Bevölkerungswachstum auf diesem Planeten. Doch das Problem der Weltbevölkerung ist weitgehend ein Tabu. Dem Heiligen Vater schlägt Wohlwollen aus den Kommentarspalten entgegen, wenn er sich besorgt zum Klimawandel äußert – während die von ihm geleitete Organisation (wie auch andere Weltreligionen) weiterhin die Politik des ›Seid fruchtbar und mehret euch‹ propagiert. Die Warnung von Aldous Huxley hat mehr denn je ihre Berechtigung, auch beim Klimawandel: »Wenn wir das Problem der Überbevölkerung nicht lösen, werden alle anderen Probleme unlösbar.«

Anmerkungen

Prolog

1 Hermann Pálsson (Hg.) *The Book of Settlements: Landnámábok.* Winnipeg, Manitoba 2006.

2 Hubert H. Lamb, *Climate, History and the Modern World.* London, New York 2006, S. 175.

3 Wolfgang Behringer: *Kulturgeschichte des Klimas.* dtv, München 2014 S. 114.

Optimum und Imperium:
Von der Blüte Roms ins »dunkle Zeitalter«

1 Angabe des National Climatic Data Centers, http://www.ncdc.noaa.gov/paleo/ctl/100k.html

2 Wolfgang Behringer: S. 87.

3 Jean Noel Biraben: »Essai sur l'évolution du nombre des hommes.« *Population* 1979; 34: S. 13–24.

4 John L. Brooks: *Climate Change and the Course of Global History.* New York 2014, S. 325–326.

5 Brian Fagan: *The Long Summer. How Climate changed Civilzation.* Cambridge, Massachusetts 2004, S. 207.

Die Aura der Demokratie

1 Barry Strauss: *The Battle of Salamis. The Naval Encounter that Saved Greece – and Western Civilization.* New York 2004, S. 13.

2 Aus einer englischen Plutarch-Ausgabe übersetzt. http://penelope.uchicago.edu/Thayer/E/Roman/Texts/Plutarch/Lives/Themistocles*.html

Der fahle Schatten der Sonne und die Pest des Justinian

1 David Keys: *Catastrophe. An Investigation into the Origins of the Modern World.* London 1999, S. 251.

2 Keys, S. 257.

3 William Rosen. *Justinian's Flea. Plague, Empire and the Birth of Europe.* London 2007, S. 217. Ferner: http://www.oeaw.ac.at/byzanz/pdf/Stadt_und_Um
weltII_Quellen_der_Umweltgeschichte_Preiser-Kapeller_2013.pdf

Arktisches Eis und frühneuzeitliches Wettertagebuch:
Zeugnisse der Klimageschichte

1 http://www.uni-bamberg.de/iadk/denkmalkunde/dendro/dendrochrono
logie-methode/
2 Glaser, *Klimageschichte Mitteleuropas*, Darmstadt 2008, S. 14.

Das abrupte Ende der Maya-Hochkultur

1 Zit. n. Brian Fagan: *The Long Summer. How Climate Changed Civilisation.* New York 2004, S. 229–230.
2 David A. Hodell, Janson H. Curtis, Mark Brenner: »Possible Role of Climate in the Collapse of Classic Maya Civilisation.« *Nature 1995*; 375: 391–394.
3 Douglas J. Kennett, Sebastian F.M. Breitenbach, Valorie V. Aquino et al.: »Development and Disintegration of Maya Political Systems in Response to Climate Change.« *Science 2012*; 338: 788–791.
4 Gerald H. Haug, Detlef Günther, Larry C. Peterson et al.: »Climate and the Collapse of Maya Civilisation.« *Science 2003*; 299: 1731–1735.
5 http://www.dfg.de/download/pdf/gefoerderte_projekte/preistraeger/gwl-
preis/2007/haug_forschung.pdf

Die Mittelalterliche Warmperiode

1 Wolfgang Behringer: *A Cultural History of Climate.* Cambridge, UK 2010, S. 79.
2 Jean Grove und Roy Switsur: Glacial Geological Evidence for the Medieval Warm Period. *Climate Change* 1994; 26: 143–169
3 Rüdiger Glaser, S. 63
4 Rüdiger Glaser, S. 61.
5 Thomas J. Crowley und Thomas S. Lowery: How warm was the Medieval Warm Period? *AMBIO: A Journal of the Human Environment.* 2000; 29: 51–54.

Götterwind

1 Paul K. Davis: *100 Decisive Battles: From Ancient Times to Present.* Oxford und New York 1999, S. 146–147.
2 Davis, S. 149.

Der lange Regen, der Große Hunger, der Schwarze Tod

1 John L. Brooke: *Climate Change and the Course of Global History.* New York 2014, S. 364.
2 Zit. nach William Rosen: *The Third Horseman. Climate Change and the Great Famine of the 14th Century.* New York 2014, S. 119.
3 Pierre Alexandre: *Le climat en Europe au Moyen Age.* Paris 1987, S. 781–785.
4 Rosen, S. 122.

5 Rosen, S. 123.

6 Zit. nach Brian Fagan: *The Long Summer. How Climate Changed Civilization.* Cambridge, Massachusetts 2004, S. 248.

7 Henry S. Lucas: »The Great European Famine of 1315, 1316 and 1317.« *Speculum 5* (1930), S. 345.

8 William Chester Jordan: *The Great Famine.* Princeton, New Jersey 1996, S. 117.

9 Zit. nach. Rüdiger Glaser: *Klimageschichte Mitteleuropas.* Darmstadt 2008, S. 64.

10 Rosen, S. 225.

11 Neithard Bulst: »Der Schwarze Tod im 14. Jahrhundert«. In: *Mischa Meier: Pest. Die Geschichte eines Menschheitstraumas.* Stuttgart 2005, S. 144.

12 Zit. n. John Kelly: *The Great Mortality. An Intimate History of the Black Death, the Most Devastating Plague of All Time.* New York 2005, S. 227.

Die Kleine Eiszeit

1 Michael E. Mann: »Little Ice Age.« In: *Encyclopedia of Global Environmental Change.* Volume 1, S. 504–509. Chichester 2002.

2 Behringer, *Cultural History of Climate*, S. 122.

3 Wolfgang Behringer: *Hexen. Glaube, Verfolgung, Vermarktung.* München 2009. Ders. *Hexen und Hexenprozesse in Deutschland.* München 2000. Ders. »Climatic Change and Witch-Hunting. The Impact of the Little Ice Age on Mentalities«. *Climatic Change* 1999; 43: 335–351. Ders. »Weather, Hunger and Fear: The Origins of the European Witch Persecution in Climate, Society and Mentality.« *German History* 1999; 13: 1–27.

4 Geoffrey Parker: »Lessons From the Little Ice Age.« *New York Times*, 22. März 2014.

5 Parker, *NYT.*

6 Zit. n. Geoffrey Parke:. *Global Crisis. War, Climate Change and Catastrophe in the Seventeenth Century.* New Haven und London 2014, S. 59.

7 Parker, *Global Crisis*, S. 85.

8 Parker, *Global Crisis*, S. 231.

9 Parker, *Global Crisis*, S. 226.

10 Glaser, S. 148.

11 Parker, *Global Crisis*, S. 229.

12 Behringer, S. 140.

13 Ulf Büntgen und Lena Hellmann: »The Little Ice Age in Scientific Perspective: Cold Spells and Caveats.« *Journal of Interdisciplinary History* 2014; 44: 353–368.

14 H. H. Lamb, »The Weather of 1588 and the Spanish Armada.« Weather 1988; 3: 230 S. 230.

15 http://www.ultimatehistoryproject.com/frost-fairs-of-london.html

16 Zit. n. http://ocp.hul.harvard.edu/contagion/plague.html

17 David W. Stahle et al.: »The Lost Colony and Jamestown Droughts.« *Science* 1998; 280: S. 564–567.

18 Ronald D. Gerste: »Das Dorf im Fluss.« *Die Zeit*, 10. Mai 2007.

Anmerkungen

19 Rüdiger Glaser: Klimageschichte Mitteleuropas. Darmstadt 2008. S. 187/188.
    Leicht gekürzt.
20 David Dickson: Arctic Ireland. Belfast 1997, zitiert nach einer Besprechung im
    Irish Independent, 30. 12. 2010.
21 Behringer, S. 211.

Der »Protestantische Sturm« rettet England vor der Armada

1 Robert Hutchinson, *The Spanish Armada*. New York 2013, S. 50.
2 Hutchinson, S. 161.
3 Hutchinson, S. 165.
4 Hutchinson, S. 170/171.
5 Lamb, *S*, 386 – 395.
6 Hutchinson, S. 184.
7 Hutchinson, S. 193.
8 Hutchinson, S. 200.
9 William Shakespeare, Der Sturm. Erster Aufzug, Erste Szene (Gonsalo).

»The coldest winter in memory …«

1 http://www.winterplanet.de/Winter1709/Winter1709.html
2 Walter Lenke: Untersuchung der ältesten Temperaturmessungen mit Hilfe
   des strengen Winters 1708 – 1709. Berichte des Deutschen Wetterdienstes
   Nr. 92, Band 13. Offenbach 1964. Das Zitat von Frau Kirch findet sich auf S. 15.
3 Lenke, S. 27.
4 Lenke, S. 29.
5 Lenke, S. 31.
6 Lenke, S. 32.
7 Lenke, S. 34.
8 Lenke, S. 36.
9 Carl Künzel (Hrsg.): *Die Briefe der Lieselotte von der Pfalz, Herzogin von
   Orleans*. Hamburg 2013, S. 291.

Die Fortune des George Washington

1 Zit. n. Ron Chernow: *Washington*. New York 2010, S. 245.
2 Chernow, S. 248.
3 Chernow, S. 250.
4 Zit. n. Bruce Chadwick: *George Washington's War: The Forging of a Revolutionary Leader and the American Presidency*. Naperville, Illinois 2005, S. 35 – 36.

Hagel – das Totenglöcklein des Ancien Régime

1 Gekürzt und übersetzt wiedergegeben nach J. Neumann: »Great Historical
   Events that Were Significantly Affected by the Weather. The Year Leading
   to the Revolution of 1789 in France«. *Bulletin of the American Meteorological
   Society* 58 (1977), S. 163 – 168.
2 Zit. n. Simon Schama: *Der zaudernde Citoyen*. München 1989, S. 310.
3 Georges Lefebvre: *The Great Fear of 1789 – Rural Panic in Revolutionary
   France*. London 1973, S. 7.
4 Alfred Cobban: *A History of Modern France*. Vol. 1. London 1957, S. 136.

Anhang

Napoleons Schicksal I: Russische Wetterextreme

1 Andrew Roberts, *Napoleon. A Life.* New York 2014, S. 585.
2 Alexander Mikaberidse, *The Burning of Moscow. Napoleon's Trail by Fire 1812.* Barnsley. United Kingdom 2014, S. 78.
3 Roberts, 616.
4 Roberts, S. 622.
5 Roberts, S. 622.
6 Roberts, S. 627.
7 Roberts, S. 627.
8 Adam Zamoyski: *Moscow 1812: Napoleon's Fateful March.* New York 2005, S. 482.
9 Adam Zamoyski, S. 482.
10 Zamoyski, S. 482.
11 Zamoyski, S. 482.
12 Zamoyski, S. 487.
13 *29. Bulletin de la Grande Armée.* Marseille, Dezember 1812.
14 Roberts, S. 631.

Napoleons Schicksal II: Regen und Schlamm bei Waterloo

1 Dennis Wheeler / Gaston Demarée: »The Weather of the Waterloo Campaign 16 to 18 June 1815: Did It Change the Course of History?« *Weather* 2004, 60: 160.
2 J. Neumann: »Great Historical Events that Were Significantly Affected by the Weather. Part 11: Meteorological Aspects of the Battle of Waterloo.« *Bulletin of the American Meteorological Society* 1993, 74: 416.
3 Neumann, S. 417.
4 Wheeler / Demarée, S. 162.

»Regen wie das Rauschen eines mächtigen Katarakts …«

1 Zit. n. Laura Lee: *Blame It on the Rain. How the Weather Has Changed History.* New York 2006, S. 155–156.

Das Jahr ohne Sommer

Weiterführende Literatur zu diesem Kapitel: William K. Klingaman und Nicholas P. Klingaman: *The year without summer: 1816 and the volcano that darkened the world and changed history.* New York 2013.

1 Thomas Stanford Raffles: *The History of Java.* London 1817, S. 28.
2 William K. Klingaman / Nicholas P. Klingaman: *The Year Without Summer: 1816 and the Volcano that Darkened the World and Changed History.* New York 2013, S. 58.
3 Klingaman, S. 30.
4 Klingaman, S. 59.
5 Klingaman, S. 67 f.
6 Klingaman, S. 112.

Anmerkungen

7 Klingaman, S. 114.
8 Klingaman, S. 189 f.
9 Klingaman, S. 55.
10 Klingaman, S. 55.
11 Klingaman, S. 97.

Nebel über München

1 Ian Kershaw: *Hitler 1936–1945: Nemesis*. London 2000. S. 263–264.
2 Peter Steinbach und Johannes Tuchel: »Allein gegen Hitler.« *ZEIT Geschichte* 04/2009.

Als der Vormarsch der Wehrmacht einfror

1 Liljequist, Gösta H: ›The severity of the winters at Stockholm 1757–1942‹, *Geografiska Annaler* 1–2, 1943, S. 81–104; und ausführlicher in: *Meddelanden, Serien Uppsatser*, Stockholm 1943, S. 1–24.
2 Anthony Beevor: *Der Zweite Weltkrieg*. München 2014, S. 234/235.
3 Beevor, S. 270.
4 Beevor, S. 281.
5 Beevor, S. 283.
6 Allen F. Chew: Fighting the Russians in Winter. Three Case Studies. Fort Leavenworth, Kansas, 1981. S. 33

D-Day: Die Ruhe inmitten des Sturms

1 J. M. Stagg: *Forecast for Overlord*. New York 1971, S. 14.
2 Stagg, S. 19.
3 Stagg, S. 87.
4 Jean Edward Smith: *Eisenhower in War and Peace*. New York 2012, S. 352.
5 Stagg, S. 115.
6 Stagg, S. 122.
7 Andrew Roberts: *The Storm of War*. New York 2011, S. 466.

Sommerhitze über der Wolfsschanze

1 Ian Kershaw. *Hitler 1936–1945: Nemesis*. London 2000, S. 672.
2 Ebd.

Die Nebel des Krieges – Hitlers letzte Offensive in den Ardennen

1 Carlos d'Este, *A Genius for War: A Life of George S. Patton*. New York 1995, S. 603.
2 Stephen Ambrose, *Citizen Soldiers*. New York 1997, S. 212.
3 Roberts, S. 506.
4 Roberts, S. 506.
5 Marvin D. Kays, *Weather Effects During the Battle of the Bulge and the Normandy Invasion*. U.S. Army Atmospheric Science Laboratory, White Sands, New Mexico 1982, S. 13.
6 Roberts, S. 507.
7 Kays, S. 14.

Anhang

Der Hungerwinter

1 Zit. n. Alexander Häusser, Gordian Maugg: *Hungerwinter. Deutschlands humanitäre Katastrophe 1946/47*. Berlin 2013, S. 14–16.
2 Häusser, Maugg, S. 50.
3 Hans Schlange-Schöningen (Hrsg.): *Im Schatten des Hungers*. Hamburg und Berlin 1955, S. 114 ff.
4 Häusser/Maugg, S. 124.
5 Ebd., S. 168.
6 Ebd., S. 163.

Sturmflut

1 Die Piloten erfüllten die Vorgabe ihres Chefs, Air Marshal Arthur T. Harris: »Ich hatte immer schon den Wunsch gehabt, Hamburg wirklich und direkt aufs Korn zu nehmen … Ich wollte dort wirklich einmal etwas Ungeheures veranstalten.« Zit. n. Florian Stark: »Die Bombardierung Hamburgs setzte neue Maßstäbe.« *Die Welt*, 22. 1. 2013.
2 Hellmuth Vensky: »1962 – Land unter in Hamburg.« *Die ZEIT*, 15. 2. 2012.
3 Stadt unter. *Der Spiegel*, 28. Februar 1962.
4 Olaf Wunder: 17. 02. 1962: »Der Tag, an dem Helmut Schmidt zur Legende wurde.« *Hamburger Morgenpost*, 18. 2. 2012.
5 http://www.spiegel.de/einestages/sturmflut-1962-hamburgs-untergang-a-947482.html
6 http://www.hamburg.de/sturmflut-1962/4357752/hochwasserschutz/

Operation Eagle Claw –
eine Präsidentschaft endet im Sandsturm

1 Mark Bowden, »The Desert One Debacle.« *The Atlantic*, Mai 2006. http://www.theatlantic.com/magazine/archive/2006/05/the-desert-one-debacle/304803/

Epilog

1 Vom 21. März 1970.
2 Vom 12. August 1974. Eine Übersicht über die damalige Diskussion unter http://www.welt.de/wissenschaft/umwelt/article5489379/Als-uns-vor-30-Jahren-eine-neue-Eiszeit-drohte.html
3 http://www.winterplanet.de/Sommer1816/Jahr%20ohne%20Sommer.html#Europa